PROJECT
SMOKE

史蒂芬・雷奇藍的其他著作:

《BBQ 料理聖經!》(*The Barbecue! Bible*)

《從調醬汁、揉搓到醃製材料、焗油、淋奶油和澆糖汁,大家作夥瘋 BBQ!》
(*Barbecue! Bible Sauces, Rubs, and Marinades, Bastes, Butters & Glazes*)

《搞定燒烤真輕鬆!》(*How to Grill*)

《皮脆肉多汁——自製啤酒罐烤雞》(*Beer-Can Chicken*)

《美式 BBQ 總匯》(*BBQ USA*)

《宅宅燒烤樂——最適合室內的燒烤料理!》(*Indoor! Grilling*)

《不可不學的頂級肋排餐 BBQ!》(*Barbecue! Bible Best Ribs Ever*)

《超讚 BBQ 食譜報到!》(*Planet Barbecue!*)

《誰說君子遠庖廚——來當廚男料理王!》(*Man Made Meals*)

《邁阿密香料大會串》(*Miami Spice*)

PROJECT
炭烤煙燻大全
SMOKE

★★★★★ ★★★★★

從木材選用、器材操作，到溫度時間掌控的超詳解技巧，
100 道炭烤迷必備的殿堂級食譜

著　史蒂芬・雷奇藍 Steven Raichlen

譯　吳郁芸

LaVie⁺麥浩斯

作者簡介

史蒂芬・雷奇藍（STEVEN RAICHLEN）

身兼作家、記者、演講人／講師暨電視節目主持人，史蒂芬・雷奇藍重新定義了現代全世界燒烤料理，他的 30 本著作包括全球暢銷書《BBQ 料理聖經！》、《搞定燒烤真輕鬆！》和《超讚 BBQ 食譜報到！》，他主持高人氣美國公共電視網（PBS, Public Broadcasting Service）電視節目《史蒂芬・雷奇藍的炭烤煙燻大全》（*Steven Raichlen's Project Smoke*）、《史上最強燒烤》（*Primal Grill*）和《烤肉大學》（*Barbecue University*），他還主持了兩個法語電視節目──《燒烤研究院》（*Le Maitre du Grill*）和《燒烤秀》（*La Tag Barbecue*）。

雷奇藍的著作獲頒五次詹姆斯・比爾德（James Beard Awards）基金會授予的詹姆斯・比爾德烹飪、烹飪寫作和烹飪教育獎（該獎在美國有美食界的奧斯卡金像獎之稱）和三座國際烹飪專業協會（IACP, The International Association of Culinary Professionals）──茱莉亞・柴爾德（Julia Child）類最佳食譜作者、出版商和其他貢獻者獎肯定，並翻譯成 17 種語言。

他曾在史密森學會（Smithsonian Institution）（為美國一系列博物館和研究機構的集合組織，該組織囊括 19 座博物館、9 座研究中心、美術館和國家動物園以及 1,365 億件藝術品和標本）和哈佛大學（Harvard University）講授燒烤史，並在科羅拉多州科泉市（Colorado Springs）的布若德摩爾度假中心（Broadmoor resort）創立了燒烤大學（Barbecue University）。

記者生涯屢獲殊榮的他，也為美國《紐約時報》（*The New York Times*）、加拿大《蒙特利爾日報》（*Le Journal de Montréal*）、美國《君子雜誌》（*Esquire*）、美國《瀟灑男性月刊》（*GQ*）以及大型食品雜誌撰寫文章。2015 年，他入選美國燒烤名人堂（Barbecue Hall of Fame）。雷奇藍擁有俄勒岡州波特蘭市（Portland, Oregon）里德學院（Reed College）法國文學的學位，並拿到大托馬斯・約翰・沃森基金會獎學金（Thomas J. Watson Foundation Fellowship），且用於研究歐洲的中世紀烹飪。他和他的妻子芭芭拉（Barbara）現居邁阿密和瑪莎葡萄園（Miami and Martha's Vineyard）。

給艾拉（Ella）、米亞（Mia）和茱莉安（Julian）
她們是我前進的動力

專業好評推薦（依姓氏筆畫排列）

「好的老師帶你上天堂」這句話套在作者史蒂芬身上再適合不過。想精通炭烤煙燻並不容易，但當你將一塊完美覆著煙燻滋味的豬肩胛肉放進嘴中，「上天堂」真的只是剛好的形容而已。

書中大玩煙燻把戲；起司蛋糕、蘋果甚至冰淇淋全都給它煙燻一輪，實在令人懷疑是不是「暗黑料理」。不過真按照書中做法實作，就會發現，真是自己的見識太狹隘了。還在猶豫是否展開一趟熱血興奮的煙燻之旅？看完本書，就不需猶豫。動手吧，朋友！

—— Ting's Bistro 美食自學廚房／克里斯丁

台灣似乎沒有煙燻食物的傳統，其實我們多山與四面環海，充滿了可發展煙燻食物的條件，學習炭烤煙燻的料理等於學會生火、控溫、認識木柴，當然包括製作美味的食物。

近幾年露營風氣盛行，人們較有機會慢活、使用柴火料理食物，離開方便的瓦斯爐、微波爐等現代工具，本書傳授的炭烤煙燻技術可讓人們嘗試異國豐富的料理文化與滋味。我根據書中的流程嘗試過幾道菜，嚐過味道之後笑得合不攏嘴，真不敢相信這是我自己做的食物，彷彿在美國南方才有的味道啊！

——山林生活探索攝影師／陳敏佳

煙燻 Smoking 是一種源起史前時期的古老儲藏食材方法。煙燻處理後獨特的風味與氣息，賦予食材一個全新的生命。直到今日饕客們對於煙燻的癡迷，依舊如上癮般難分難捨。

在阿根廷慢烤料理 Asado 中，純粹的柴燒、耀眼的火焰與漫長的八小時慢烤，當餐點被端上餐桌的那一刻，絕佳鮮嫩口感與柴燒香氣，讓眾人們驚呼一切的等待都不虛此道，這就是煙燻歷久不衰使人著迷之處啊！

煙燻其實也可以很簡單，一個煙燻器、一台煙燻箱、甚至就是一塊柴火，就可以賦予看似簡單的料理另一種完全不一樣的體驗。一起來探索「煙燻 Smoking」的樂趣吧！

——台灣最大舒肥社團「A.C. 舒肥。料理實驗室」社長／熊爸
https://www.facebook.com/groups/ac.sousvidelab/

目錄

前言
跟著本書，探索顛覆傳統的終極炭烤煙燻美味

有很多地方可以當我這本書的楔子，好比 1930 年代的煙燻鯡魚業重鎮：丹麥博恩霍爾姆島（Bornholm），這座波羅的海小島當時相當自豪，因為這裡有超過 120 座炭烤煙燻坊鎮日趕工作業，那裡的粉刷磚煙囪至今仍是重量級地標。

或在義大利阿爾卑斯山會用杜松木炭烤煙燻鹽醃火腿兩週，製作出名為斑點（speck）的煙燻鹽醃風乾生火腿；而美國維吉尼亞州薩里縣的縣治薩里（Surry）也不遑多讓，他們早從 1926 年開始，就有愛德華茲家族（Edwards）這個炭烤煙燻火腿老牌子助陣。

還有比方蘇格蘭艾拉島（Islay）的居民會在泥炭上炭烤煙燻大麥，做成蘇格蘭威士忌；又如墨西哥瓦哈卡州（Oaxaca）附近崎嶇的山坡上，本地人會拿龍舌蘭仙人掌的心在火坑中燻烤，成品是一種叫作梅斯卡爾酒（Mezcal）的特製煙燻烈酒。

又如離我家鄉更近的堪薩斯城美國皇家世界燒烤料理系列活動，則是連續三天三夜由全世界各地炭烤燒烤團隊——逾六百支英雄好手隊伍匯聚一堂，在箭頭體育場（Arrowhead Stadium）一爭長短，展開一系列燻煙繚繞的炭烤煙燻競技大賽。

不過要幫我的書起頭，最棒的地方可能是我家後院，在我寫這些字的同時，鮭魚、扇貝和牛肉乾，還有必備的義大利乳清起司（ricotta，或譯瑞可達起司）、芥末和辣醬，也正在我和鄰居羅傑‧貝克爾（Roger Becker）建造的雪松炭烤煙燻坊裡燻烤著！

光炭烤煙燻這四個字就能讓人食指大動，這種魔力世間少有，像火腿、培根、猶太煙燻醃肉（pastrami）這類全世界老少咸宜的食物，全都因為經過炭烤煙燻，而具有獨特風味與特色。

本書網羅了熱燻食物如醃魚（kipper）和火腿；冷燻食物煙燻莫札瑞拉起司（義大利語：mozzarella，俗稱水牛起司）與斯堪地那維亞煙燻鮭魚，還有美國燒烤料理，好比德克薩斯州胸肉卡羅萊納州手撕豬肉、再來則是堪薩斯城風格肋排，加上我的《超讚 BBQ 食譜報到！》書中提到的煙燻食物，像牙買加香辣煙燻雞和中國茶燻鴨。

所以大家搞不好會問：這本書跟我其他所有的燒烤聖經食譜書有何不同？雖然我大部分的著作確實講的都是煙燻食物，特別是照著串連美國東南部燒烤料理核心區的煙燻文化走，不過本書的重點會專門放在炭烤煙燻料理——也就是炭烤煙燻肉、海鮮、甚至炭烤煙燻雞尾酒、調味料和甜點上，各位會學到如何製作此生必懂的炭烤煙燻招牌菜，即使連你作夢也沒想到可以炭烤煙燻的食物，包括起司蛋糕、冰淇淋，蛋黃醬（美乃滋）、奶油、和冰也統統變本書教材。

所以點燃你的炭烤煙燻爐吧！這趟美食之旅即將上路！

THE SEVEN STEPS TO SMOKING NIRVANA
炭烤煙燻七大步驟
──打造香氣四溢的美食天堂！

打造炭烤煙燻美食天堂的七個步驟不難，但也有要花腦筋的地方：市面上有好幾百款炭烤煙燻爐可選，每一種的操作方式大不同，你大可掏幾千塊台幣買一台，或幾萬塊的也有，不過價格未必能與功能畫上等號。

接著是木頭：山核桃木、橡木、蘋果木或牧豆樹木，炭烤煙燻燃料有好幾十種，我只先講這幾種，而且青菜蘿蔔各有所好。之後你要開始想，用新鮮或曬（風）乾的、乾燥或浸泡過的，要原木、一大塊、碎片還是顆粒狀的會更合適。

再來是肉類：到底要選極佳級或特選級、有機或土種？更何況還有海鮮（野生或養殖，整尾或去骨切片）、蔬菜、起司、雞蛋和甜點要上場！

輪到生火了──相信我，這時候我們身邊就會出現很多高見，眾說紛紜。先要選擇炭烤煙燻方式：要熱燻或冷燻、用燻烤模式還是用手持式煙燻器，不同的食物需要多久、還有怎麼知道炭烤煙燻好了沒，這些都要搞懂。

聽起來很複雜嗎？沒錯，是有一點。但我把這個過程分成了七個簡單的步驟，只要一步一步來，各位很快就能上手，盡情享受燻烤的美好時光！

步驟一
選擇你的炭烤煙燻爐

第一步幫自己選擇正確的炭烤煙燻爐，市面上有上百種款式，請讀本節和第 261 頁「不同類型的炭烤煙燻爐」來了解更多爐具。

什麼爐子適合自己？取決於各位的經驗、目標、以及給多少人吃，這些因素決定你的炭烤煙燻爐類型：

菜鳥新手：如果想要一個便宜又好操作的炭烤煙燻爐，不占太多空間，理想的選擇包括：鍋式木炭燒烤架或其他有高蓋子的燒烤架、加水式炭烤煙燻爐、陶瓷炊具、和直立式炭烤煙燻桶。

求知慾旺盛的燒烤迷：熱愛燒烤也想嘗試炭烤煙燻，可以找鍋式木炭燒烤架或前置式木炭燒烤架、燃木燒烤架、陶瓷炊具、或爐膛（firebox）有網架（烤肉架）（grate）的偏位式炭烤煙燻爐。

追求方便和成效：如果你是怕麻煩的炭烤煙燻迷，想要那種瓦斯燒烤架（gas grill）按個鈕就能讓自己享受美食的境界，不妨考慮用電子或瓦斯炭烤煙燻爐、還是圓球型燒烤架皆可。

享受烹飪的專家：不僅要求成果，也很關心炭烤煙燻的過程，如生火和維持火力，調整通風口……等過程，就選擇加水式炭烤煙燻爐或偏位式炭烤煙燻爐準沒錯。

炭烤煙燻食物控：超熱愛炭烤煙燻食物的你，最適合偏位式炭烤煙燻爐、加水式炭烤煙燻爐、甚至在家蓋一座炭烤煙燻坊吧。

給燒烤參賽者或營業店家：如果你是《燒烤擂台賽》（BBQ Pitmasters）真人實境秀的忠實觀眾，而且想跟其他燒烤行家一決高下，還常幫一票人做飯，建議專攻巨型全配款偏位式炭烤煙燻爐（最好裝在拖車上）或轉盤式營業用炭烤煙燻爐。

給住公寓大樓的炭烤煙燻老饕：如果有炭烤煙燻魂，卻住在公寓大樓或人口稠密的城市裡！那就買爐灶型炭烤煙燻爐或手持式煙燻器來滿足自己吧！

炭烤煙燻爐類型

鍋式木炭燒烤架
（kettle-style charcoal grill）

加水式炭烤煙燻爐
（water smoker）

燃木燒烤架
（wood-burning grill）

在自家蓋的炭烤煙燻坊
（home-built smokehouse）

陶瓷炊具
（ceramic cooker）

直立式炭烤煙燻桶
（upright barrel smoker）

偏位式炭烤煙燻爐
（offset smoker）

巨型全配款偏位式炭烤煙燻爐
（big rig offset smoker）

前置式木炭燒烤架
（front-loading charcoal grill）

電子或瓦斯炭烤煙燻爐
（electric or gas smoker）

爐灶型炭烤煙燻爐
（stovetop smoker）

手持式煙燻器
（handheld smoker）

圓球型燒烤架
（pellet grill）

轉盤式營業用炭烤煙燻爐
（carousel-style commercial smoker）

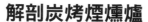

解剖炭烤煙燻爐

炭烤煙燻爐有大有小，從手持式、到用拖車運來放在燒烤參賽隊伍旁的巨型裝置都有，有的像 55 加侖（208 公升）的鋼桶，或像美國環保炭烤煙燻爐公司（Enviro-Pak）出品的高科技爐具，大到卡車司機可以從車窗直接取餐；有些燒木頭或木炭，有些靠丙烷（propane）或電力運作。

雖然形狀、尺寸和配置變化多端，但它們結構類似，只要了解各部位功能，你就會變成炭烤煙燻爐達人。

在爐子某一端或底部會看到**爐膛（firebox）**，這是燃燒木材並產生燻煙的地方，另一端則有**煙囪（chimney）**，透過通風裝置把燻煙排出爐外。

在兩個結構之間，可以找到**炭烤煙燻室（smoke chamber）** 和**散熱器（heat diffuser）**，炭烤煙燻室（或稱烹調室〔cook chamber〕）用於煙燻或同時烹調食物，位置在爐膛附近或正上方（使用手持式煙燻器時，可使用容器如調酒雪克杯或用保鮮膜封好的碗當作煙燻室）。煙燻室某一端，排油管有時會附上小桶，來接住油脂和滴落物。

火產生熱能，但多數炭烤煙燻食物會在低溫下烹飪，散熱器則可防止食物被火力圍攻。在加水式炭烤煙燻爐中的散熱器是一塊淺水盤，並位於火與炭烤煙燻室之間；陶瓷炊具的散熱器則是位於餘燼和機架之間的對流板（convection plate，有時稱為板式固定器〔plate setter〕）；偏位式炭烤煙燻桶裡的散熱器是滑動金屬板，通常有穿孔，位於烹飪架下方。

通風口雖小，卻對炭烤煙燻爐有舉足輕重的作用，爐膛上的進氣口控制進入的氣流，位於炭烤煙燻室末端的煙囪通風口，會調節熱空氣和燻煙的流散情況。有些通風口是旋轉盤，有的則是滑動金屬板，負責控制爐子裡的氣流、控管熱氣。以下是簡單的公式：

- 氣流增加等於熱度愈高。
- 氣流減少等於熱度愈低。

運用打開或關閉通風口控制氣流和熱度。

電子炭烤煙燻爐（包括圓球型燒烤架）使用電子加熱元件來燃燒木材，還有自動調溫器可控制熱度。瓦斯炭烤煙燻爐也有自動調溫器控制熱度，只要設定好溫度就會自動搞定。使用圓球型燒烤架時，大家要記得：

- 熱度愈低，產生的燻煙愈多。
- 熱度愈高，產生的燻煙愈少。

多數炭烤煙燻爐都會像這樣運作。

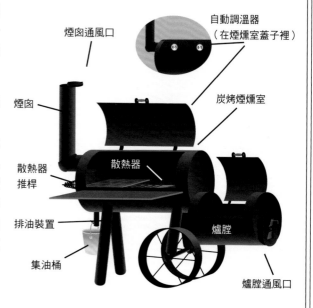

自動調溫器
（在煙燻室蓋子裡）
煙囪通風口
煙囪
炭烤煙燻室
散熱器推桿
散熱器
排油裝置
爐膛
集油桶
爐膛通風口

步驟二
取得燃料

無論是在堪薩斯城料理山核桃木炭烤煙燻肋排，還是在阿拉斯加拿赤楊（alder）煙燻鮭魚，或用牙買加胡椒木（pimento，又名多香果 allspice）製作出正港的牙買加香辣煙燻雞，木材都是炭烤煙燻的首選燃料。

哪些木材最適合特定的肉類或海鮮？相關文章報導不勝枚舉，有些人點名特定木材非得配特定食材不可，例如蘋果木跟炭烤豬肉是天生一對，或櫻桃木和炭烤雞肉才是黃金拍檔──跟品酒行家認定葡萄酒要與特定食物搭配的概念雷同。

所以我下面的震撼教育會幫大家洗腦：木材的品種比怎麼去燃燒它還不重要，而每種木材都會產生出顏色和味道稍微不同的燻煙，如果你是炭烤煙燻生手，大部分的硬木（山核桃木、橡木、蘋果木、櫻桃木和楓樹木）效果都一樣棒。

美國卡羅萊納燒烤食物木材行老闆巴迪‧威利福德（Bud Williford）將木材分成兩大類：**森林木和果園木**，前者包括山核桃木、胡桃木和橡木等堅果木，以及楓樹木和赤楊等野生樹木；後者包括已經很熱門的蘋果木和櫻桃木這些果樹木，還有木材界的後起之秀桃木、梨木和桑樹。也可以在口袋名單中加進有**異國情調的木材**，如樟木在中國會用於炭烤煙燻，以及的牙買加胡椒木，它會產生強烈芳香的燻煙，是牙買加香辣煙燻雞這道菜之所以味道獨特的一項原因。

這些形形色色的木材有一個共同點：它們全都是落葉樹且分類為硬木，一般不會用像松木、雲杉和其他常青樹這類軟木去炭烤煙燻食物，因為會產生一種炭黑色含煙灰味的燻煙，充滿刺鼻油味。但也有例外：像加拿大人就會用雲杉的新生枝幹炭燻牛排；法國人則在乾燥的松樹針上燻烤貽貝，端出一道名為艾克拉德烤貽貝（éclade de moules）的傳統法式佳餚。《超讚 BBQ 食譜報到！》書中也提到在其他地方，大家會用茶（地點在中國，168 頁）、草本植物和香料，如多香果莓果和肉桂（154 頁的牙買加香辣煙燻雞）去炭烤煙燻食物；但最詭異的燻烤燃料是什麼？乾羊糞雀屏中選！冰島人把它用於燻羊肉和馬肉。

炭烤煙燻食物需要多少木材？

請閱讀製造商的說明，以下提供重點概要：

燃料款式	炭烤煙燻爐類型	數量
原木	大型偏位式炭烤煙燻爐	假如用餘燼墊底的結構夠完善，可以每小時放進 1 到 3 塊劈好的柴
木塊（加到木炭餘燼裡）	木炭燒烤架、加水式炭烤煙燻爐、陶瓷炊具、直立式炭烤煙燻桶	每小時放進 2 到 4 塊或類似數量的木塊
碎木片	木炭燒烤架、加水式炭烤煙燻爐、陶瓷炊具、直立式炭烤煙燻桶	每 30 至 40 分鐘放 2 把（1½ 至 2 杯）
木頭顆粒	圓球型炭烤煙燻爐	大火約每小時放 2 磅（907 公克），中火每小時 1 至 1½ 磅（454~680 公克），只冒燻煙時每小時 ½ 磅（227 公克）
鋸木屑	爐灶型炭烤煙燻爐、手持式煙燻器	前者放 1 到 2 大湯匙；後者放 1 茶匙

我的木炭經

大型比賽的燒烤參賽者或大規模營業店家只燒木材，但我們多數人會把炭加木塊或碎木片這種組合當作燃料。木炭有兩種基本類型：**塊狀木炭**和**炭球（briquette）**。

塊狀木炭是在窯裡的低氧環境中燒焦原木製成，是純木質燃料，無添加劑，不同木材有不同效果：例如，牧豆樹木狂燒起來會製造出一大堆火花，楓樹木和橡木炭（我的最愛）則會產生完全穩定的熱度。購買塊狀木炭時，要找販售不規則鋸齒狀塊的品牌，假如邊緣筆直或角落呈正方形，代表它是用木材或鋪地板用碎屑製成的木炭，我儘量不用。第一次點燃時，塊狀木炭會完全燃燒而且滾燙，但比起用炭球溫度會更快降下來，燃燒時間也較短，不過如果你正在燃燒純木製品，可以直接在火裡添加新鮮的塊狀木炭，而不會產生惱人的燻煙。

炭球是複合燃料，是木屑、煤塵、硼砂、石油促進劑的混合物，有時會被磨光搗碎成枕頭狀的小塊，也可購買僅用木材或椰子殼和澱粉粘合劑製成的「天然」炭球。炭球的優點是燃燒溫度一致，且時間比塊狀木炭更長（在填滿一個煙囪的情況下，通常炭球可保持華氏 600 度〔攝氏 316 度〕的火力並持續 1 小時）。美中不足的是第一次點燃時，炭球會釋放出一種刺鼻窒息的燻煙。因此，用炭球替炭烤煙燻爐重新添加燃料時，最好放在煙囪的啟動器上點燃，不要直接放在現有的煤上。

注意：多數木炭會產生熱能而非木煙，所以光用木炭無法好好地炭烤煙燻食物，然而有些廠商像美國金斯福德木炭製造商（Kingsford），在炭球中嵌入小片牧豆樹木或山核桃木，讓燒烤時多些溫和的煙味，但我們得真的添加木材，才能產生燻煙。

炭球（左）均勻成型，而塊狀木炭（右）則是不規則的塊狀。

來堂簡單的科學課——何謂炭烤煙燻？
（還有為什麼炭烤煙燻食物吃起來味道會這麼棒？）

在我們深入探討細節之前，炭烤煙燻的世界你我原本就不陌生，眼睛一看就知道那是什麼，鼻子一聞再塞進嘴裡，沒人不認得它，炭烤煙燻是燒烤的靈魂，更是人世間吃香喝辣的代名詞，從培根到鱈魚再到蘇格蘭威士忌，都有炭烤煙燻這一味。

但炭烤煙燻是什麼？它是怎麼賦予食物不同的風味？還有為什麼炭烤煙燻食物吃起來味道會這麼棒？

炭烤煙燻是由燃燒木材和其他有機材料所產生的蒸氣副產物，這個狀態包含：

- 固體（以稱作煙灰的微小碳粒子為形式）
- 液體（如焦油和油）
- 氣體（是促成我們評定炭烤煙燻食物味道的關鍵點）

這三種型態全都是炭烤煙燻食品外觀、香氣和味道的催化劑。

燃燒木材就會造成炭烤煙燻效果，但並非所有木材的燻烤情況或烤出來味道都一樣，像硬木（來自落葉樹如山胡桃木和蘋果木，它們的葉子每年脫落一次）能調理出口味最棒的炭烤煙燻食物，不少其他植物燃料也會用在炭烤煙燻上，好比義大利出產的乾草製煙燻乳酪，還有美國中西部地區的玉米穗軸煙燻培根。

燃燒時，木材會經過三個階段：

- 乾燥／脫水
- 熱解（高溫分解）
- 燃燒

換句話說，火會先把木頭弄乾，讓它斷裂，最後點燃木頭。每個階段都會產生不同類型的燻煙，並釋放出不同的煙味。

在字字珠玉的著作《現代主義美食》（*Modernist Cuisine*）中，食品科學家納森·米爾沃爾德（Nathan Myhrvold）將炭烤煙燻過程分成六大溫度階段：

- **華氏 212 度（攝氏 100 度）時**，木材中的水分會沸騰，釋放出蒸汽和二氧化碳，後者與燒焦木材發生反應，產生一氧化碳和二氧化氮——這些化合物用途為形成前胸肉牛腩和其他煙燻肉類裡的最具代表性的煙環（請參閱 127 頁）。

- **華氏 340 度（攝氏 171 度）時**，熱解就開始了，釋放出甲酸、乙酸和其他酸性化合物，這些化合物製造出炭烤煙燻食物裡的一些味道，有助於上色和保存食物。

- **華氏 390 度（攝氏 199 度）時**，隨著熱解產生羰基，炭烤煙燻味開始變香醇——羰基是芳香分子，負責製造炭烤煙燻食物讓人胃口大開的金黃、焦黃和深紅色澤。有種羰基，即甲醛可當作抗菌和防腐劑。

- **華氏 570 度（攝氏 299 度）時**，燻煙會產生更複雜的味道，因為熱解會製造稱為酚類的芳香化合物。這些化合物包括 4-甲癒創木酚（它一手包辦泥炭般的味道，泥炭又跟蘇格蘭威士忌脫不了關係）、異丁香酚（炭烤煙燻食物中的丁香和其他香料味道就靠它）、和香草醛（跟香草沒兩樣的甜味來源），在此階段產生的其他誘發化合物包括甜麥芽糖醇、堅果內酯和焦糖味呋喃。

- **華氏 750 度（攝氏 399 度）時**，木材變成黑色，燻煙量達到高峰，炭烤煙燻食物在此時最讓人為之瘋狂，酚類濃度最高，加上焦油和油的液滴，為食物增添色澤和味道。

- **華氏 1,800 度（攝氏 982 度）時**，木材會點燃且產生香味的化合物終止作用，燃燒的木材肩負的是烹調食物用途，不再引爆炭烤煙燻的誘人氣味。

木材形式和使用方法

木材形式	大小	最適用的炭烤煙燻爐	優點	注意事項
原木	12 至 18 吋長（30.5 至 45.7 公分長）	大型偏位式炭烤煙燻爐（棒形燃燒器）、營業用炭烤煙燻爐	產生熱能和燻煙	各位需要一台氣流很順暢的大型炭烤煙燻爐，至少需要 1 小時才能將木材焚化成滾燙的餘燼墊底。
木塊	1½ 至 4 吋寬（3.8 至 10.2 公分寬）	加水式炭烤煙燻爐、陶瓷炭烤煙燻爐、直立式炭烤煙燻桶、瓦斯炭烤煙燻爐、瓦斯燒烤架、小型偏位式炭烤煙燻爐	在五金行和超市中販售，方便攜帶、存放容易且能快速產生燻煙。	在加入柴火前不需浸泡。有種在瓦斯炭烤煙燻爐上燻烤的方法是在網架下面，或在金屬導熱板、陶瓷炭球或磚塊的上面或之間放置大塊木材（請參閱 21 頁）。
碎木片	長寬為 ½ 至 1 吋，¼ 吋厚（長寬約 1.2 至 2.5 公分，0.6 公分厚）	加水式炭烤煙燻爐、陶瓷炭烤煙燻爐、直立式炭烤煙燻桶、瓦斯炭烤煙燻爐、瓦斯燒烤架、小型偏位式炭烤煙燻爐	在五金行和超市中販售，方便攜帶且存放容易，碎木片能快速產生燻煙。	在水中浸泡 30 分鐘，然後瀝乾水分，這樣能減緩燃燒速度。
鋸木屑	粉末狀木頭	電子炭烤煙燻爐、爐灶型炭烤煙燻爐、手持式煙燻器	加熱的鋸木屑幾乎會在瞬間開始瀰漫燻煙	不要浸泡
圓盤木	為壓縮鋸木屑製作成的小型圓盤木	電子炭烤煙燻爐	方便，容易使用，快速產生燻煙。	不要浸泡（如果暴露於濕氣中會分解）。
木頭顆粒（Pellets）	指用壓縮鋸木屑組成的小圓筒	圓球型炭烤煙燻爐、在網架下層式炭烤煙燻爐箱、炭烤煙燻管	方便，容易使用，快速產生燻煙。	不要浸泡（如果暴露於濕氣中會分解）。

用於炭烤煙燻的木材種類

星號標示出適用於各式各樣食物的萬能木材，建議每種都試試看。

木材	炭烤煙燻風味	流行地區	常用的炭烤煙燻食物
森林木			
赤楊	風味濃郁	太平洋西北地區、阿拉斯加州	鮭魚和其他海鮮
櫸木	風味濃郁	斯堪地那維亞、德國	豬肉和家禽
山核桃木 *	風味濃郁	美國南部和中西部	所有肉類、海鮮和蔬菜
杜松木	芳香	歐洲	鯡魚、鮭魚等魚類；義式煙燻風乾生火腿「斑點」
楓樹木	溫和	新英格蘭、加拿大魁北克市	家禽和豬肉
牧豆樹木	強烈	德克薩斯州和美國西南部地區	牛肉
橡木 *	風味濃郁	加利福尼亞州、德克薩斯州、歐洲、南美洲	所有肉類、海鮮和蔬菜
胡桃木	風味濃郁	美國南部	豬肉和家禽
核桃木	風味濃郁	加利福尼亞州、美國東部	豬肉等肉類
果樹木			
蘋果木 *	風味濃郁	全美國各地區	所有肉類（特別是培根）、海鮮和蔬菜
杏樹木	風味濃郁	加利福尼亞州	家禽和豬肉
櫻桃木 *	風味濃郁	太平洋西北地區；還有美國中西部或北部地區的上西北部地區	所有肉類、海鮮和蔬菜
柑橘木	溫和，甚至微弱	佛羅里達州、加利福尼亞州	家禽和豬肉
桑樹木	溫和	美國南部	家禽和豬肉
桃子樹木	風味濃郁	美國南部	家禽和豬肉
梨樹木	溫和	加利福尼亞州、新英格蘭	家禽和豬肉
李子樹木	風味濃郁	加利福尼亞州	家禽和豬肉

異國情調木材			
梧桐樹木	風味濃郁	佛羅里達礁島群	海鮮
樟木	強烈、芳香	中國	家禽和豬肉
芭樂樹木	風味濃郁	菲律賓	家禽和豬肉
橄欖樹木	溫和，有點柑橘味	加利福尼亞州、地中海	豬肉、小牛肉、家禽、海鮮和蔬菜
馬尼拉港區域的包裝箱回收木材（Palochina）	風味濃郁，像松樹一樣的味道	菲律賓	一位難求的菲律賓巴科洛德雞肉連鎖餐廳（Bacolod Chicken Inasal）拿它來炭烤煙燻豬肉
牙買加胡椒木	強烈、芳香	牙買加	豬肉乾和雞肉
鏽色合歡木（Tangatanga）	強烈、芳香	關島	牛肉、豬肉和雞肉
美國威士忌知名品牌傑克・丹尼（Jack Daniel's）出品的威士忌桶碎木片（Whiskey barrel chips）	溫和、香甜	肯塔基州、田納西州	所有肉類、海鮮和蔬菜
異國情調炭烤煙燻燃料（非木材）			
多香果莓果	芳香、辛辣	牙買加	所有肉類、海鮮和蔬菜
肉桂棒	芳香、辛辣	牙買加、中國	豬肉乾和雞肉
乾草	風味濃郁草本植物的味道	義大利、美國	起司、家禽、漢堡
松木或雲杉針	芳香	法國、加拿大	淡菜（青口貝）
米	辛辣嗆鼻	中國	鴨肉
迷迭香等草本植物	芳香，草本植物味	加利福尼亞州、地中海	所有肉類、海鮮和蔬菜
甘蔗壓榨製品	芳香	法屬西印度群島	雞肉
茶	辛辣嗆鼻	中國	鴨肉

運用木材的眉眉角角

很少看到有什麼烹飪技術，能跟炭烤煙燻那樣讓眾人吵翻天，激辯從木材開始：要用新鮮或曬（風）乾的？剝去還是留下樹皮？浸泡或是不浸泡？以下是用木材炭烤煙燻食物時，我的個人喜好，再加上一些額外的考量。

要用新鮮或曬（風）乾的？ 剛砍下來的樹含有約六成水分，而露天（我個人偏愛的方式）或在窯中曬（風）乾後，水分含量則會降低到15~20%。新鮮木材點燃不易，悶燒燃盡時又會噴出濃濃的刺鼻燻煙，有時那種刺鼻簡直快逼死人，所以得用曬（風）乾木材來燻烤食物。

剝去還是留下樹皮？ 保留樹皮原狀的木材，會產生濃稠且通常是苦的燻煙，特別是新鮮原木更是如此，如果是直接使用戶外的木樁堆，樹皮就是昆蟲的棲息地；但劈好後樹皮仍然完好無損的木柴，仍是許多北美和歐洲各地的世界級炭烤煙燻大師的秘密武器。所以用有樹皮的木材或木塊仍不失為好方法。

用整根原木或劈開好？ 這問題很簡單：劈開準沒錯，這樣會更快點燃，更容易燃燒。

浸泡還是不浸泡？ 支持派認為，浸泡碎木片或木塊會減緩燃燒速度，燻煙產生得更慢更穩定，而證據顯示浸泡過的碎木片會釋放出更多二氧化氮，可能有助於在熟肉中製造更明顯的煙環。反對派則認為浸泡這件事簡直就是延遲熱解（Pyrolysis）的元凶，結果造成燻煙亂竄。為了緩慢穩定地燃燒木材，可以在燻烤前將碎木片浸泡在水中30分鐘，然後在加入柴火前把水分瀝乾。但如果忘記浸泡，也不必慌張，可以直接將乾碎木片加入煤中，只要加更多即可。有沒有浸泡木塊，最後的味道都是一樣的，我覺得兩種都行。

我才剛開始摸索炭烤煙燻，有什麼特別的木材是我應該使用或避開的？

我會用一般接受度最高的——通常是當地的鎮地之寶：

- 山核桃木或胡桃木（普遍用於美國南部）
- 橡木（德克薩斯州和歐洲常見）
- 蘋果木（美國中西部及太平洋西北地區風行）
- 櫻桃樹木（廣泛使用於密西根州及太平洋西北地區）
- 楓木（新英格蘭盛行）
- 牧豆樹木（德克薩斯州和美國西南部地區流行——但通常都用在牛肉上）

混在一起或依序使用木材哪一個比較好？ 如果才初入門動手炭烤煙燻，請固定先用某種木材品種，感受一下它的顏色和味道如何，等駕輕就熟之後就可以再試驗看看。

烹調過程中製造燻煙的時間應該多長？ 有些炭烤煙燻高手會在整個過程中不停燃燒木材，另一派的人則認為肉類會逐漸失去吸收燻煙的能力，特別是在下半段的烹煮過程中。許多肉類如前胸肉牛腩或炭烤煙燻（牛）肉，在烹飪的最後幾個小時得包裹起來，需繼續製造燻煙到把肉包住為止，此時不需添加木材（除非使用的是要燃燒木材的炭烤煙燻爐），而讓木炭的熱氣去烹調完成整道料理。

應該加多少木材到火裡？ 什麼時候加？炭烤煙燻就像龜兔賽跑這個老寓言，慢條斯理與踏實穩重是贏得比賽的致勝關鍵。最好每小時就加進一點木材，這樣會比一口氣堆了滿坑滿谷的木材更好，可參閱6頁每種炭烤煙燻爐需添加多少木材的簡單說明。

最後有關木材的二三事

- 把原木存放在遠離室外，而且是陰涼乾燥、又有遮蔽設計及透氣的地方。濕木頭會發霉，受潮的木頭最後還會腐爛。

- 不要用發霉或難聞的木材去炭烤煙燻。我住在邁阿密，當地雨季時，木材會被留在戶外（甚至連一袋碎木片都是），因此經常會出現發霉的味道，而霉味並不會如你猜想的被火吞噬。

- 未使用但已浸泡的碎木片可用漏勺瀝乾水分，曝曬陽光到充分乾燥後再來使用。長時間浸泡會讓木材難以產生好的燻煙味道。

步驟三
工欲善其事，必先利其器

只靠鍋式燒烤架和一套鉗子也可以瀟灑上陣，但使用正確工具肯定會讓炭烤煙燻變得更輕鬆，我按照功用把這些工具分組：

處理木材、木炭和熱灰的工具

有密合蓋子的金屬垃圾桶： 用於儲存木炭、木塊和木頭顆粒，也用於處理廢煤和灰。準備數個小型的這種裝置。

木柴架： 讓木材存放在地面以上，以免腐爛或引來昆蟲，還需有蓋子或防水布，讓木材在惡劣天氣下保持乾燥。

斧頭、大木槌或短柄小斧： 用於劈開原木。

皮革工作手套： 用於處理原木且手套不會破裂。

鏟子或金屬勺： 用於移動熱的餘燼及清理灰。

美國選購吸塵器公司（Shop-Vac Corporation）的真空吸塵器 Shop-Vac®： 它是效率無敵高的清灰工具，在清潔之前，要先確保灰都完全冷卻。

起火的用具

壁爐火柴： 能深入到爐膛的長柄火柴。

丁烷火柴或打火機： 有點火開關或「機關」能點燃火焰。

石蠟點火啟動裝置： 用於起火的小立方體或塊狀石塊或其他易燃材料。

甘蔗起火啟動裝置凝膠： 像質地輕盈的液體，純植物成分。

煙囪啟動裝置： 是點燃木炭最有效的方式，請參閱 27 頁的點火說明。

電子點火啟動裝置： 帶有環形加熱元件的插入式棍棒，常用來點燃陶瓷炊具。需要電源插座來發揮功能。

瑞典 Looft Industries AB 公司的洛夫特電子點火啟動裝置（Looftlighter）： 瑞典製的點火啟動裝置，可傳導木炭或木材身上過熱的空氣。

小型發焰裝置（噴燈）（Blowtorch）： 用於點燃木材或木炭火苗的神器，建議使用工作臺款式去點燃少量的木炭，或使用英國主要建築產品公司（Principal Building Products Ltd）的魯夫特火炬（roofer's torch），這種裝置可直接連接到丙烷氣瓶（注意是氣瓶不是罐子）的手臂長度棍棒。小型發焰裝置（噴燈）可在木材或木炭上燃燒高於 50,000 BTU* 的熱能。

處理炭烤煙燻爐的工具

絕緣仿麂皮手套、焊工手套或壁爐手套： 請選擇長手套來保護自己的前臂。

烤架鋤頭或園藝鋤頭： 耙熱煤時使用。

網架（烤肉架）抓取器或鐵絲網升降機： 能有助於抬高滾燙的烤架網架或炭烤煙燻爐架，方便添進新鮮的木材或煤。

---

* British thermal unit：英國熱量單位，簡稱 BTU，約等於 1,055 焦耳，是將一磅的水由華氏 39 度／攝氏 3.89 度加熱至華氏 40 度／攝氏 4.44 度所需的熱能。此單位通常用在蒸汽機、暖氣、冷氣、電熱等產業。

燻煙生成器和燒烤架燻煙推進器

這些設備可幫各位把更多木頭燻煙打入炭烤煙燻爐、燒烤架和炭烤煙燻坊裡，推薦品牌列在第278頁的「炭烤煙燻其他必備裝置」中。

木炭燻煙生成器：內部有燃燒室的金屬罐，可容納悶燒的碎木片，還有一台電動鼓風機可抽吸燻煙。

電子燻煙生成器：它有一個料斗，用來裝鋸木屑、圓盤木、木頭顆粒或碎木片，還有一個電子加熱元件，可以減緩木頭的燃燒速度來製造燻煙。

木炭燒烤架燻煙推進器：可搜括並把餘燼圍成一區，打造成一處獨立的炭烤煙燻食物煙燻室，使木炭鍋式燒烤架變身為炭烤煙燻爐。要找有內置水鍋盤的款式，以增加濕氣水分及燻煙量。

提示：21和22頁列有能盛裝碎木片或木頭顆粒的炭烤煙燻爐管、爐袋和網架下置式煙燻爐托盤。

溫度計

即時讀取溫度計：

它是檢查炭烤煙燻食物完成狀態的重要指標，使用時將探針深深插入肉或魚中（但別碰到骨頭），放置約30秒。

遙控數位溫度計：

一種探測器，可刺進肉類或魚肉裡，並以有線或無線方式，跟在炭烤煙燻爐外的顯示裝置互相連接感應。有些款式可將溫度傳送到使用者的智慧型手機裡，購買前要先檢查它的傳送範圍。進階款式配有多個探針，可用於探測多個炭烤煙燻食物，並監測炭烤煙燻爐的內部溫度。

溫度和牽引控制器

如何烹調出讓人大快朵頤的炭烤煙燻食物？關鍵是食物要在溫度一致的低溫下長時間慢慢燻烤，這時就要搬出溫度和牽引控制器，這個裝置會把炭烤煙燻室（烹調室）裡的熱電偶，跟安裝在底部通風口上的微型電風扇連接起來，以調節氣流，因而調整熱能。

1. 將電風扇插座連接到陶瓷炊具或木炭式炭烤煙燻爐或燒烤架的底部通風口，即可使用溫度和牽引控制器。

2. 將熱電偶夾在炭烤煙燻爐裡的架子上。

3. 將數位溫度和牽引控制器設定到所需溫度，電風扇會控制氣流和熱能。

用於調味、醃製與風乾肉類和海鮮的容器

- 有邊緣的大型烤盤
- 大型不鏽鋼或玻璃攪拌碗
- 大型耐用食品安全容器，用於浸鹵水（濃鹽水）等用途
- 堅固耐用且可重複密封的塑膠袋，尺寸有大有小
- 金屬絲網架或鐵絲網（最好有腳）
- 不沾粘的矽膠網墊，用於煙燻和間接燒烤那些小巧精緻與容易碎掉的食物，這些食物會粘附或從網架、架子的橫槓掉下去；要包住培根香腸胖胖卷（143 頁）和肉餅時，也能派上用場。

能幫肉類和海鮮醞釀好滋味的好物

注射器：超大型皮下注射針，用於將美味的汁液或糊劑深層注射進大塊肉中。更多相關注射資訊，請參閱 164 頁。

真空醃製罐：有些家用真空密封罐，比方美國食物保存專家（FoodSaver）真空包裝產品，可用於加速醃製過程。只要將喜歡的滷汁放在這種聚碳酸酯罐中，啟動罐子的真空設計，把空氣抽出來，即可節省 12 分鐘的浸泡時間；也可用頂部有活塞的手動裝置來清除容器中的空氣。

真空轉筒：加速滷製過程的另一種裝備，可讓肉類在真空密封的旋轉圓筒中翻滾，分離並磨損肉的纖維，讓肉變嫩且加速吸收鹵水或滷汁。大多數的超市火腿都是用這種方式醃漬出來的。

讓食物一邊炭烤煙燻，一邊散發香氣的好物

烤肉刷：各位可購買各種各樣的矽橡膠烤肉刷（用洗碗機即可清洗乾淨）或天然豬鬃刷毛刷（一般五金行都有販售，價格便宜，使用後可丟棄），有些刷子會跟訂製的燉鍋一起搭售。

燒烤拖把：這種拖把長得就像迷你棉質地板拖把，常跟內層是塑膠的桶子一起販售，只要用頭部可拆卸的拖把，即可橫放進洗碗機裡。替一大票的人炭烤煙燻食物時，當然可以用跟正常版棉質地板拖把一樣大小的拖把（不過鐵定要全新、沒使用過的才行）。

噴霧瓶或燒烤噴霧器：在炭烤煙燻過程中，在肉類和海鮮上噴灑蘋果酒、葡萄酒和其他美味汁液是少不了的美事。

炭烤煙燻爐和燒烤工具

燒烤刷：用於清潔網架或炭烤煙燻爐架。最好選長柄、有彎曲硬線豬鬃刷毛的，在使用過程中才不會脫落。

鉗子：最好選長柄和裝了彈簧及有上鎖設計的款式。

抹刀（刮刀）：有寬金屬頭和斜邊前緣，加寬型頭部（15 到 20 公分）可用在魚身上。

燒烤架增濕器：頂部打孔的金屬盒，可裝入水、葡萄酒或其他汁液，放在木炭或瓦斯燒烤架的網架上，並直接位於火焰上方，這樣產生出來的蒸汽會為炭烤煙燻提供潮濕有水分的環境。

肋排架：豎放一排排的肋排，讓我們在空間有限的炭烤煙燻爐中（加水式炭烤煙燻爐或鍋式燒烤架），燻烤多達 4 根豬肋排或豬嫩背肋排。

啤酒罐烤雞烘焙爐：幫雞肉乖乖直立不傾倒，使用時要將不鏽鋼罐裝滿酒、果汁或啤酒。

其他好用小物

一次性橡膠或塑膠食品手套：揉搓或處理肉類時，戴上它們可保持雙手清潔，並保護食物不受汙染。

隔熱食物手套：是處理整頭豬或手撕豬肩胛肉時的獨門法寶。有些很懂炭烤煙燻坑窯和爐具的專家，喜歡穿著棉手套時，手可以活動自如的那種感覺，順便對抗熱氣，外面再加戴橡膠或塑膠手套隔離油脂。

 **肉爪（用於把手撕豬肉切成絲）**：推薦品牌包括「熊爪」（Bear Paws）和烤肉最佳良伴（Best of Barbecue）。

屠夫紙（butcher paper，又稱粉紅紙 pink paper）：是包前胸肉牛腩的唯一選擇，一定要買無（塑膠）襯裡的屠夫紙。

記錄簿：用於記錄炭烤煙燻食物時一切詳細資料。唯有把過程中，正反兩面情況統統記載下來，技術才能一日千里！重要細節包括：

- 日期
- 天氣（環境溫度）
- 要炭烤煙燻的肉類（種類、重量等等）
- 醃漬或調味
- 木材（類型與用量）
- 炭烤煙燻爐裡的溫度
- 肉裡面的溫度
- 自己對成果喜愛的程度

步驟四
調味食物

木頭燻煙本身即具備強烈風味，所以有些食物在炭烤煙燻時就會吸入這種香氣，不必再加其他調味料，例如 83 頁的櫻桃木炭烤煙燻紐約客牛排。

但我們常把炭烤煙燻與其他調味方法兩者合併使用，例如把炭烤煙燻食物拿去浸鹵水或醃製，可提升食物口感並防止腐敗。傳統美式燒烤料理通常會吸收到多層次風味——除了實際上在炭烤煙燻坑窯或爐具裡，讓食物吸附燻煙製造的香氣之外，我們還可以用注射器把調味汁注入到食物裡、或加揉搓粉去揉搓食物，然後再用燒烤拖把在食物上塗抹拖把醬，或為食物澆上烤肉醬糖汁。

講到調味炭烤煙燻食物，我們有三個調味時機點：之前、過程中與之後。

幫生的食材調味

燻烤前的調味工作包括鹽漬、醃製、浸鹽、揉搓、滷製和注射。

鹽漬：早在像石器時代，我們的祖先就已經了解，炭烤煙燻前先鹽漬食物，不僅能因為幫肉類脫水而延緩它腐敗的機會，還可抑制有害細菌生長，同時也為食物增添滋味。我們用這種方法來製作加拿大東南岸新斯科舍省或斯堪地那維亞風格的煙燻鮭魚（183 頁）。鹽漬食物時可直接撒鹽在食物上，或把食物夾在鹽層之間，視食物大小而定。可能持續幾個小時（小魚片適用）或幾週（針對大型火腿而言）。炭烤煙燻前先鹽漬是普遍作法。

醃製：古早時期先人即觀察到，某些地底下的鹽能把食物保存得更久更好，還會替食物增添讓人胃口好的粉紅色，和類似鮮味的風味。這些鹽含有一定程度的天然食品防腐劑，硝酸鈉或亞硝酸鈉，兩者只差在一個氧分子而已，但硝酸鈉是用在慢慢醃製而且是生吞不必煮過的食物上（如風乾醃製香腸和鹽漬豬後腿肉），而亞硝酸鈉則要加進會再煮過的食物裡。本書只使用亞硝酸鈉，它的運作比硝酸鈉快得多。醃製時，若使用鹽，大多都有亞硝酸鈉，可斟酌加上糖、胡椒等香料，就能醃製出全世界無與倫比的美味炭烤煙燻香腸、培根及火腿，如田納西州培根和維吉尼亞州火腿。有時則會將水或其他汁液加進乾燥原料中，進行濕式醃製。

浸鹽：在鹽裡或醃製食物的鹽中，加入足夠的水或其他汁液，會得到稱為鹵水的鹽水溶液，浸泡鹵水的好處是，它比乾燥醃製法更能深入和均勻滲透到肉裡，還有助於在炭烤煙燻過程中，幫天生缺水的肉類，比方火雞肉和豬排鎖住水分。熱門浸鹽食物包括熟火腿、加拿大培根和炭烤煙燻火雞。

揉搓：在肉類外表同時抹上香料和調味料後，在進爐前用萬能的雙手幫肉「馬殺雞」。一開始多數人會先用鹽、胡椒、紅椒粉（paprika）和紅糖揉搓，再加上其他香料和調味料，用料會受到當地風俗民情的影響，例如加孜然和辣椒粉是正港的德克薩斯州式揉搓；而加乾芥末和紅辣椒片揉搓則是道地的南卡羅萊納州式燒烤。揉搓與醃製不同，因為前者內容物不含亞硝酸鈉，換加入芥末或少許汁液如水或醋，就變成濕式揉搓。處理揉搓有兩種方法：一是當作在炭烤煙燻前幫食物上調味料，二是在醃肉和調味之前就先揉搓食材。不少美式燒烤料理因搓揉而偉大——從孟菲斯市乾式揉搓肋排，到德州前胸肉牛腩都可嗅出端倪。

5-4-3-2-1揉搓粉（材料包括5湯匙紅糖、4湯匙鹽、3湯匙胡椒、2湯匙五香粉、1湯匙洋蔥粉；100頁）

滷製：滷汁是一種味道強烈的液體調味料，材料包括油（例如橄欖油或芝麻油）、酸性物質（醋或柑橘汁）、調味料（醬油或伍斯特醬）和芳香劑（洋蔥或大蒜）。滷汁能讓食物香傳千里，代表作包括牙買加香辣煙燻雞（154頁）和自製手作叉燒肉（107頁）。

注射：把肉湯、化掉的奶油或其他飄香汁液融合在一起後，用超大型注射器把這道湯水灌進肉的深層。燒烤參賽隊伍三不五時會注射一整頭豬和豬肩胛肉，可提升食物香氣，增加濕潤口感。

將活塞拉回來後，在注射器裡裝入熔化的奶油、肉湯或調味劑。

替炭烤煙燻爐中烹調的食物調味

增添食物風味的第二個機會，是在烹飪過程中，一邊燻烤食物，一邊添加調味料。用燒烤拖把塗抹拖把醬、拿噴霧器噴灑、焗油、澆糖汁及上烤肉醬。

抹拖把醬：拖把醬是一種香氣十足的液體醬，傳統上會用燒烤拖把或燒烤刷，將拖把醬刷擦在肉上，讓食物風味更佳並提升食物保水濕潤度。跟烤肉醬不同的是，拖把醬不特別甜。（糖分會隨著長時間烹飪而燒盡。）

灑噴霧：這是打造食物多層次口感並保持濕潤含水的另一種方法，在烹調時用蘋果酒或葡萄酒噴灑食物。可用燒烤噴霧器或食品安全噴霧瓶來完成任務。

焗油：焗油的油通常從脂肪開始用起，像利用熔化的奶油或從肉本身滴下來的原汁。焗油會營造出美味而非甜味，刷焗油可使用矽膠刷或天然刷毛筆。

澆糖汁：跟焗油差不多，但會用糖、蜂蜜、果醬或其他甜味劑增甜並增稠，澆糖汁會賦予肉類光澤，烹調結束後再澆糖汁，就不會把糖燒毀。

塗烤肉醬：烹調肋排數一數二的好辦法是上烤肉醬後直接燒烤，讓醬汁燒進肉裡入味。跟所有甜調味料一樣的是，要在燻烤結束後再塗烤肉醬，可讓糖變成焦糖但不會被燒掉。

幫食材升級

最早燒烤是為了把廉價且乏人問津的肉，改造成可口的食物，至少部分原因是如此，但便宜不一定代表就是次級品。近年來美式燒烤首屈一指最明顯的改革，就是新式燒烤餐廳紛紛刮起一陣陣響應有機和草食性牛肉、土種豬肉、野生海鮮與有機農產品食材旋風。

或者就像我常講的：「我們的食物是吃什麼長大的？別小看這件事，它的重要程度跟我們怎麼炭烤煙燻食物不分軒輊！」我採買食材的方法已經跟之前大不相同，希望大家能一起共襄盛舉：

- 牛肉：挑選有機，沒打過激素、抗生素，或草食飼養的牛肉。草食性牛肉比大規模生產的工業玉米飼養牛肉體格瘦，所以要加更多脂肪來準備調理這類食材。

- 豬肉：挑選土種的，例如有白色斑點的黑豬盤克夏豬（Berkshire）、肉質精實的杜洛克豬（Duroc）、「豬界的神戶和牛」曼加利察豬（Mangalitsa）、或紅色身體脖子下面懸著 2 個垂肉的紅華特利豬（Red Wattle）。這些豬品種的培養重點在鮮美滋味，而非要他們快點長大而揠苗助長──他們彈牙順口的豬肉味道讓人終身難忘。

- 雞肉：挑選小農場出品或有機的，那種大量生產的家禽廠有什麼秘辛內幕，我們一點也不想知道。

- 海鮮：最好挑選野生品種，野生的太平洋西北地區鮭魚和人工養殖販售的鮭魚，兩種品質天差地遠。

- 農產品和雞蛋：選有機的，把它們拿去揉搓和炭烤煙燻就很夠味；農藥就閃遠點吧！

其它需留心的採購事項：

- 盡量在農夫市集購物，當地食材會更新鮮、口感更好，吸引我們食用當季食材，對支持當地農民和促進地方繁榮大有助益。另一選擇是繳費參與當地社區支持農業（CSA, Community Supported Agriculture）的農場活動，可定期收到當地培植的農作物。

- 留意有無動物福利標準評級說明（Animal Welfare Standards ratings），這份資料會解釋是否為自然繁殖並以人道方式培育。（像全食超市〔Whole Foods〕就會把這份評級說明放在所有肉類商品上。）

- 標籤上出現天然這個字時，別甩它，這只是一種商家的促銷手法，在法律上根本不必負責任。

炭烤煙燻後再來調味食物

炭烤煙燻食物最後的調味手續，是指上桌時會用到什麼調味料，像芥末的重口味跟炭烤煙燻肉搭在一起的味道特別好，與辣根和烤肉醬也是絕配。

烤肉醬：將薄薄一層烤肉醬，如 91 頁的卡羅萊納醋醬直接混進切碎或切絲的肉裡；也可以在肉上刷厚厚的烤肉醬，像 101 頁的北京烤肉醬，刷完醬再把肉送去直接燒烤，或上菜時把醬料倒在碗裡放在旁邊。

蒔蘿醬和塔塔醬：用蛋黃醬做成的蒔蘿醬和芥末醬，如 180 頁佐炭烤煙燻蝦的醬料，與炭烤煙燻魚及貝類是絕配！若想挑戰更令人驚艷的味道，可從 204 頁的煙燻蛋黃醬開始。

調味料：炭烤煙燻豬肉和火腿沾芥茉最速配，請參閱 106 頁的芥末籽魚子醬。炭烤煙燻牛肉和辣根是哥倆好，把炭烤煙燻罐頭番茄醬（204 頁）加在 136 頁的乾草炭烤煙燻漢堡裡就是一道六星級人間美味。端出低溫後高溫反向燒烤下後腰脊角尖牛肉（Tri-Tip，81 頁），同時找出炭烤煙燻番茄－玉米莎莎醬（39 頁）湊成地表最強美食組合！

把食物和調味料完美融合在一起

不少炭烤煙燻食物都需要上一層調味料提味，例如做猶太煙燻醃肉時，要先幫牛腹或前胸肉牛腩浸鹽，然後在燻烤前，先用胡椒子和香菜籽揉搓肉，把揉搓粉蓋在肉上變成一層外殼。要炭烤煙燻一整隻豬（92 頁），可先用注射器把醬注射進豬肉裡（164 頁），然後用揉搓粉揉搓豬肉，接著在燻烤過程中用燒烤拖把在豬肉上抹醬料，再用熔化的奶油幫豬肉焗油，最後將豬肉切成條狀，跟醋製烤肉醬拌在一起。

步驟五
選擇自己的炭烤煙燻方法

放眼全世界各式知名特色料理，幾乎無一不涉獵炭烤煙燻這項烹調技術，但地區和料理迥然不同，炭烤煙燻的方法也有天壤之別，炭烤煙燻是指包括多種作法的一系列技術，其中涵蓋冷燻、熱燻和炙烤。雖然方式各異，但

世上沒有一種絕對「正確」，以下是主要的炭烤煙燻方法、以及每種方法會用在何種狀況的說明。

冷燻：低溫下炭烤煙燻食物，無需實際烹飪即可調理出炭烤煙燻香氣。冷燻低於華氏 100 度（攝氏 38 度），通常在華氏 65 和 85 度（攝氏 18 和 29 度）之間，經典料理包括斯堪地那維亞和蘇格蘭煙燻鮭魚、名為斑點的義大利煙燻鹽醃風乾生火腿與其他醃漬和炭烤煙燻火腿。22 頁有更多冷燻相關資訊。

豬肩胛肉（88 頁）

熱燻：溫度夠高的情況下炭烤煙燻食物，不但能調製炭烤煙燻香味，還可順道煮熟食物，熱燻食物占炭烤煙燻食物極大比例，像熱燻煙燻鮭魚（187 頁）、一品至尊前胸肉牛腩（66 頁）到中國茶燻鴨（168 頁）。熱燻溫度範圍極廣，每種溫度都有適合它的特定食物和菜餚，熱燻可再進一步分為：

- 溫（低溫）燻：指燻烤溫度在華氏 165 度（攝氏 74 度）左右，只能用低熱度去烹飪食物。溫燻的用途是製作培根（不希望熱氣熔掉太多脂肪）和牛肉乾（讓牛肉名符其實乾乾的，又不會煮過頭、害肉變老）。

- 燒烤：這種熱燻方法溫度從華氏 225 度至 300 度（攝氏 107 到 149 度）不等，像德州前胸肉牛腩、堪薩斯城風格肋排和北卡羅萊納州手撕豬肉都是絕美佳餚。

- 炙烤：使用高溫，通常在華氏 350 和 400 度（攝氏 177 到 149 度）之間。炙烤簡直是專為雞肉和其他家禽量身打造的，因為它能製作脆皮效果（低溫慢煮的炭烤煙燻會製造出濕潤含水的肉類，但外皮會硬到像橡膠），也適用在炭烤煙燻和調理酥脆蔬菜上，如 212 頁的炭烤煙燻（馬鈴薯、胡蘿蔔等）根莖類蔬菜薯餅。

專業炭烤煙燻技術

除上述的普遍方法，還有一些專業的炭烤煙燻技術：

煙燻燉煮（Smoke-braising）：在無加蓋的平底鍋裡，用汁液燉煮炭烤煙燻的食物，適合烹調豬腳和羊膝（羊小腿）等結實的動物四肢。

慢火串烤炭烤煙燻：使用燒炭式旋轉烤肉架，如配有旋轉烤肉架的韋伯鍋式燒烤架（Weber kettle grill），或燒木材的燒烤架，如阿根廷式卡拉馬祖燃木型燒烤架（Kalamazoo Gaucho），適合炭烤煙燻雞肉、鴨肉、火雞胸肉或帶脂肪的烤肉如牛肋排，用旋轉烤肉架慢火串烤煙燻，可以慢慢享受烤肉滋滋作響（裡外都翻烤到）以及風味濃郁的香氣。

餘燼或炙燒料理噴槍炭烤煙燻（又名「穴居人」炭烤煙燻）（Ember- or burner-smoking, "caveman" smoking）：炭烤煙燻茄子、胡椒和其他蔬菜的技術，在北非和中東地區頗受青睞。這種技術是直接將熱餘燼墊底來烤整隻茄子、胡椒、洋蔥、番薯等，焦脆的外皮會爆發濃烈的炭烤煙燻香氣，直竄進菜肉裡。在室內進行這種燻烤，會將茄子或胡椒直接在爐子的瓦斯或電子炙燒料理噴槍燒成外表焦脆，知名的中東茄泥蘸醬（baba ghanoush）就是這樣料理出來的。

乾草炭烤煙燻：由義大利的起司製造商開發，用悶燒乾草去製作出火燻莫札瑞拉起司（mozzarella，42 頁）、斯卡莫札起司（scamorza）和其他起司。這項技法非常適合發揮在我們要燻烤而非熔化或煮熟的精緻食物，如起司或碎牛肉，法國人改版後推出燻烤貽貝，這道菜就是在乾燥的松針餘燼墊底上。

厚板燒與串燒炭烤煙燻：厚板燒鮭魚是美式燒烤料理的金字招牌，若要變化一下作法，可以將厚板子改成炭烤煙燻劑。厚板燒的烹調秘訣是切勿把厚木板泡在水中（多數食譜的這種作法是為了防止厚木板被火吻），而是要從容悶燒厚木板。作法是先把厚木板拿去火上燒焦，讓厚木板在燻烤過程中，以可控的程度燃燒（參考 41 頁的炭烤煙燻厚板燒卡門貝爾起司佐墨西哥辣椒與胡椒果凍和 191 頁的炭烤煙燻厚板燒鱒魚）；牙買加香辣煙燻雞（154 頁）和牙買加胡椒（多香果）木火烤串燒豬肉，則讓這種技術呈現全新風貌。

炭烤煙燻厚板燒鱒魚（191 頁）

茶燻：傳統中國燻製鴨肉技術，將鴨肉放在紅茶、米、紅糖、橘子或甌柑（tangerine）皮、肉桂棒、八角和其他香料上，再蓋上炒菜鍋來煙燻鴨。168 頁是作者自創的茶燻鴨食譜。

準備在爐灶型炭烤煙燻爐上炭烤煙燻的鮭魚。

爐灶炭烤煙燻：在室內炭烤煙燻食物，作法是在爐灶上，用密封金屬箱或平底鍋加上硬木鋸木屑去炭烤煙燻（275 頁）。

手持式煙燻器（276 頁）：在室內炭烤煙燻的另一種方法，用保鮮膜蓋起來、或用鐘形玻璃罩蓋住玻璃杯、罐子或碗裡的食物，再用燃燒鋸木屑產生的燻煙去煙燻。手持式煙燻器是製作煙燻雞尾酒的最佳選擇。

在瓦斯燒烤架上炭烤煙燻

在瓦斯燒烤架上要怎麼炭烤煙燻？我的建議是：不要試。瓦斯燒烤架用在直接燒烤、間接燒烤和慢火串烤上效果極佳，但大多數瓦斯燒烤架不適合炭烤煙燻（不過高性能美國卡拉馬祖戶外美食炊具公司推出的混合火爐是例外），問題在於大部分的瓦斯燒烤架後面的排氣口太寬，這樣會讓燻煙來不及附著在食物上製造香氣，就先四散掉了。瓦斯燒烤架的效果達不到燒木材或炭火的炭烤煙燻爐，肉類會外酥內嫩、出現深紅色的煙環和濃密炭烤煙燻香氣的水準。

然而，讓瓦斯燒烤架產生一部分炭烤煙燻風味，還是可以利用以下設備和技術：

內置煙燻箱（Built-in smoker box）：不少高級瓦斯燒烤架都配有煙燻箱，它是配有一個多孔蓋子的金屬托盤，下方還有專用的瓦斯燃燒器，可以把木材加熱至悶燒狀態。在炭烤煙燻箱裡裝滿碎木片或木頭顆粒，再點燃瓦斯燃燒器，燻煙會從該蓋子的孔中鑽出來，理論上會讓食物裹上淡淡的炭烤煙燻味。

將浸泡過排掉水的碎木片加進瓦斯燒烤架的煙燻爐箱中。

獨立式煙燻箱（Freestanding smoker box）：功用跟內置煙燻箱一樣，但獨立式煙燻箱要放在其中一個燃燒器的網架上，它製造的炭烤煙燻味也是淡淡的。

填滿碎木片或木頭顆粒的獨立式煙燻爐箱升起裊裊炊煙。

在網架下放木塊：這是在瓦斯燒烤架上炭烤煙燻食物時，數一數二最簡單也最有效的方法。取出網架，並在散熱棒（最好使用韋伯風味大師棒 Flavorizer Bars 來突顯煙燻效果＊）之間或陶瓷球（ceramic briquettes）上，放半打左右的木塊。看到縷縷燻煙後，再把食物放在木頭上的網架上。

將木塊排在散熱棒上。散熱棒位於網架之下，而且上面是食物。

在網架下層式煙燻箱：這些 V 形煙燻爐箱和杯子，有可重複使用的金屬或一次性鋁箔兩種款式，可裝碎木片、鋸木屑或木頭顆粒，剛好可裝進瓦斯燒烤架的散熱棒之間。因為這些 V 形煙燻箱和杯子放在食物正下方，會比把煙燻箱偏一邊放產生出更明顯的炭烤煙燻味。

鋁箔煙燻袋：將 2 杯碎木片放入一大片堅固耐用的鋁箔中，作成枕頭形狀的袋子，在頂端打一組孔，煙燻袋就完成了，把它放在其中一個燃燒器正上方的網架下面，在燒烤架的另一端放第二個袋子，把燒烤架火力開到最大，直到燻煙映入眼簾，然後再把熱氣調低到所需溫度即可。

1. 將 2 杯碎木片放在一片堅固耐用的鋁箔正中間。

2. 將鋁箔兩側拉到碎木片上方，並把鋁箔折起來固定封住。

3. 把這兩側鋁箔捏緊收邊。

4. 用鋒利的工具刺穿袋子頂部，打一組孔讓燻煙飄出來。

＊ 指 V 型的不鏽鋼或瓷質片，位於燒烤架下方，食物滴下來的油脂接觸到這個很燙的表面會馬上蒸發，並產生煙燻香味，讓食物更富香氣。

網架上層式煙燻器：這款煙燻器會直接放在燒烤架網架上，有些是金屬網袋或穿孔管，需填入木頭顆粒；有的則是淺層金屬托盤要裝填碎木片（278頁）。

填滿碎木片或木頭顆粒的獨立式煙燻爐箱升起裊裊炊煙。

將碎木片放在燒烤台下的金屬箱中。把網架上層式煙燻器放在其中一個燃燒器上方的網架上。

冷燻

正在讀這本書的你，說不定已經親自料理過一些炭烤煙燻料理：像肋排、前胸肉牛腩、豬肩胛肉、火雞肉、火腿肉等優質蛋白質，這些統統都是熱燻菜，並在炭烤煙燻同時將肉類烤到熟。

但還有另一種煙燻方式，沒有它就沒有維吉尼亞州火腿、加拿大新斯科舍式鮭魚或義大利煙燻起司，這種技術是冷燻，它會用燻煙來營造食物風味，但不烤熟食物。

如前所述，冷燻是在不超過華氏100度（攝氏38度）且泰半在華氏65和85度（攝氏18和29度）之間進行。冷燻少則幾分鐘，如煙燻義大利莫札瑞拉起司，或多達好幾天，如斯堪地那維亞煙燻鮭魚。

冷燻有時會與熱燻結合，比方120頁的手作炭烤煙燻豬肩胛肉火腿會先冷燻一夜，吸入煙燻味後，再熱燻煮。

冷燻從何時開始？我想可能是史前時代的祖先聚在古早的營火周圍，有人注意到火燒的煙好像成功趕跑了蚊子、蒼蠅和其他害蟲，還有人則提議在冒煙的火旁邊插個木棍或木架掛幾條肉，發現這些食物非但不像新鮮的肉一樣很快腐壞，而且還多了令人垂涎三尺的煙燻香味。

炭燒時會產生兩種副產品：煙和熱氣。不用熱氣去炭烤煙燻食物好像很矛盾，但世上有些首屈一指的美食佳餚偏偏是這樣誕生的，有六種基本方法可以零熱氣煙燻食物：

1. 火要遠離炭烤煙燻室，也就是說燒木材時，火要與食物相隔一段距離，並且用筒子、導管或地下溝渠把燻煙送到食物身上。

2. 使用燻煙生成器（好比冷煙生成器「煙老爸」〔Smoke Daddy〕或「煙老大」〔Smoke Chief, Smokehouse Products〕，把產生的燻煙打進炭烤煙燻坊、普通的炭烤煙燻爐或鍋式燒烤架內。

3. 將營業用冷燻器，或冷燻附加裝置用在加拿大布萊德利（Bradley Technologies Inc.）、或美國崔格圓球型燒烤架（Traeger Pellet Grills LLC）推出的炭烤煙燻爐上；奧克拉荷馬州地平線（HORIZON SMOKERS）的遊俠炭烤煙燻爐（Ranger Smoker）則內裝了立式冷燻室。

4. 使用手持式煙燻器，如真空低溫烹調（Home Sous Vide）的煙燻槍（Smoking Gun）或100% 主廚（100% chef）的阿拉丁（Aladin）飛速炭烤煙燻器，將食物放在玻璃碗或瓶子中，蓋上保鮮膜，再用橡膠管把燻煙打進去容器，讓食物吸收燻煙幾分鐘，然後攪拌燻煙，讓燻煙跟食物混合在一起，必要時可反覆進行以上步驟。

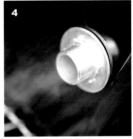

1. 電子冷燻器會排放燻煙，但不會發出熱氣。
2. 或在炭烤煙燻爐上，加設一個木炭燻煙生成器，並在它的底部放一塊點燃的煤。
3. 將未浸泡的碎木片加進燻煙生成器裡。
4. 燻煙生成器會把穩定的燻煙打進去炭烤煙燻爐裡。

炭烤煙燻過程要經歷的「小時戰術」

燒烤是高溫烹飪方法，講究的是速度和效率，下班後來份很快就完成的燒烤料理祭祭五臟廟，人生好愜意！而炭烤煙燻跟燒烤完全不同，需要耐心、堅持，最重要的是時間，即使是相對較快完成的炭烤煙燻食物，如雞肉或肋排，都要耗幾個小時才能炭烤煙燻完畢，另外像要炭烤煙燻的醃漬食物，如猶太煙燻醃肉或火腿則需要鹽漬或浸鹵水長達兩個星期，然後才能在炭烤煙燻爐上開火動工。以下是炭烤煙燻食物時間表：

炭烤煙燻之前

- 1 至 2 週前：大塊肉如豬肚或生豬後腿肉，拿去浸鹵水或醃製它，每 24 小時翻一次肉。

- 24 至 48 小時前：鹽漬或醃製整片鮭魚片。

- 12 至 24 小時前：把肉浸泡在滷汁中，或如果打算製作揉搓粉來醃製肉，這時可揉搓肉。小或薄的肉或海鮮，如雞肉片或鮭魚片，也需相同時間浸鹵水或醃製。

- 2 到 4 小時前：準備拖把醬、要澆的糖汁和／或烤肉醬。此時也可把醬注射到肉裡（164 頁）。

- 1 至 2 小時前：把食物瀝乾、沖洗後讓它完全變乾，放在金屬絲網架上，再一起放在有邊緣的烤盤中送進冰箱，直到食物要乾燥到形成薄膜（皮），表面感覺粘粘的（薄如紙且有點粘稠）為止，燻煙在粘性表面上的粘附力更好。

- ½ 到 1 小時前：點燃炭烤煙燻爐並加熱到所需溫度，浸泡碎木片。

- 下一秒前：在肉上撒鹽和胡椒入味。（此時也可幫肉抹揉搓粉來揉搓調味）。

在炭烤煙燻中

- 充分的製作時間——冷燻要幾個小時或半天以上，甚至花幾天功夫。

- 每小時都要做的事：補充木炭或木材的燃料，通常每小時補一次；原木、木塊或碎木片，一般每半小時至一小時加一回。

- 第一個小時後：可使用拖把醬或噴醬汁，每小時使用一次，直到燻烤結束。

- 最後兩個小時：若想把前胸肉牛腩或其他食物用屠夫紙或鋁箔包起來，趁現在動手。

炭烤煙燻之後

- 需 10 至 20 分鐘：將放在砧板上的豬肩胛肉、豬排骨（里肌下的肋排）、牛肋排和牛柳（牛里肌肉），用鋁箔鬆鬆地包起來，讓肉在裡面休息（靜置）。

- 需 1 至 2 小時：把較硬的肉，如前胸肉牛腩和牛腹肋排放在絕緣保溫保冷袋中。

炭烤煙燻時的關鍵溫度		
方法	溫度	適用食物
冷燻	低於華氏 100 度（攝氏 38 度）通常在華氏 65 和 85 度（攝氏 18 和 29 度）之間	海鮮（特別是鮭魚和鯡魚）、鹽醃火腿和香腸、起司、奶油、蛋黃醬和其他調味料
溫燻	華氏 165 至 180 度（攝氏 74 至 82 度）	培根、肉乾
熱燻	華氏 225 至 275 度（攝氏 107 到 135 度）	魚、貝類、熟火腿
烤肉	華氏 225 至 300 度（攝氏 107 到 149 度）	前胸肉牛腩、肋排、豬肩胛肉、羊肉
炙烤	華氏 350 和 400 度（攝氏 177 到 149 度）之間	家禽、嫩油脂肉類如牛肋排、烤豬肋排或羊肋排
在旋轉烤肉架上炙烤	華氏 350 和 400 度（攝氏 177 到 149 度）之間	雞肉、鴨肉等家禽肉，豬里肌、牛肋排

左上圖：把鋸木屑裝進手持煙燻器的燃料室裡。
左下圖：打開手持煙燻器的風扇，點燃鋸木屑。
右圖：將手持煙燻器的管子，插入用保鮮膜蓋住的有柄大壺或碗中，讓燻煙鑽入食物或飲料中。

5. 在平底鍋裡鋪冰塊，將食物擺在冰塊上方或之間去炭烤煙燻，這是在傳統木炭燒烤架上冷燻食物的一流方法，如 136 頁的乾草炭烤煙燻漢堡。

6. 在冷藏的炭烤煙燻室中炭烤煙燻食物，美國 Enviro-Pak 公司使用這項技術。有些人會用舊冰箱作成冷燻炭烤煙燻箱，效果也不輸給冷藏的炭烤煙燻室。

肉類或魚類基本上仍然是生的，因此製作成冷燻菜時，通常會與另一種食物保存方法相結合，像是鹽漬或醃漬，如斯堪地那維亞煙燻鮭魚和義大利煙燻鹽醃風乾生火腿（斑點）會用鹽──有時是糖、胡椒和亞硝酸鈉或硝酸鈉來醃漬。冷燻也常使用第三種保鮮技術：乾燥，傳統上肉乾就是在火旁邊燻烤和乾燥。

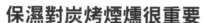

保濕對炭烤煙燻很重要

水分對炭烤煙燻有舉足輕重的影響力，據賈斯汀·福頓（Justin Fourton）（他與妻子黛安〔Diane〕在達拉斯市〔Dallas〕開了門庭若市的山核桃山莊燒烤餐廳〔Pecan Lodge〕）表示，燻烤 600 磅（272 公斤）重的肉會生出 200 磅（91 公斤）的水，而紐約市燒烤名店麥笛昆餐廳（Mighty Quinn's Barbeque）業者休·麥恩奎（Hugh Mangum）甚至指出，在燻烤前胸肉牛腩的前 12 個小時裡，他不會打開炭烤煙燻窯，深怕肉會乾掉沒水分。

該怎麼做，才能在炭烤煙燻爐或窯裡保持環境潮濕含水分？

- 將一碗水放在炭烤煙燻室中。
- 拿蘋果酒或葡萄酒噴灑食物。
- 用拖把醬抹食物。

冷燻的最後階段是將食物放在冰箱裡，讓煙味跑不掉，並幫肉變結實。

怎樣知道冷燻食物已經可以品嘗了？

- 食物會呈現出美麗的木頭炭烤煙燻焦黃色光澤。
- 表面會有皮革般的堅韌感。
- 食物內層質地半軟如天鵝絨般光滑，不會生腥或濕軟黏糊。

步驟六
點火

選好了炭烤煙燻爐、工具、調味料和木材，下一步則是點火，可使用引火柴和火柴來引燃火焰，或啟動洛夫特電子點火裝置（Looftlighter, Looft Industries AB，13 頁）或小型發焰裝置（噴燈，Blowtorch，13 頁）來點火，下面幾頁將介紹如何點火和持續燃燒。

木材點火

帳篷點火法：將一張報紙折成鬆鬆像橘子大小的球，也可用石蠟點火器（13 頁），把尖銳的小木棍圍繞或鋪在報紙周圍和上方，造型像帳篷，在四周和上面

左圖：在皺報紙上，擺上棍棒和劈好的原木，與帳篷的尖端和底部有點像。
右圖：點燃報紙，開火！

燻煙的顏色

燻煙有許多顏色如棉花白、灰藍色、油汙黑，隨火焰燃燒時而變化。白煙出現在點燃火焰後，含有酸性化合物，適當少量的白煙能提升風味並有防腐功能；但太多白煙會令食物變得苦澀。

要是生火方式正確，空氣流通，煙霧會漸漸變得朦朧、顏色轉淡，只剩下最淺的藍色，對烤肉迷來說，**藍色煙霧**是最棒的：此刻是動手炭烤煙燻的最佳時機！

無論是新鮮或潮濕的木頭，只要在爐膛的木頭太多，或樹皮數量超標，都會產生暗色——甚至黑色的、有焦油和油煙的油汙燻煙。黑煙會讓食物的味道，跟我們在一幢燃燒的建築物裡炭烤煙燻的味道如出一轍，千萬別讓這種事發生。

還可繼續放更大隻的棍棒（需維持帳篷的形狀），最後在較大的木棍上面堆 3 個小原木，用長火柴來點燃報紙。注意：劈過的原木比一整隻完整的原木更容易點燃和燃燒。

木屋起火法：把報紙折成鬆鬆的橘子大小；或直接用石蠟點火器，將小木棍放在報紙球的兩邊，讓它們彼此平行，再排 2 根新木棍堆在上面，跟前兩隻垂直，重複兩次以上平行排列與前兩隻垂直的過程，就像組裝兒童玩具林肯木屋（Lincoln Log cabin）一樣。在排好的箱子外面，再用兩層劈開的小型原木，組合出一個盒子的形狀，再鋪一排平行的大木棍橫跨上方。用長木柴點燃報紙，較小的木棍著火時，再將小原木推到這些木棍周圍，等這些木棍都燒起來後，繼續在上面追加更多原木。

木炭點火：在炭烤煙燻爐的爐膛中，放一層點燃的木炭餘燼墊底，在上方鋪幾個原木：首先是劈開的小型原木，然後在上面堆更大的劈開原木，跟小原木垂直，每層原木之間要間隔數吋。這方法最方便的是可以馬上用原木炭烤煙燻。

如何只使用木材

這代表燒烤技術已經出神入化——木材是炭烤煙燻大師的唯一燃料選擇，無庸置疑這樣烤肉風味更佳，只在木材燃料上炭烤煙燻魚時，魚會更有燻煙香味；但只取木材生火需要大面積的窯來幫忙，像偏位式炭烤煙燻窯、磚頭窯或營業店家的窯才能勝任。

使用上述其中一種方法點燃木材，加幾個原木，讓它們燃燒成餘燼，等滾燙的餘燼墊底出現後，一次加進一或兩個原木，讓溫度保持一致，並維持淡藍色燻

把木棍和劈開的原木排成一間木屋的樣子，繞著皺報紙或壓在上面。

煙冒煙狀態不變,這樣可能只會用到一個、或多到三個原木,或許還需要每半小時到一小時就加新鮮原木進去。在原木之間留下足夠的空間(至少5公分),讓它們每個面都能徹底燃燒。

在木材餘燼上,鋪上新鮮的原木。

如何木炭生火

煙囪啟動裝置:能快速平均地點燃木炭(炭塊和炭球),而不必用到石油製的燒烤炭專用燃油(lighter fluid)。可在煙囪啟動裝置中點燃木塊,但要在把木塊放在炭烤煙燻爐或燒烤架之前,先將木塊燒成冒著火星的滾燙餘燼。如果太早加進去,會製造太多燻煙。

電子點火器:將加熱線圈放在爐膛的底部,加入木炭,把電子點火器的電源插上,它會發熱變紅並在 15 至 20 分鐘內點燃木炭。注意:常使用在陶瓷炊具。

1. 將一張折起來的報紙、或石蠟點火器,放在煙囪啟動裝置的底部隔間中。
2. 在煙囪啟動裝置上層裝滿木炭(最好是塊狀木炭)。
3. 將煙囪啟動裝置擺在燒烤架或炭烤煙燻爐箱的下層網架上,並點燃報紙或石蠟點火器。
4. 等木炭一發散紅色光芒(15至20分鐘會出現),就要把木炭倒入爐膛中。

洛夫特電子點火器/小型發焰裝置(噴燈):把木炭塞進爐膛中,把點燃的洛夫特電子點火器(13 頁)或魯夫特火炬(13 頁)對著木炭去焚燒它。

燒烤炭專用燃油:我個人不使用燒烤炭專用燃油,但要是讀者不排斥,可將它均勻噴在木炭上,拿火柴點火,並確保燒烤炭專用燃油會完全燒起來,而且在開始炭烤煙燻食物之前,木炭會發熱變紅。

如何在炭火裡加木材

木材直接鋪在炭上:發燙的木炭墊底(要發紅的)製作完成後,用鉗子輕輕地把原木、木塊或碎木片放上去。不可把木材投擲或亂丟到木炭上,這樣會讓灰燼飛起來並撒到食物身上。

應該加多少木材?假如用木塊,每小時要放 2 到 4 個,碎木片則是每 30 至 40 分鐘倒 1 至 2 杯,對較大的炭烤煙燻爐要每小時加 1 至 3 根原木。按照製造商說明和參考 6 頁的圖表。

餘燼蔓延法：在木炭之間穿插碎木片，把石蠟點火器放在中間，在上面擺 3 塊木炭。點燃石蠟點火器，等這 3 塊木炭點燃後，把炭烤煙燻爐的蓋子蓋起來並將通風口堵住，讓溫度控制在華氏 225 至 250 度（攝氏 107 到 121 度），點燃的餘燼會漸漸把火勢延燒到旁邊沒燒起來的煤和木頭，這時燃燒速度緩慢穩定，還會冒好幾個小時的燻煙。

由上而下燃燒：這是另一個能長時間慢速燃燒的方法，適合塊狀木炭和炭球。在爐膛中放入手上四分之三的木炭，並把木炭穿插在木塊或碎木片裡。在煙囪啟動裝置中點燃剩下的木炭並倒在未燃燒的木炭上方，上面再多擺幾塊木塊或碎木片，點燃的餘燼會從上到下逐漸燃燒剩下的木炭，燃燒速度緩慢且狀態穩定，燻煙會繚繞幾個小時不消散。

在未點燃的木炭上添加點燃的餘燼。

米尼恩法：改編自上個方法，由燒烤比賽選手吉姆・米尼恩（Jim Minion）所創。在爐膛裡裝滿未點燃的木炭，並穿插在碎木片或木塊裡，在上面擺幾個（4 到 6 個）點燃的木炭，就能驗收長時間緩慢燃燒的成果。

擺出木炭蛇來生火：將木炭排成厚厚的 C 形圈，繞著鍋式燒烤架或加水式炭烤煙燻爐下層網架的周圍，推成約 3 塊木炭的厚度，把碎木片撒在圈上，使用小型發焰裝置（噴燈）點燃 3 或 4 塊木炭（或直接放置 3 或 4 個點燃的木炭），這些木炭會漸漸延燒，讓炭火可以長時間低溫燃燒。這方法可改版成**多米諾骨牌方法（domino method）**，作法是把炭球擺成單一排圓圈，每塊都互相貼合站好（有點像多米諾骨牌），將碎木片撒在上面，會產生緩慢且非常低溫的燃燒效果，這種方法適用在木炭燒烤架上冷燻。

維持炭烤煙燻火力有撇步

多數炭烤煙燻是在低溫下長時間完成的，每個小時左右都需要再補充燃料到木炭或燃木式炭烤煙燻爐裡。

- 用塊狀木炭加木材一起炭烤煙燻時，要往現有的火焰裡多加 8 到 16 個塊狀木炭，將爐膛門或燒烤架蓋子打開幾分鐘，讓木炭有機會點燃。

- 用炭球加木材一起炭烤煙燻時，在把炭球加到爐膛之前，先在煙囪啟動裝置中徹底點燃炭球（這些炭球應該會開始變成灰），因為炭球直接接觸炙熱火焰會引發刺鼻的燻煙。

- 根據需要添加木材，讓炭烤煙燻爐能一直出現輕微燻煙流通狀態，燻煙顏色應該是淡淡的，只有一點點藍色而已，不要讓燻煙濃過頭。

照著本節說明熄滅火苗

結束後讓木材或木炭燒盡，把灰（可能還是燙的）鏟到金屬垃圾桶裡，用水滅火並澆熄餘燼，或把垃圾桶蓋起來讓木炭自己熄滅。切勿將熱灰扔入塑膠垃圾桶或紙袋中。

炭烤煙燻的十誡

1. 要清楚燒烤和炭烤煙燻的區別，所有燒烤料理都要經過炭烤煙燻處理，但並非所有的炭烤煙燻食物都是燒烤，像德州前胸肉牛腩、卡羅萊納州手撕豬肉、和堪薩斯城風格肋排都是燒烤，另外維吉尼亞州火腿，愛爾蘭煙燻鮭魚、威斯康辛州煙燻切達起司都是炭烤煙燻但非燒烤料理。

2. 我們可以把炭烤煙燻的風味想成是燒烤散發出來的鮮味，它的魅力能把熟悉的食物像香腸、牛排，變成為齒頰留香的人間美味！

3. 什麼食物都能炭烤煙燻！除了肉類、家禽與海鮮，就連雞尾酒、蔬菜、起司、水果和甜點也是炭烤煙燻舞台的主角。

4. 採購有機、土種、無基因改造的原生種、牧草飼養和當地食材。我們要吃的肉是吃什麼長大？如何繁殖？這類問題跟如何炭烤煙燻它一樣重要。

5. 把「低溫」和「慢煮」奉為圭臬，也就是肋排、豬肩胛肉和前胸肉牛腩都要低溫慢慢煮，讓炭烤煙燻成果臻於完美。

6. 在炭烤煙燻的最後兩小時，要把前胸肉牛腩和牛肋排用無襯裡的屠夫紙包起來，鎖住肉的水分，變得外酥內軟，但不會讓外皮受潮。

7. 讓肉休息（靜置）一下。把炭烤煙燻好的前胸肉牛腩、豬肩胛肉和其他大塊肉放進絕緣保溫袋中休息 1 至 2 小時，肉汁會像爆漿一樣湧出來、肉也會更嫩更柔軟。

8. 肉可以煮過頭，豬肩胛肉、豬腹脅肉、前胸肉牛腩和肋排需要用華氏 195 到 205 度（攝氏 91 到 96 度）煮熟，以達到適度的柔軟。

9. 記住這個簡單的規則：空氣多等於熱氣強，空氣少等於熱氣弱，據此調整通風口來控制氣流與溫度。

10. 記住另一個簡單的規則：熱氣弱會產生更多燻煙，熱氣強產生的燻煙較少。

步驟七
怎麼知道炭烤煙燻食物已經大功告成

最後一個要駕馭的炭烤煙燻技巧，是指判斷食物已經炭烤煙燻完成了，有許多線索可掌握──視覺（看上去搞定了？）、嗅覺（聞起來好了？）和觸覺（感覺沒問題了？），以及更精確的測試，包括檢查食材深層的溫度。

主觀判定

也許你看過以前的人會戳一戳前胸肉牛腩，看它會不會晃來晃去，來檢查肉到底煮好了沒，或用點力把肩胛骨從豬肩胛肉上拉出來，拉得出骨頭的肉就是熟透了。以下測試要靠感官來判斷，特別是觸感：

看晃動程度：適用前胸肉牛腩。戳一戳假如肉會晃動，而且晃動得像果凍一樣，代表已經煮熟了。

拉扯程度第 1 型：適用豬和羔羊的肩胛肉。抓住肩胛骨末端並用力拉，要是不費力就能拉出，就可以出爐了。

拉扯程度第 2 型：適用豬肉、雞肉和羊肉。可用手指或叉子輕鬆地把肉拉扯成肉條狀，肉就熟透了。

刺穿程度：適用長時間烹調的肉類，如前胸肉牛腩或豬肩胛肉。用木勺把手的末端或戴手套的手指戳肉，如果能輕而易舉穿過肉，即完成了。

斷裂程度：適用整塊肋排。把整塊肋排拎起來，用鉗子從肋排中間夾住，若肉已熟透，肋排會像弓一樣彎曲，圓弧頂端會開始斷掉撕裂。

收縮程度：適用肋排。肉從骨頭末端縮回去時，就是一道可以上

從剝落的程度，測試魚的熟度。

桌的炭烤煙燻肋排：整塊豬嫩背肋排要縮 ¼ 到 ½ 吋（0.6 到 1.3公分）、豬肋排要縮 ½ 到 1 吋（1.3 到 2.5 公分），牛肋排要縮 1 至 1½吋（2.5 到 3.8 公分）。

剝落程度：適用魚類，特別是鮭魚。食指按魚的表面，要是會破成明顯的小薄片，就已經好了。

串住程度：適用洋蔥、馬鈴薯和其他厚實的蔬菜。細長竹串要能輕易刺穿食物。

柔軟程度：適用洋蔥、馬鈴薯、高麗菜等蔬菜。把蔬菜夾在拇指和食指之間，要是「擠壓起來會軟綿綿的」，就完成了。

溫度測試

最準確的方法是用即時讀取溫度計去檢查食物裡面的溫度，專業人士也這樣判定並認證過！將探針深深插入肉中，不要碰到骨頭，等待 30 秒或溫度計製造商推薦的間隔時間即可完成測試。

參考以下圖表標準：

什麼時候食物會炭烤煙燻好？		
完成程度	內部溫度	適用食材
一分熟（牛肉、羔羊）	華氏 120~125 度（攝氏 49~52 度）	低溫反向牛排（Reverse-seared steaks）和下後腰脊角尖牛肉（三尖牛排 tri-tip）、牛肋排、牛里肌肉
三分熟（牛肉、羔羊）	華氏 130~135 度（攝氏 54~57 度）	低溫反向牛排和下後腰脊角尖牛肉（三尖牛排）、牛肋排、牛里肌肉
五分熟（海鮮）	華氏 140~145 度（攝氏 60~63 度）	魚、貝類
五分熟（牛肉、羔羊、豬肉）	華氏 145~150 度（攝氏 63~66 度）	牛肉、豬里肌、豬排肉、里肌肉、羔羊腿和羔羊排
五分熟（絞肉、豬肉）	華氏 160 度（攝氏 71 度）	漢堡、香腸、德國油煎香腸（bratwurst）、叉燒肉
五分熟（家禽、豬肋排）	華氏 165 度（攝氏 74 度）	雞、火雞、鴨、家禽絞肉
七分熟（家禽、豬肉）	華氏 170~180 度（攝氏 77~82 度）	雞、火雞、鴨、鵝、豬肋排
全熟	華氏 195~205 度（攝氏 91~96 度）	前胸肉牛腩、豬肉或羔羊肩胛肉或任何想手撕或切碎的肉

清理炭烤煙燻爐

建議遵循常見知識：燃燒的炭烤燻煙和肉類滴下的油脂，雖然可以展現出炭烤煙燻爐的威力與魅力，但殘留在網架上的易腐爛食物不僅有礙觀瞻、也會危害身體健康，所以：

- 炭烤煙燻後立即：用大型堅固耐用的燒烤架刷子，把燒烤架清潔乾淨。

- 幾個小時之內：刮掉炭烤煙燻室底部所有凝固的脂肪，清空滴油盤或油脂桶。

- 第二天早上：清理廢灰，把它們鏟進金屬垃圾桶裡，不可裝到塑膠或紙製垃圾桶。

（即使灰燼看似熄滅，也可能挾帶有火的餘燼。）

- 用水管和刷子清洗炭烤煙燻爐外表。

- 定期檢查爐罩裡面，像焦油、雜酚油等都是炭烤煙燻爐後必留下的痕跡，而且會累積到剝離並掉進食物裡的地步，要用硬鋼絲刷或油漆刮刀刮掉。（要想徹底清理可用市售真空吸塵器。）

- 每季清理一次炭烤煙燻爐：用環保清潔劑如新波綠（Simple Green）來清潔爐子的裡裡外外。

STARTERS
開胃菜

炭烤煙燻雞翅、炭烤煙燻墨西哥辣椒，還有炭烤煙燻是拉差香甜辣椒醬牛肉乾，很多席捲全世界酒吧的國民美食，都是經過炭烤煙燻的巨作；一樣也很重要的還有鹽；不少炭烤煙燻的開胃菜都是從揉搓香料或浸鹵水開始，調酒師們也早已摸清了鹽漬食物跟雞尾酒是天造地設。在本章中，可學到如何製作炭烤煙燻雞蛋、卡門貝爾起司和莫札瑞拉起司、墨西哥辣椒（本書版本會裝滿蟹肉和奶油起司）、以及莎莎醬和烤起司辣味玉米片等應有盡有。炭烤煙燻同樣能烹調出令人意猶未盡的調味料和蘸醬，好比稱霸美國東西岸的炭烤煙燻海鮮蘸醬、或我在感恩節晚餐必吃的炭烤煙燻火雞肝肉醬。想要來道讓人眼睛為之一亮的湯嗎？下次做西班牙（番茄）冷湯時，試試冷燻番茄、胡椒和洋蔥吧；或用煙燻鮭魚或其他煙燻魚烹煮成濃郁香純的巧達濃湯；甚至也能學到炭烤煙燻麵包，拿它來三吃：沾些蘸醬、抹上醬料和泡在湯汁裡。

炭烤煙燻雞蛋 SMOKED EGGS

雞蛋可能是美式燒烤料理中，最近才剛出現的新貨色，但放眼全世界其他地方的燒烤史，炭烤煙燻雞蛋這道菜早就流傳已久，像柬埔寨會用竹串在燒炭式火盆上，燒烤裝滿香菜和紅番椒的雞蛋，而以色列羅什平納鎮（Rosh Pina）的歐貝奇休拉米特（Auberge Shulamit）飯店主廚也製作炭烤煙燻雞蛋，他的雞蛋沙拉放在烤麵包上，是令人驚艷的美味。炭烤煙燻這個技術，能把普通的雞蛋升格成味道超乎想像的風味獨特料理，全熟水煮蛋？還蠻不錯的！炭烤煙燻水煮蛋？那才真的是好吃到讓人刻骨銘心啊！

材料

12 個大的雞蛋，最好用有機的

植物油，用途是幫金屬絲網架或網架上油

1. 先把雞蛋煮成水煮蛋，將蛋放在一個大型平底鍋中，加冷水蓋過雞蛋，水高 3 吋（7.6 公分），用高溫煮到水沸騰溢出，然後火力轉小降溫，並將雞蛋燉 11 分鐘（在高緯度的地方需要多燉幾分鐘）。把雞蛋瀝乾，再放入裝滿冷水的鍋中冷卻，這樣能讓剝蛋殼變簡單。剝掉蛋殼（趁蛋還溫溫的時候，剝殼比較容易）。將雞蛋倒回冷水中完全冷卻，再充分瀝乾並用紙巾擦乾。雞蛋可以提前 48 小時煮熟及剝殼，存放在用保鮮膜蓋住的容器中並冷藏。

2. 按照製造商指示設定炭烤煙燻爐，預熱至華氏 225 度（攝氏 107 度），根據製造商規定添加木材。

3. 將雞蛋放在抹了少量油的金屬絲網架上，該架子則擺在裝滿冰的鋁箔平底鍋上（蛋不應接觸到冰塊），把蛋放進煙燻爐，直到蛋煙燻成古銅色，需 15 至 20 分鐘，再放涼到跟室溫一樣，蓋好放冰箱可保存 3 天。把它當全熟水煮蛋食用，也可製作魔鬼蛋（36 頁）或雞蛋沙拉。

再變個花樣
冷燻雞蛋

假如想冷燻雞蛋，需要足夠燃料可應付 1½ 小時的冷燻時間。將炭烤煙燻爐預熱至華氏 100 度以下（攝氏 38 度），把雞蛋放入煙燻，直到雞蛋燻成古銅色，需 1 至 1½ 小時。

完成分量： 12 個雞蛋，可根據需要增減

製作方法： 熱燻

準備時間： 11 分鐘

熱燻時間： 15 到 20 分鐘

生火燃料： 選擇山核桃、蘋果木或硬木，需供應 20 分鐘的熱燻過程火力（請參閱 6 頁圖表）

工具裝置： 一個金屬絲網架、一個鋁箔烤肉平底鍋

採買須知： 可能的話，要買有機蛋。

其他事項： 炭烤煙燻雞蛋有兩種製作方法：熱燻或冷燻，前者更快完成，但必須在一鍋冰上面炭烤煙燻，否則蛋白會變得像橡皮一樣；而冷燻就避開了這種風險，但製作時間要更久。假如希望炭烤煙燻味還要再重一點，要像對頁照片上的一樣，炭烤煙燻前先把水煮蛋切成兩半，讓雞蛋吸入滿滿的煙燻香！

魔鬼炭烤煙燻雞蛋 DEVILED SMOKED EGGS

完成分量：24個切半雞蛋・準備時間：20分鐘（加上炭烤煙燻時間）

只要嘗過美味的魔鬼炭烤煙燻雞蛋，別家的魔鬼蛋八成馬上就被比下去（34頁照片）──這都多虧了能打造極致感官饗宴的木頭燻煙！假如要增添更多風味，可以再擺上培根、前胸肉牛腩或炭烤煙燻海鮮。

材料

內餡專用材料

12個炭烤煙燻雞蛋（35頁）

⅓杯蛋黃醬（最好是聯合利華股份有限公司出品的康寶百事福美玉白汁〔Hellmann's〕或最棒食物〔Best Foods〕牌蛋黃醬），或按口味調整

1湯匙第戎芥末（Dijon mustard）

1茶匙是拉差香甜辣椒醬、塔巴斯科辣椒（Tabasco sauce）或其他你喜愛的辣醬與口味

1茶匙伍斯特醬（Worcestershire sauce）

當上面的撒料（可加可不加）

切碎的韭菜

西班牙煙燻紅椒粉（pimentón）

普通或煙燻鮭魚魚子醬

炒培根片

細碎的炭烤煙燻前胸肉牛腩（66頁）或手撕豬肉（88頁）

1. 將雞蛋從較長的那一邊切成兩半。把每個切半雞蛋的底部切掉一層薄片，雞蛋就可以站好，不會晃來晃去。取出蛋黃，將蛋黃和剛剛切下來的蛋白薄片，一起放在食物處理機中。（或用叉子搗碎成泥。）

2. 加入蛋黃醬、芥末、是拉差香甜辣椒醬、伍斯特醬，打成濃稠的泥糊。假如要內餡更有奶油般的質感，要加更多蛋黃醬。

3. 混在一起的蛋黃和蛋白用湯匙放回半個蛋白裡，或用擠花袋（也可用剪掉一小角的塑膠袋替代）填充。需要時，可在切半蛋白撒上韭菜、炭烤煙燻紅椒粉、一團鮭魚作的魚子醬、少量培根或切碎的前胸肉牛腩或豬肉。放在加蓋容器中、或用保鮮膜鬆鬆地蓋上後冷藏起來，要吃時再拿出來。

有沒有這麼方便的事——炭烤煙燻液體和更多其他選擇，

即使手邊沒有炭烤煙燻爐，用這些材料也能幫食物增添炭烤煙燻風味！

就算沒時間幫炭烤煙燻爐升火，也希望有炭烤煙燻的風味嗎？快加進以下任何一種炭烤煙燻過的材料，讓自己如願以償吧！

培根：有了培根，任何食物立刻變得更美味，例如將零脂肪食物（例如蝦或雞胸肉）包在培根裡燒烤；不管哪種料理，都可以先把培根燒烤或煎炸成酥酥脆脆的，再把脆培根搗碎撒上去；或用培根的油脂炒菜或烘焙。培根是打造美食佳餚的萬靈丹，試試 DIY 炭烤煙燻培根（113 頁）或美國優良手工品牌（Nueske's）培根。最廉價的培根不是用真的用木頭，而是用注射法來製造炭烤煙燻味。

炭烤煙燻紅番椒（Chipotle chiles）：墨西哥的炭烤煙燻墨西哥辣椒（jalapeños），這是少數我喜歡買的罐頭食物之一。它是用一種叫醬醋（adobo）的辣醃料製成，在切碎的辣椒裡再加一茶匙的醬醋去搭配任何料理，勁辣滋味，小心會上癮！

火腿：像培根一樣，煙燻火腿也可以把濃濃炭烤煙燻肉的鮮味加進任何一道菜裡，好比將蘆筍包在斑點（義大利煙燻鹽醃風乾生火腿）裡燒烤、把切塊煮熟的煙燻火腿丟進起司通心粉裡、或將切成薄片的煙燻維吉尼亞州火腿浸在火腿肉汁（red-eye gravy）裡。

正山小種紅茶（又稱立山小種）（Lapsang）：在松樹木火堆中乾燥茶葉製成的炭烤煙燻紅茶，是中國福建武夷地區的土產，可用來製作茶燻料理（168 頁），還可加到濃鹽水（鹵水）或滷汁裡，或在大杯炭烤煙燻冰茶裡加一點檸檬和糖，冷凍後用叉子刮一下，就變成清涼提神的義式雪泥冰沙。

炭烤煙燻液體：木頭燻煙無可取代，但炭烤煙燻液體可以帶來獨特燻味，它是從蒸餾器裡濃縮真正的木頭煙燻形成的天然調味料，有多種風味可選，如山核桃木和牧豆木，特別適合提味烤肉醬。不必加太多，1~2 滴就有持續的煙燻香味。

梅斯卡爾酒（Mezcal）：它是龍舌蘭酒（Tequila）的表弟，在瓦哈卡州附近的山丘上，用火烤龍舌蘭仙人掌的心製成的，它能讓所有雞尾酒立刻散發炭烤煙燻風味（244、251 和 254 頁）。或在烤牡蠣與炭烤煙燻番茄－玉米莎莎醬裡撒幾滴梅斯卡爾酒（39 頁）。

西班牙炭烤煙燻紅椒粉（Pimentón）：加在燒烤架不容易炭烤煙燻好的菜餚裡，例如烤雞蛋，去增加炭烤煙燻風味。我也喜歡在燒烤料理的揉搓粉裡，用它替代辣椒粉。

煙燻啤酒（德語：Rauchbier）：傳統上是德國班伯格市（Bamberg）的特產，作法是在木頭火苗上烤乾麥芽大麥，煙燻啤酒可以作成天下第一香的啤酒式雞尾酒和烤肉醬，或將磨碎的炭烤煙燻起司溶在煙燻啤酒裡，一道暖到心坎裡、令人吃到鍋底朝天的起司火鍋（融漿火鍋）（cheese fondue）就完成了。

蘇格蘭威士忌：這種世界上數一數二最具特色的威士忌，是在炭烤煙燻泥炭的火焰上，把變成麥芽的大麥烘乾製成的。頂級單一麥芽蘇格蘭威士忌產自蘇格蘭西部海岸艾拉島（Islay Island），我尤其被這幾個品牌圈粉：拉弗格（Laphroaig）（炭烤煙燻味最濃）、樂加維林（Lagavulin）（以經典口味及製法精湛為特色）和波摩（Bowmore）（因具有焦糖太妃糖的甜味著稱）。蘇格蘭威士忌是調製碧血黃沙（或稱為血與沙）雞尾酒（Blood and Sand cocktail）時少不了的材料（258 頁）。在混著糖粉的鮮奶油裡加幾滴蘇格蘭威士忌，可調製成炭烤煙燻口味的打發鮮奶油。

炭烤煙燻起司：我嘗過最棒的火烤起司，是義大利波西塔諾鎮（Positano）布魯諾（Bruno）餐廳推出的檸檬葉炭烤煙燻莫札瑞拉起司。我愛把磨碎的炭烤煙燻切達起司放入馬鈴薯泥和起司通心粉裡。最受歡迎的炭烤煙燻起司包括切達起司、高達起司和莫札瑞拉起司。試試用乾草炭烤煙燻莫札瑞拉起司（42 頁）和冷燻乳清起司（或譯瑞可達起司）（203 頁）。

炭烤煙燻鹽：在牛排、肉排和其他種類的烤肉裡一定要加這道調味料！假如想讓炭烤煙燻風味變得更強烈，可以在揉搓時，往揉搓粉裡加入炭烤煙燻鹽，效果鐵定令人拍案叫絕。我推薦品牌是深色丹麥維京炭烤煙燻鹽（Danish Viking Smoked Salt, Salt Traders LLC）和阿拉斯加純阿爾德／赤楊炭烤煙燻海鹽（Alaska Pure Alder Smoked Sea Salt）。

醃漬炭烤煙燻鵪鶉蛋 PICKLED SMOKED QUAIL EGGS
致敬全球最佳餐廳──丹麥諾瑪餐廳 IN THE STYLE OF NOMA

完成分量：24 個鵪鶉蛋，4 到 6 人份

製作方法：熱燻

準備時間：10 到 15 分鐘

炭烤時間：8 到 12 分鐘

醃漬時間：10 分鐘

生火燃料：2 杯乾草或稻草加 1 杯樺木或其他硬木碎片。

工具裝置：一個金屬絲網架、一個鋁箔平底鍋

採買須知：全食超市、農夫市集、亞洲市場都有鵪鶉蛋可買，乾草可以在以零售一般家庭花園植物和相關產品為主的花園中心或馬術用品商店找得到，兩者也可以在亞馬遜網站訂購。

其他事項：越接近「有效」日期的鵪鶉蛋，剝殼會更容易。缺貨源或不想專程用鵪鶉蛋嗎？煙燻和醃製整顆雞蛋也行，煮沸時間為 11 分鐘，在醃製前將蛋先分成四等分。

2014 年，義大利三大礦泉水品牌之一聖沛黎洛氣泡水（San Pellegrino）將哥本哈根的諾瑪餐廳評選為全球最佳餐廳，這是該餐廳四度蟬聯冠軍寶座，因為餐廳創辦人暨主廚雷內‧雷哲畢（René Redzepi）大刀闊斧實施一套潛規則：只能使用在哥本哈根半徑 50 公里內找到的食材，使餐廳獲得此項殊榮，而多數主廚則認為要限制到這種地步是不可能的任務。丹麥夏天盛產水果、蔬菜和海鮮，但冬季時卻很少可貯藏的食物，即使斯巴達蘋果（Spartan）也是。所以這道食譜採用的炭烤煙燻和醃漬技術，不僅為了調味食物，還可在食物冷藏前先讓食物保存很長一段時間。醃製鵪鶉蛋是歐洲和北美地區常見的酒吧點心，炭烤煙燻又為鵪鶉蛋增添了奇妙全新口感。雷哲畢用兩種燃料：乾草和樺木碎木片來炭烤煙燻鵪鶉蛋，再將鵪鶉蛋放在炭烤煙燻乾草鳥巢上面出菜。

材料

冰水
24 個鵪鶉蛋
植物油，用於幫金屬絲網架上油
1½ 杯溫水

⅔ 杯水果醋（雷哲畢用的是玫瑰果醋，不過用梨或其他溫和的醋也可以）
1 茶匙鹽，或按口味調整

1. 準備好一大碗冰水，另把一大盆平底鍋的水高溫煮沸，加入鵪鶉蛋煮沸 90 秒，用底部有洞的勺子將鵪鶉蛋撈出來搬到冰水中，平底鍋中的水要一直沸騰。讓鵪鶉蛋躺在冰水中 2 分鐘，再放回沸水中待 6 分鐘，再把鵪鶉蛋再次移至冰水裡。（分成兩個步驟的煮沸過程，會讓鵪鶉蛋殼更容易剝掉）

2. 敲每個蛋比較寬的那端，把蛋殼弄破，再剝殼，注意不要把蛋破壞剝碎，蛋中間還是會有點軟，那是正常狀況。

3. 按照製造商說明設定炭烤煙燻爐，預熱至華氏 225 度（攝氏 107 度），添加製造商規定的乾草和白樺木碎木片。

4. 將鵪鶉蛋放在抹了少量油的金屬絲網架上，再把架子擺在裝滿冰的鋁箔平底鍋上方（鵪鶉蛋不可碰到冰塊）。把鵪鶉蛋送進炭烤煙燻爐裡燻烤，直到染上一丁點古銅色為止，過程需 8 至 12 分鐘。

5. 將溫水、醋和鹽在不會出現化學反應的碗裡混合，加入炭烤煙燻鵪鶉蛋醃漬 10 分鐘，然後瀝乾。如果不馬上食用，要把這些鵪鶉蛋蓋上並冷藏起來。

6. 用深色碗或盤子或新鮮乾草作成「鳥巢」，再端出這道盛裝登場的鵪鶉蛋。

炭烤煙燻番茄加玉米莎莎醬
SMOKED TOMATO-CORN SALSA

有 時候，菜餚的口感能不能登峰造極、或只是很有特色而已，差別就在於有沒有經過木頭燻煙薰陶這道關鍵程序，莎莎醬就是一例。做這道菜時，我們會從一般材料下手，熟番茄、甜洋蔥、墨西哥辣椒、加上另一樣健康滿分的夏季蔬菜：新鮮玉米，在切成小塊和混合之前，要先將炭烤煙燻這些材料。時間上要剛好夠久能讓食材裹上煙燻味，又要短到能保留住新鮮生菜的爽脆口感，上菜前三小時以內製作好的莎莎醬口感最佳。

完成分量：4 杯，6 到 8 人份。

製作方法：熱燻

準備時間：15 分鐘

時間：15 到 20 分鐘

生火燃料：燒製這款莎莎醬最適合用山核桃木，數量要夠支援 15 分鐘的炭烤煙燻過程（請參閱第 6 頁圖表）。

採買須知：和所有莎莎醬一樣，成敗取決於蔬菜的品質，夏天就加玉米，番茄要認明農莊或花園出身的。

其他事項：也可以在爐灶型炭烤煙燻爐上煙燻莎莎醬材料，也許會是您餐桌上出現過的最別致的一道莎莎醬。

材料

- 4 顆甜美的熟紅番茄（約 2 磅／907 公克重），從較寬的那一邊切成兩半
- 4 個墨西哥辣椒，去掉莖並從較長的一側對半切（製作不辣的溫和口味莎莎醬時要去籽，麻辣重口味則保留辣椒籽）
- 2 穗剝掉殼的甜玉米

- 1 個小洋蔥，去皮並切成四等分
- ½ 杯切碎的新鮮香菜
- ¼ 杯新鮮萊姆汁（2 到 3 顆萊姆），或按口味調整
- 粗鹽（海鹽或猶太鹽）
- 墨西哥玉米薄餅片（要不要煙燻？參閱下頁注意事項），上菜時要一起端上桌。

1. 按照製造商說明設定炭烤煙燻爐，預熱至華氏 225 度（攝氏 107 度），添加指示的木材。

2. 將番茄和墨西哥辣椒（兩種都是切開的面朝上）、玉米和洋蔥放在爐上，炭烤煙燻這些蔬菜的時間要剛好能讓食材散發

煙燻味（但不要久到煮熟這些菜）。15 到 20 分鐘後，將這些蔬菜放到盤子裡，放涼到室溫程度。

3. 玉米平放在砧板上，用一次處理大片面積的手法，持大廚刀將整片玉米粒從玉米穗軸切下來。把玉米粒挪到大碗裡。

4. 用手或食物處理機把番茄、墨西哥辣椒和洋蔥簡單切成大碎塊，再加到玉米裡，用香菜、萊姆汁和鹽一起攪拌並按喜好調味，正統的莎莎醬應該要加一大堆調味料。把莎莎醬盛到大碗裡，旁邊放上墨西哥玉米薄餅片一起上桌。

注意事項：品嘗時，把炭烤煙燻番茄加玉米莎莎醬蓋在最上面，跟用手持煙燻器煙燻過的墨西哥玉米薄餅片擺在一起上桌。作法是將薄餅片裝在大玻璃碗中，用保鮮膜緊緊蓋住。保鮮膜有一角要掀開，按照製造商說明裝滿燃料並點燃煙燻器，插上管子把燻煙灌滿裝薄餅片的碗裡，抽出管子，並用保鮮膜緊緊地蓋住碗，花 4 分鐘讓燻煙附著，重複幾次相同步驟，直到煙燻入味為止。

炭烤煙燻厚板燒卡門貝爾起司
SMOKED PLANKED CAMEMBERT
佐墨西哥辣椒與胡椒果凍 WITH JALAPEÑOS AND PEPPER JELLY

這道炭烤煙燻卡門貝爾起司（Camembert）香氣誘人而且賣相絕佳，製作方式結合了兩種要用到火焰的道地美式烹飪法：厚板燒與炭烤煙燻，前者能賦予起司燒焦雪松的芳香氣味，而後者烙印在起司上那種多層次的炭烤煙燻風味，連享譽全球的法國起司生產商也會嘖嘖稱奇。準備時間就幾分鐘，但它的炭烤煙燻香味舉世無雙。

材料

1 塊卡門貝爾起司或小塊布利起司（Brie cheese）（8 盎司）（227 公克）

3 湯匙胡椒果凍、番茄果醬或杏桃果醬

1 個大墨西哥辣椒，去掉莖並斜切成薄片

燒烤或烘烤一下法式長棍麵包片或自己最喜歡的鹹餅乾後，跟起司一起端上桌

完成分量：4 人份

製作方法：燻烤

準備時間：10 分鐘

煙燻時間：10 分鐘

生火燃料：自訂要選擇的硬木／夠在燒烤架上燻烤 10 分鐘或在炭烤煙燻爐燃燒 30 至 45 分鐘（請參閱 6 頁圖表）。

工具裝置：1 個雪松厚木板或其他厚木板，如山核桃、橡木或赤楊，最好是 6 平方吋（15.2 平方公分），在燒烤店和大多數超市都可以買到，推薦我的品牌「烤肉最佳良伴」（Best of Barbecue），在亞馬遜網站就買得到。注意：也可以在伐木場購買雪松厚木板，但要確定是未經處理過的。

採買須知：我偏好法國卡門貝爾起司或一小塊（5 至 6 吋／12.7 至 15.2 公分）布利起司。

其他事項：我都會用高溫（華氏 400 度／攝氏 204 度）燻烤起司，但您也可以用華氏 250 度（攝氏 121 度）低溫慢煮炭烤煙燻起司。

1. 把燒烤架設定成燻烤模式（間接燒烤，請參閱 262 頁），並預熱至中高溫度（華氏 400 度／攝氏 204 度）。

2. 如果要燒焦厚木板（可自由決定，但燒焦可以創造更多的煙燻味），可把厚木板直接放在火焰和燒烤架上，直到厚木板兩面都微微燒焦，每面要花 1 到 2 分鐘，再放在一邊，讓厚木板冷卻。

3. 將起司放在厚木板中心，用勺子背面在起司上抹上胡椒果凍，再把墨西哥辣椒片堆在上面像蓋屋頂一樣，層層疊疊擺盤裝飾。

4. 將厚木板放在燒烤架上，但要遠離熱源，並把碎木片或木塊拋到木炭上。燻烤起司直到兩面都柔軟並開始膨脹為止，需 6 至 10 分鐘

5. 直接享用剛從燒烤架上拿起來，厚木板盛放的熱騰騰烤起司，再搭配一籃燒烤法式長棍麵包片或各位喜愛的鹹餅乾。

乾草炭烤煙燻莫札瑞拉起司
HAY-SMOKED MOZZARELLA

完成分量：1 球莫札瑞拉起司，2 或 3 人份

製作方法：乾草炭烤煙燻

準備時間：5 分鐘

煙燻時間：2 到 4 分鐘

生火燃料：約 3 夸脫（2.8公克）乾草

採買須知：最好使用新鮮的起司，包在水中或乳清會滴下的那種，如果是用香氣撲鼻的水牛產牛奶製作，將會是一道亮點！

在知名餐廳林立的布魯克林區，大廚們還未用乾草炭烤煙燻雞肉和肋眼牛排之前，義大利帕埃斯圖姆城（Paestum）的起司生產商就已經開始用乾草炭烤煙燻技法去燻香起司，將新鮮水牛奶口味莫札瑞拉起司與其他起司製品燻成古銅色。他們把這種起司放在炭烤煙燻爐上層（有時也會放在充當冷藏炭烤煙燻室的舊冰箱或金屬箱裡），在底部堆放乾燥的乾草，點火讓乾草燒起來，乾草會噴發火焰和燻煙，幾分鐘後就傳出陣陣濃濃的煙燻香。炭烤煙燻精緻食物如新鮮的莫札瑞拉起司時，假如暴露在中等溫度下，即使時間很短暫，這類食物還是會熔化，所以以乾草炭烤煙燻技法就派上用場了。這項技術讓人嘆為觀止，還會一直驚呼：「我怎麼沒有早點想到用這個方法？」當我們對某種突破創新、成效顯著的技法駕輕就熟時，就會像這樣心滿意足、不能自拔！

其他事項：乾草炭烤煙燻這項優異技術，可以在分秒必爭的情況下完成炭烤煙燻，一旦掌握住這個技巧，還可以用它來擺平許多容易化掉或動輒易碎的食物，例如斯卡莫札起司、義大利塔雷吉歐起司（Taleggio）、芳提娜起司（fontina）、高達起司和卡門貝爾起司，也都可以用乾草去炭烤煙燻。甚至這種技術也適用於在送去燒烤之前，先安排韃靼牛肉、漢堡肉和羊排來場乾草炭烤煙燻浴。

材料

植物油，用途是幫網架上油

1 球（8 至 12 盎司／ 227 至 340 公克）新鮮莫札瑞拉起司，輕輕拍乾

特級初榨橄欖油（可用可不用）

粗鹽（海鹽或猶太鹽）或法國頂級海鹽「鹽之花」（fleur de sel）（可用可不用）

1. 在炭烤煙燻爐的爐膛中、或鍋式燒烤架的一側放一小塊木炭並點燃，在網架上刷油，木炭發出紅光時，將起司擺在炭烤煙燻室裡（或攔在鍋式燒烤架的一側，放在餘燼對面），盡可能遠離火源。把乾草丟在木炭上，將炭烤煙燻爐關掉或把燒烤架蓋起來。要燻到起司燻染上色為止（但不要燻烤太久讓起司熔化），需2到4分鐘。

2. 把抹刀滑到起司下方，將起司鏟起來送到盤子上冷卻，不要在起司熱的時候去抓它，會破壞煙燻香味。起司冷卻到室溫後即可上菜，或冷藏起來，要享用時再拿出來（上桌前把起司加熱至室溫），也可稍微在起司上滴橄欖油和／或撒鹽再盛盤上菜。

此生豈能錯過的乾草炭烤煙燻莫札瑞拉起司三吃！
（除了切片或切塊後拿牙籤挑著吃，你還能這樣大啖乾草炭烤煙燻莫札瑞拉起司）

炭烤煙燻卡布里沙拉（Caprese Salad）：將炭烤煙燻莫札瑞拉起司切成薄片，並跟炭烤煙燻番茄薄片一起放在橢圓形大淺盤上，撕一些新鮮羅勒葉點綴，滴一點特級初榨橄欖油和香醋（balsamic vinegar）並用鹽及胡椒調味。

炭烤煙燻莫札瑞拉起司帕尼尼三明治（Smoked Mozzarella Panini）：將切片的炭烤煙燻莫札瑞拉起司和切成薄片的斑點（請參閱 119 頁）、鹽醃火腿、或番茄放在方形的佛卡夏麵包（focaccia）（麵包要對切成兩半）裡作成三明治，用橄欖油刷麵包外表，並在燒烤架上烤麵包（在麵包上面放鑄鐵壓板烘烤）或送進帕尼尼三明治機裡烤麵包，烤到麵包有硬硬的外殼並變焦黃，起司開始熔化為止。

炭烤煙燻焗烤千層茄子：將切片的炭烤煙燻莫札瑞拉起司放在燒烤或煎炸過的茄子切片上，在上面鋪上番茄醬汁（番茄沙司）和磨碎的帕馬森起司，間接燒烤或烘烤到整道菜餡變焦黃並起泡。

炭烤煙燻海鮮蘸醬 SMOKED SEAFOOD DIP

克萊兒打開雜貨袋，在心裡勾勒出要準備的菜色，她會用食物處理機，把炭烤煙燻蛤蜊和貽貝跟馬斯卡彭起司（mascarpone）攪拌在一起，作成蘸醬在火旁邊品嚐。

這幕場景出現在我的小說《島嶼之外》（*Island Apart*）中，從緬因州到普吉特海灣（Puget Sound）的避暑山莊裡也上演著類似情節。這道食譜裡有各式各樣的炭烤煙燻海鮮，從扁鰺（又名藍魚或藍鰱 bluefish，瑪莎葡萄園最搶手的食材）、到鮭魚（魅力橫掃太平洋西北地區）再到蛤蜊和牡蠣（美味到讓人垂涎三尺，請參閱 174 頁）。以下是這道菜的基本作法，搭配各式不同的調味料，可以自創出你的獨家食譜。

材料

8 盎司（227 公克）煙燻扁鰺、鮭魚、蛤蜊、牡蠣或其他海鮮（罐裝需把水分瀝掉）

8 盎司馬斯卡彭起司或奶油起司，溫度比照室溫

粗鹽（海鹽或猶太鹽）和現磨的黑胡椒

鹹餅乾、麵包棒還是燒烤或烘烤的炭烤煙燻切片麵包（請參閱 56 頁）都可以，搭配上桌。

建議可用的調味料

剁碎的甜洋蔥或火蔥（紅蔥頭）

切細的韭菜或蔥菜

現磨碎的檸檬或用一般刨絲器刨萊姆皮，不要刨到萊姆綠色皮下面的白皮

現磨碎或準備好的辣根（horseradish）

泰式或中式辣椒醬

伍斯特醬

辣醬

新鮮檸檬汁

1. 將魚切成薄片放進食物處理機裡，魚要去皮去骨，或加入蛤蜊或牡蠣肉，開一下後馬上關掉食物處理機，食材略切成大塊或切成細碎狀皆可（自由決定），按口味加入馬斯卡彭起司或奶油起司、鹽和胡椒調味，以及任何調味料，再將食材混合。假如喜歡顆粒偏大的魚肉醬（pâté），可以用叉子在碗裡把食材搗成糊狀，調整口味，蘸醬應該調味重一點。

2. 將蘸醬換到大碗裡放著，搭配鹹餅乾、燒烤或烘烤麵包一起上菜。

完成分量：2 杯，6 到 8 人份

準備時間：20 分鐘

採買須知：盡可能用自己親手炭烤煙燻的魚或貝類，否則就要謹選可靠的炭烤煙燻坊或魚販當作貨源，馬斯卡彭起司是一種厚實的義大利奶油起司，類似英式凝脂奶油（clotted cream），在高檔超市可以找得到。

其他事項：請參閱從 173 頁開始的海鮮食譜，來炭烤煙燻自己準備的魚和貝類，可以在蘸醬上桌時，搭配燒烤或烘烤的炭烤煙燻切片麵包（請參閱 56 頁）。

炭烤煙燻雞肝 SMOKED CHICKEN LIVERS

完成分量：1 磅（454 公克）的量，4 人份開胃菜或 2 到 3 人份的輕食主菜。

製作方法：熱燻

準備時間：15 分鐘

浸鹽時間：3 小時

煙燻時間：30 到 40 分鐘

生火燃料：挑選喜歡的硬木／可完成 40 分鐘的燻烤過程才行（請參閱 6 頁圖表）

工具裝置：一個金屬絲網架

其他事項：炭烤煙燻後的雞肝風味迷人，但也會讓外表又軟又像橡皮，拿去當雞肝醬很理想，但如果偏愛雞肝要帶點脆脆的口感，過程中就別把雞肝煮熟，接著用熱奶油或培根油脂，在煎鍋裡把它們煎至焦黃即可。如果你喜歡雞肝佐荸薺培根卷（rumaki）（把雞肝與荸薺一起包在培根裡面），可以試試炭烤煙燻雞肝口味。

如果您喜歡雞肝的味道，下面這道食譜應該正合你意；若對雞肝興趣缺缺，炭烤煙燻雞肝也許能讓你改觀，讓你滿口都是含有礦物質的肉香，稍微浸一下白酒還可以去除雞肝異味，而炭烤煙燻這道技法，總是能在眾多技術裡獨領風騷。可以用牙籤把炭烤煙燻雞肝叉起來誘惑食客（101 頁的北京烤肉醬正是搭配這道菜的無敵蘸醬），或切碎製作成迷倒所有人的炭烤煙燻雞肝醬（食譜在後面）。

材料

- 1 磅（454 公克）普通雞或火雞肝
- 1 杯熱水
- 1½ 湯匙粗鹽（海鹽或猶太鹽）
- 1 茶匙黑胡椒粉
- ½ 茶匙新鮮或乾燥的百里香葉
- 1 杯冰水
- ½ 杯不甜的白葡萄酒
- 植物油，用於幫金屬絲網架上油
- 約 1 湯匙特級初榨橄欖油
- 1 湯匙奶油或培根油脂，用於煎炸（可用可不用）

1. 修掉雞肝上的任何綠點或血跡。

2. 製作鹵水：將熱水、鹽、胡椒粉和百里香放入深碗中，攪拌至鹽溶解。再跟冰水與葡萄酒一起攪拌。這碗材料一變冷就加入雞肝一起攪拌，之後這碗鹵水要蓋起來擱在冰箱裡 3 個小時。

3. 用濾器或洗菜藍濾乾雞肝，再用紙巾擦乾。幫金屬絲網架上油，將雞肝排在上面，放在冰箱裡乾燥 30 分鐘，用少許橄欖油刷雞肝兩面。

4. 同時，按照製造商的說明設定炭烤煙燻爐，預熱至華氏 300 度（攝氏 149 度），根據指示添加木材。

5. 將金屬絲網架放在炭烤煙燻爐上，接著炭烤煙燻雞肝，直到煙燻味契合自己的口味為止，或約 30 到 40 分鐘後，雞肝中間呈現粉紅色即可（在其中一個雞肝上切開小縫檢查熟度），別煮到雞肝變老。

6. 可以從炭烤煙燻爐上，把烤得熱呼呼的雞肝端上桌。為了讓雞肝外表口感有點酥脆，可以在高溫煎鍋中熔化奶油，煎炸雞肝到焦香皮脆為止，雞肝每面各煎炸 1 到 2 分鐘。

炭烤煙燻雞肝醬 SMOKED LIVER PATE

完成分量：製作出約1½杯 • 準備時間：20分鐘 •
炭烤時間：30至40分鐘

這個炭烤煙燻雞肝醬是我們家族感恩節的應景食物，以炭烤煙燻火雞肝為主原料製作，還會再加放一些普通雞肝。出菜時，把這道人間極品的炭烤煙燻雞肝醬抹在炭烤煙燻麵包片上（56頁）。

材料

8 盎司（227 公克）火雞肝、普通雞肝或兩種雞肝雙拼

5 個剝好殼的炭烤煙燻全熟水煮蛋（35頁）

2 湯匙（¼ 根）奶油或橄欖油

1 個小洋蔥，去皮並切碎

¼ 杯雞肉原汁高湯、蛋黃醬或鮮奶油

2 茶匙蘇格蘭威士忌或干邑白蘭地（可加可不加）

粗鹽（海鹽或猶太鹽）和現磨的黑胡椒

鹹餅乾還是燒烤或烘烤的炭烤煙燻麵包片都可以，搭配上桌。

1. 按照對稱頁說明的方法去炭烤煙燻雞肝（但不必讓雞肝浸鹵水）、以及 35 頁所述去炭烤煙燻雞蛋。盛到盤子上讓雞肝和雞蛋放涼，再切成每塊約 1 吋（2.5 公分）大小。

2. 在大煎鍋裡熔化奶油，加入洋蔥，並開中火煮到洋蔥變深焦黃色，需 5 分鐘，而且要常常攪拌，將洋蔥倒到盤子裡，讓洋蔥冷卻。

3. 將雞肝、雞蛋和洋蔥放進食物處理機中，依喜好粗略或仔細研磨，再加入足夠的雞肉原汁高湯，製成抹得開的雞肝醬，如果喜歡威士忌或干邑白蘭地強烈的炭烤煙燻味道，不妨加進去。加鹽和胡椒，雞肝醬的口味原本就偏重，蓋起來冷藏，要享用時再取出打開。上菜時，把煙燻雞肝醬抹在鹹餅乾、或燒烤或烘烤的炭烤煙燻麵包上。

炭烤煙燻烤起司辣味玉米片 SMOKED NACHOS

完成分量：6 到 8 人份

製作方法：熱燻

準備時間：20 分鐘

煙燻時間：12 至 15 分鐘

生火燃料：山核桃木或其它硬木／可完成 15 分鐘熱燻（參閱 6 頁圖表）

工具裝置：多孔式火烤煎鍋、10 吋（25.4 公分）鑄鐵煎鍋或金屬派餅盤

採買須知：我個人喜歡新鮮墨西哥辣椒，但醃製的辣椒可以突顯醋的風味。

其他事項：我會推薦配上切絲的炭烤煙燻一品至尊前胸肉牛腩（66 頁）一起享用，或牙買加香辣煙燻雞（154 頁）、進行二次炭烤的威士忌炭烤煙燻火雞（159 頁）、北卡羅萊納州獨門醋溜手撕炭烤煙燻豬肩胛肉（88 頁）還有炭烤煙燻豆腐（224 頁）可當作素食選擇。

在燒烤架上製作炭烤煙燻烤起司辣味玉米片

將燒烤架設定為間接燒烤並預熱至中等熱度（華氏 400 度／攝氏 149 度），將起司辣味玉米片烤盤放在網架上，遠離火源，並將碎木片拋在木炭上，間接燒烤到起司熔化並冒泡為止，需 5 分鐘。

1943 年，一群美國人在打烊時間，湧進了墨西哥彼德拉斯內格拉斯市（Piedras Negras）的勝利俱樂部（Victory Club），主廚已經下班，但餐廳經理依格那西歐·「那奇」（Nacho，正是這開胃菜的名字）·亞那耶（Ignacio Nacho Anaya）靈機一動，在酥烤麵餅皮上面堆了墨西哥辣椒和起司，放進烤肉架裡，讓它的起司熔化，從此一道經典料理問世。這道料理流傳至今，我想他應該也會對炭烤煙燻大全電視版的颮火牛仔暨燒烤大學（Barbecue University）的校友羅伯·巴斯（Rob Baas）發明的煙燻玉米片讚不絕口。羅伯從慢煮炭烤煙燻前胸肉牛腩開始，和墨西哥玉米薄餅片、黑豆、墨西哥辣椒和磨碎的起司混在一起，一陣高溫木頭燻煙會熔化掉起司，這些起司就高高地堆在墨西哥玉米薄餅片上，成為這道菜的賣點。

材料

- 8 杯墨西哥玉米薄餅片
- 2 杯切絲的炭烤煙燻前胸肉牛腩或雞肉
- 1 罐（15 盎司／425 公克）黑豆（選有機和低鈉產品最好），用濾器或洗菜籃妥善濾乾黑豆，接著沖洗並再次濾掉水分
- 12 盎司（340 公克）仔細研磨過的起司總匯（如加了切達起司、炭烤煙燻切達起司、蒙德勒傑克起司〔Monterrey Jack cheese〕）和／或辣椒傑克起司（pepper Jack）的綜合起司，約 3 杯
- 4 個新鮮的墨西哥辣椒，去莖並斜切成薄片，或 ⅓ 杯濾掉水分的醃漬墨西哥辣椒片
- 4 根青蔥，修剪後把蔥白和蔥綠斜切成薄片
- 2 至 4 湯匙自己心目中獨一無二的辣醬（我的票投給 DE JALISCO CACU, S.A. DE C.V. 公司出品的嬌露辣〔Cholula〕辣醬）或烤肉醬
- ¼ 杯大致上切了幾刀的新鮮香菜（可加可不加）

1. 按照製造商的說明設定炭烤煙燻爐，預熱至華氏 275 度（攝氏 135 度），根據指示添加木材。

2. 把 ⅓ 的墨西哥玉米薄餅片在燒烤架煎鍋裡鬆散地排開，將切碎的前胸肉牛腩、豆子、起司、墨西哥辣椒和青蔥撒在上面，再放辣醬一起在鍋裡搖勻翻攪，再加第二層料，接著加第三層。

3. 將加好料的煎鍋放在炭烤煙燻爐中，燻烤到起司熔化還起泡泡，需 12 到 15 分鐘。

4. 添加香菜撒在上面，就可直接享用這道炭烤煙燻烤起司辣味玉米片。沒錯！我們會直接用煎鍋吃玉米片，所以小心別把手指放在鍋邊以免燙傷。

紅辣椒雞翅 RED HOT WINGS
環太平洋口味 WITH PAC-RIM SEASONINGS

我獨鍾的銷魂水牛城辣雞翅（Buffalo wing）是怎麼料理出來的？各位猜到了吧，正是木頭炭烤煙燻的功勞！將炭烤煙燻爐溫度拉高至華氏 375 度（攝氏 191 度），比平常低溫慢煮的華氏 225 度（攝氏 107 度）更高，但高溫熱氣有助於逼出油脂、而且雞皮會酥酥脆脆的。終極美味雞翅我建議用環太平洋地區的調味料，比如芝麻油和辣椒，並用新鮮的墨西哥辣椒讓奶油醬飄出帶勁辣味，餐巾和冰啤酒也要隨侍在側。

材料

3 磅雞翅（1.36 公斤，約 24 塊）
½ 杯切細的新鮮香菜
2 茶匙粗鹽（海鹽或猶太鹽）
2 茶匙搗碎的黑胡椒
2 茶匙磨碎的香菜（可加可不加）
2 湯匙亞洲（黑）芝麻油

植物油，用途是幫金屬絲網架上油
6 湯匙（¾ 根）奶油
4 個墨西哥辣椒，斜切成薄片（要留下裡面的籽）
6 湯匙是拉差香甜辣椒醬（或其它美味辣醬）
¼ 杯切碎的乾烤花生

1. 將雞翅放在大碗裡，撒上 ¼ 杯香菜、鹽、胡椒和香菜（如果要用香菜），並攪拌混合，加入芝麻油後一起攪拌。把碗蓋起來並醃製雞翅，冷藏 15 至 60 分鐘（醃製時間越長，味道越濃）。

2. 同時，按照製造商的說明設定炭烤煙燻爐，預熱至華氏 375 度（攝氏 191 度）（如果各位的炭烤煙燻爐無法達到這個溫度，應該視炭烤煙燻爐本身的條件去衝高溫度即可），按照指示添加木材。

3. 幫金屬絲網架上油並擺上小雞翅，炭烤煙燻這些小雞翅到熱得嗞嗞作響、披上燻煙外衣且變焦黃、並煮到全熟為止，需 30 到 50 分鐘，溫度較低時（例如華氏 250 度／攝氏 121 度），要 1.5 到 2 小時。有些炭烤煙燻爐裡最接近火的食材會更快煮好，如果是這種情況，就要一直挪動轉換食材位置，使所有食材都能平均受熱烹調。挑一些雞翅最厚的地方切道小口，即可檢查雞翅熟度，熟雞翅骨頭上的肉應該是白色的，沒有紅色痕跡，別把雞翅煮老了！將煮好的雞翅排在耐熱橢圓形大淺盤上。

完成分量：24 隻雞翅，4 到 6 人份

製作方法：熱燻

準備時間：15 分鐘

滷製時間：15 到 60 分鐘

煙燻時間：30 分鐘至 2 小時（視炭烤煙燻爐溫度而定）

生火燃料：自行挑選硬木（我喜歡赤楊或櫻桃木）／可完成 50 分鐘（低溫煙燻要 2 小時）熱燻不掉漆的（6 頁圖表）

採買須知：條件允許用有機雞，有時（特別是在美式足球超級盃賽事前後）我們可以採購「小雞腿」〔棒棒腿〕，它是雞翅上有肉的第一個關節，扁平的翅膀尾部和翅膀尖端則被拿掉，小雞腿可以取代一整隻雞翅，因為前者容易烹調。亞洲（黑）芝麻油是用烘烤芝麻籽榨出來的香油，日本的八角（Kadoya）牌香油是相當優異的芝麻油。

其他事項：假如能掌控這套流程：肉加香料加炭烤煙燻加奶油加辣醬，就能用「水牛城醬汁料理法」烹煮任何食材：像蝦、小牛或小羊的胰臟或胸腺、甚至連豬耳朵或尾巴（水牛城醬汁佐豬耳朵或尾巴是洛杉磯動物餐廳〔Animal restaurant〕的名菜）。若想烹調出墨西哥風格的炭烤煙燻辣雞翅，可用孜然取代香菜、並拿嬌露辣辣醬替代是拉差香甜辣椒醬，可自由變換。

4. 上菜前，先用高溫大火將炭烤煙燻爐上鑄鐵煎鍋中的奶油熔化，加入墨西哥辣椒並烹煮滾燙到滋滋作響，而且開始變焦黃，需 3 分鐘，加入是拉差香甜辣椒醬一起攪拌並煮沸，再倒在小雞翅身上。

5. 將花生和剩下 ¼ 杯香菜撒在小雞翅上，把菜餚擺上餐桌時，同時附上大量餐巾紙。

是拉差香甜辣椒醬牛肉乾 SRIRACHA BEEF JERKY

完成分量：30 至 36 條牛肉乾

製作方法：熱燻（但溫度非常低）

準備時間：10 分鐘，加冷凍 1 小時

滷製時間：4 小時以上

煙燻時間：3½ 到 4 小時

生火燃料：自行挑選硬木／可完成 3.5 到 4 小時的燻烤過程（6 頁圖表）

工具裝置：一個金屬絲網架

肉乾很實用：它輕到幾乎快沒有重量，幾個星期不必冷藏也可保存，不論登山遠足、長途駕駛或野營之旅，來幾片肉乾能立即補充能量、讓自己精力充沛。肉乾很普及：在時尚餐廳、便利商店以及類似賣場都能捕獲它的芳蹤。（當然不一樣的商家品質也迥然不同）。肉乾很厲害：早期製作的肉乾沒加調味料，但美味仍不同凡響！甚至從頭開始製作肉乾、特別是炭烤煙燻肉乾，可說是輕輕鬆鬆手到擒來，而且絕對稱心滿意。（注意：並非所有市售肉乾都是炭烤煙燻製品，大部分是用炭烤煙燻液體去調味。）以下製作方法能讓您每一口都吃到是拉差香甜辣椒醬（它是泰式辣醬）紮實的香辣口感，還有魚露濃濃的鮮味與木材炭烤煙燻香。

材料

2 磅（907 公克）瘦牛肉（如無骨後腰脊肉，即沙朗牛排；靠背部或靠腹部的沙朗牛排；或腹脇肉牛排）

½ 杯是拉差香甜辣椒醬

¼ 杯魚露或醬油

¼ 杯亞洲（黑）芝麻油

3 個大蒜瓣，去皮並切碎

2 湯匙切碎的新鮮香菜

植物油，用途是幫金屬絲網架上油（可用可不用）

1. 用冷凍紙或鋁箔包住牛肉，把牛肉冷凍到肉變結實但不凍結，需約 1 小時。（這樣會更方便切片。）

2. 同時製作滷汁：將是拉差香甜辣椒醬、魚露、芝麻油、大蒜和香菜放入大碗中，攪拌均勻。

採買須知：要用無骨的瘦牛肉，像無骨後腰脊肉，用靠背部或靠腹部的沙朗牛排或腹脇肉牛排。使用餵草長大的牛隻更好！魚露是東南亞的發酵鯷魚醬，可從超市或網路購買，我最欣賞的品牌是紅船（Red Boat）魚露，而亞麻（黑）芝麻油是從芝麻籽榨出的香油。

其他事項：傳統上多半將牛肉順紋切成條狀，這樣咀嚼牛肉乾條會非常過癮（牛肉乾應該是耐嚼的。）若要更柔軟、更嫩的牛肉條，可逆紋切牛肉。

3. 用鋒利的大廚刀，將牛肉順紋切成 ⅛ 吋（0.32 公分）厚的切片，把可見的脂肪或結締組織剔除清理掉，將牛肉條加進滷汁中，攪拌均勻到肉的兩面都吸附了飽飽的滷汁，蓋上保鮮膜，放入冰箱滷製至少 4 小時或長達一整夜。滷製的時間愈長，牛肉散發出的辛香越強烈。

4. 用鋁箔蓋住烤盤邊緣，並在鋁箔上放置金屬絲網架。取出滷汁中的牛肉條，放在金屬絲網架上，讓牛肉瀝乾並晾乾 30 分鐘。

5. 同時，遵循製造商的説明設定炭烤煙燻爐，預熱至華氏 160 度（攝氏 71 度），按照指示添加木材。

6. 取出烤盤中放了牛肉乾的金屬絲網架，將牛肉乾及金屬絲網架擺在炭烤煙燻爐上，或把牛肉條擱在上過油的炭烤煙燻爐金屬絲網架上，然後燻烤牛肉到零水分但仍然柔軟，需 3 個半至 4 小時。

7. 將仍溫熱的牛肉乾搬進一大片堅固耐用可重複密封的塑膠袋裡（這樣產生出來的蒸氣可以讓牛肉鬆弛）。讓牛肉待在袋子裡並冷卻到室溫，現在或之後拿出來大飽口福。把牛肉乾存放在冰箱裡，可保存至少一星期。

一起瘋肉乾

炭烤煙燻乾燥是史前時代保存肉類和海鮮時，首屈一指的方法。北美和南美洲原住民在冒著燻煙的火焰旁，把切成薄薄的肉條烤乾，肉乾「jerky」這個字可能源自「charqui」，在克丘亞（Quecha）印加部落語言中是「乾肉」的意思。

美國人每年食用超過 200 萬磅（907 公斤）的肉乾，大部分是供應商產銷。但在家自製肉乾一點也不難，而且味道品質奇佳，只需要一台炭烤煙燻爐、加上一點耐心就能成功。以下是製作肉乾要知道的事：

• 用肌肉裡面的脂肪或結締組織極少的瘦肉部位，如靠背部或靠腹部的沙朗牛排；肥肉比瘦肉腐壞得更快。

• 將肉切成薄片，⅛ 吋（0.32 公分）至最多 ¼ 吋（0.64 公分）厚，先大致把肉冷凍一下比較好切；或請肉販幫忙切好。

• 牛肉是北美人氣的冠軍肉乾口味，但還有很多馴養和野生肉類製成的美味肉乾：像鹿肉、麋鹿、騾鹿（北美黑尾鹿）、羚羊、駝鹿、加拿大馬鹿、兔子和野牛。

• 製作火雞或雞肉乾時，請務必煮到適用的安全溫度華氏 165 度（攝氏 74 度）。

• 炭烤煙燻和乾燥需要低溫（通常約華氏 160 度／攝氏 71 度），得靠硬木來產生燻煙。

• 電子炭烤煙燻爐是製作肉乾的殺手鐧，控溫相當方便。

• 把肉乾收在可重複密封的塑膠袋或有蓋的罐子裡存放，（趁熱時裝起來，這樣會產生蒸氣，可軟化肉乾，並讓肉乾大致上重新泡發成帶點濕潤的口感）。冷藏的肉乾能久放。

炭烤煙燻酥炸爆鍋一品培根蟹
BACON-CRAB POPPERS

炭烤煙燻酥炸爆鍋幾十年來一直是燒烤料理中的極品，這樣還需要新版本嗎？沒錯！這道裝盤後仍嗶嗶啵啵熱騰騰爆開來的酥炸爆鍋菜，從我在巴爾的摩（Baltimore 盛產螃蟹的螃蟹帝國）的童年時期就流傳至今。鹹鹹的炭烤煙燻培根把螃蟹和墨西哥辣椒綁在一起，搭配出天雷勾動地火的絕妙美味！

材料

12 根大型墨西哥辣椒

8 盎司（227 公克）奶油起司，室溫狀態

1 顆檸檬，把皮磨得細細碎碎地，增加香氣

1 茶匙老海灣綜合調味料（Old Bay），或按口味添加

8 盎司（227 公克）蟹肉，瀝乾水分，揀選、切成細碎或切成大塊

甜或炭烤煙燻紅椒粉，用來撒在菜餚上

12 條手工培根，斜切成兩半

1. 按照製造商說明設定炭烤煙燻爐，並預熱至華氏 350 度／攝氏 177 度（這比傳統的低溫慢煮方法溫度更高，但培根會更脆），按照指示添加木材。

2. 從較長的一邊把每根墨西哥辣椒切半，切的時候要經過並保留莖，刮掉籽和葉脈，用葡萄柚湯匙或挖球器來刮除。把這些半根墨西哥辣椒一個個擺在金屬絲網架上，切面朝上。

3. 將奶油起司放在攪拌碗中，加入檸檬皮和老海灣綜合調味料（Old Bay）調味，用木匙連續拍打攪拌到奶油起司變成輕起司，再小心地與蟹肉混合。把堆滿一湯匙的螃蟹餡料舀進每個半根墨西哥辣椒裡，往辣椒中間鑲，再撒上紅椒粉。

4. 用一條培根包住每個半根墨西哥辣椒（兩端都要露出螃蟹餡料），拿牙籤固定住培根捲，並在金屬絲網架上，將包好的培根墨西哥辣椒捲鋪成一層。

5. 放在炭烤煙燻爐上，燻烤培根墨西哥辣椒捲到酥炸爆鍋，培根和餡料變焦黃且辣椒軟嫩為止（可用拇指和食指掐掐看），需 30 至 40 分鐘。

6. 將這道炭烤煙燻酥炸爆鍋一品培根蟹挪到盤子上，讓它出場前稍微涼一些。

完成分量：24 條培根蟹，6 到 8 人份

製作方法：熱燻

準備時間：20 分鐘

煙燻時間：30 到 40 分鐘

生火燃料：自行挑選硬木／能完成 40 分鐘的燻烤過程（6 頁圖表）

工具裝置：一個金屬絲網架，牙籤

採買須知：多種適合的螃蟹，包括乞沙比克灣（Chesapeake Bay）或路易斯安那州的藍蟹、西海岸的鄧傑內斯蟹（Dungeness crab），或阿拉斯加的帝王蟹或雪蟹。

採買須知：這道食譜使用了與眾不同的鑲料方法：將墨西哥辣椒切成兩半，把餡料塞入一條條切好的半個墨西哥辣椒裡（非填滿一整支），可以讓每條培根墨西哥辣椒捲在燻烤後脫胎換骨，透著焦黃色澤，煙燻香也更入味。

炭烤煙燻麵包 SMOKED BREAD

完成分量：一條麵包

製作方法：熱燻或冷燻

準備時間：10 分鐘

麵糰發酵時間（要發酵兩次）：
1½ 至 2 小時

煙燻時間：熱燻為 15 至 20 分鐘；冷燻是 1 個半小時

生火燃料：蘋果木或自行挑選硬木／可完成 2 小時的燻烤過程（6 頁圖表）

工具裝置：2 個鋁箔平底鍋、9×5 吋（22.9×12.7 公分）的吐司烤模、一個金屬絲網架

採買須知：最好要買有機麵粉

其他事項：有時候，瑞士維拉爾（Villars）手工巧克力會引爆焦糖洋蔥麵團的煙燻甜味。

乍看之下，這件作品看起來像一塊萬分迷人的鄉村麵包——有金黃色的硬脆外皮殼，誘人十足的蜂蜜全麥香氣，麵包屑軟呼呼，有微妙的炭烤煙燻香，那味道不是一下子直衝腦門像前胸肉牛腩那樣強烈的炭烤煙燻味，而是讓你感覺置身在點燃壁爐柴火的法國農舍裡，品味這塊麵包。祕訣就在製作麵團之前，要先炭烤煙燻麵粉和水。謹向在法國出生的麵包達人約翰・比利亞爾（Johann Villar）脫帽致敬，他向我展示如何炭烤煙燻這些意想不到的材料。

材料

- 2 杯未漂白的中筋白麵粉或按照需要準備
- 1 杯全麥麵粉或追加 1 杯白麵粉
- 1 茶匙粗鹽（海鹽或猶太鹽），可多準備一些撒在麵包上
- 1¼ 杯水，可視需要再多加一些
- 1 個信封袋（2½ 茶匙）的乾酵母
- 2 湯匙蜂蜜
- 1 湯匙特級初榨橄欖油，另外準備更多油放在碗裡、吐司烤模裡和麵包上面

1. 按照製造商的說明設定炭烤煙燻爐，預熱到盡可能的低溫狀態（華氏 200 度／攝氏 93.33 度或以下）。在鋁箔平底鍋或有邊緣的烤盤裡，薄薄地鋪放一些麵粉和鹽（不超過 ¼ 吋／0.6 公分厚），將水放在另一個鋁箔平底鍋中。

2. 將裝了麵粉和鹽的平底鍋放在爐上炭烤煙燻，直到白麵粉表面稍微變成金黃色，且嚐起來有炭烤煙燻味，水也要入味。熱燻時間共為 15 至 20 分鐘、或冷燻時間是 1 至 1½ 小時。

3. 讓麵粉冷卻至室溫，水帶餘溫（華氏105度／攝氏41度）。

4. 將炭烤煙燻過的麵粉和鹽、與酵母放在食物處理機中，把材料混在一起，加入蜂蜜、橄欖油和炭烤煙燻過的溫水。讓機器稍微攪一下，即可製作出柔韌的麵團。如果麵團太硬，再加一點溫自來水，如果太軟，加一小撮麵粉。用手、或在裝設麵團攪拌勾的自動攪拌機中，混合並揉捏麵團，再將麵團移到稍微撒了少許麵粉的砧板上，用手揉成光滑的球。

5. 將麵團放在抹了少量油的大碗裡，把它轉一轉讓兩面都沾上油，再用保鮮膜把碗包起來，讓麵團在溫暖的地方發酵，直到麵團膨脹到兩倍大，需 1 到 1½ 小時。

6. 捶打麵團，揉成長方形，放進塗了油的吐司烤模裡。用保鮮膜把烤模包起來，直到麵團膨脹到兩倍大，需 30 分鐘到 1 小時。

7. 同時，設定燒烤架為間接燒烤模式，預熱至華氏 400 度（攝氏 204 度），或將烤箱預熱至華氏 400 度（攝氏 204 度）。如果各位的烤爐可高達華氏 400 度（攝氏 204 度），可直接烤麵包不需加木材燻烤，因為麵粉已經炭烤煙燻過。

8. 多取一點橄欖油來刷麵包頂部，撒上一點鹽，烘烤麵包直到上層表皮變硬且呈金黃色，敲打麵包底部時，聲音是低沉的，烘烤需 30 至 40 分鐘。將吐司烤模挪到金屬絲網架上，讓麵包冷卻 10 分鐘後再拿出來。等待 10 分鐘（冷卻）再將麵包斜切成片狀，即可熱騰騰上桌。可跟 203 頁的炭烤煙燻奶油、204 頁的炭烤煙燻蜂蜜搭配享用。

炭烤煙燻西班牙冷湯 SMOKED GAZPACHO

西班牙冷湯是我大膽嘗試非傳統炭烤煙燻菜色的其中一道料理，在買下人生第一個戶外炭烤煙燻爐之前，我早已使用卡梅隆的爐灶型炭烤煙燻爐（Camerons Stovetop）來做這道菜，現在仍然受我家人的青睞。炭烤煙燻西班牙冷湯時，整個人會不知不覺地淹沒在煙燻香氣中，除了呈現古早傳統口味，這道冷湯還充滿驚喜、風味迷人，為原本簡單的夏季湯品帶來意外的微妙滋味！

完成分量：4 人份，可根據需要再增加

製作方法：冷燻，或使用手持式煙燻器（276 頁）

準備時間：30 分鐘

煙燻時間：1 小時

生火燃料：橡木或杏仁木，以符合西班牙燒烤傳統作法／可完成 1 小時的燻烤過程（6 頁圖表）

工具裝置：1 個鋁箔平底鍋

材料

- 4 個甘美多汁的成熟紅番茄（約 2 磅／907 公克），從較寬的一邊切成兩半
- 1 個中等大小的黃瓜，去皮，從較長的一邊切半，刮掉籽
- ½ 個青椒或黃椒，去掉蒂和籽，並切成 2 塊
- ½ 個紅椒，去掉蒂和籽，並切成 2 塊
- 1 個小型甜洋蔥，去皮並從較長的一邊切成四分

- 1 個大蒜瓣，去皮
- 3 湯匙正統上等特級初榨橄欖油，再多準備一些拿去噴灑菜餚
- 約 2 湯匙紅葡萄酒或西班牙雪利酒醋
- ½ 杯水，視需要再補充一些
- 粗鹽（海鹽或猶太鹽）和現磨的黑胡椒
- 1 湯匙切碎的新鮮韭菜或蔥菜

採買須知：西班牙冷湯的成敗在蔬菜的味道上，使用藤蔓成熟的、在菜園種植的、農場產銷中心推出的或無基因改造的原生種番茄，而且最好從未進過冰箱。若未達以上標準就做不出及格的西班牙冷湯。

其他事項：沒有可冷燻的裝備、或想到要冷燻就沒耐性？也可以選擇熱燻，用最低溫度（華氏200 至 225 度／攝氏 93 至 107度）去熱燻——時間上要夠把番茄外表燻成古銅色，但不要煮到熟。

用手持煙燻器製作西班牙冷湯

在食物處理機或果汁機中加入番茄、黃瓜、甜椒、洋蔥、大蒜、油和醋，並按照本頁步驟 4 所述去調味西班牙冷湯，將西班牙冷湯倒入大碗中，用保鮮膜緊緊蓋住，冷藏到要上菜再拿出來。

在上菜前，拉開保鮮膜一角並插入煙燻軟管，按照製造商的說明裝填燃料並點燃煙燻器。將燻煙灌入西班牙冷湯的碗裡，取出管子後用保鮮膜將碗蓋緊，灌燻煙的時間為 4 分鐘。攪拌西班牙冷湯，讓湯吸收燻煙。重複幾次這些步驟，或一直煙燻到湯的香氣契合個人口味為止。

1. 將番茄、黃瓜、甜椒和洋蔥放在鋁箔平底鍋中，蔬菜切面朝上，加進大蒜。

2. 按照製造商的說明設定炭烤煙燻爐去進行冷燻，依照指示添加木材。

3. 將蔬菜燻到染上古銅色為止（把手指伸進去任何一個切開的番茄裡，這時番茄汁應該有煙燻香味），需 1 小時，或根據需要自訂時間。即使是燻烤過，蔬菜應該還是生的。

4. 將蔬菜切成 1 吋（2.5 公分）大小，並保留蔬菜原汁，再放進食物處理機中，攪打成粗糙或平滑的泥糊濃湯（看個人選擇）。漸次加進保留的蔬菜原汁、油、醋和足夠的水（約1/2 杯）製作成可傾倒出來的湯，按口味放入鹽和胡椒來調味，如果需要，加上幾滴醋以平衡蔬菜的甜味，或將蔬菜及蔬菜原汁、油、醋和水放入果汁機中，攪打成自己喜好的濃稠度，再用鹽、胡椒和更多的醋調味。在這個調味階段之前，可以提前幾個小時先製作出西班牙冷湯，並用保鮮膜蓋好冷藏，但要先品嘗和重新調味後再上桌。

5. 把西班牙冷湯舀到大碗裡，再多滴一些橄欖油，撒上切碎的韭菜。

煙燻魚巧達濃湯 SMOKED FISH CHOWDER

這本書的食譜可以延伸製作出五花八門的煙燻魚料理，像是冷燻斯堪地那維亞鮭魚、熱煙燻鮭魚、煙燻北極紅點鮭（arctic char）等等，所有煙燻魚都是巧達濃湯出色的基底，以下食譜的靈感得自北美最令人心神嚮往的釣魚點：阿拉斯加州荷馬市附近的卡徹馬克灣州立公園小屋酒店（Tutka Bay Lodge）。就像本書的許多蘸醬、抹醬和湯，這道食譜可以當作促進食慾的開胃小品，而且製作時不妨自由發揮創意。

完成分量：8 人份開胃菜，或 4 人份輕食主菜

烹調時間：30 分鐘

準備時間：30 分鐘

採買須知：盡可能買野生海鮮

材料

- 1 磅（454 公克）煙燻鮭魚和（或）其他煙燻海鮮（183 至 198 頁）
- 3 湯匙奶油或頂級冷壓初榨橄欖油
- 2 個火蔥或 1 個小紅洋蔥，去皮並切碎
- 2 根青蔥韭菜，取白色部分摘揀後徹底沖洗，甩乾並切成薄片
- 4 個紅皮馬鈴薯（1½ 磅／ 680 公克），搓洗並切成每塊 1 吋（2.5 公分）大小的成品

- 1 片月桂葉
- 2 小枝新鮮百里香，再另外多準備一些，上菜時可以撒這些百里香葉當裝飾
- 粗鹽（海鹽或猶太鹽）和現磨的黑胡椒
- 4 杯雞肉或魚肉原汁高湯（自家製更好）
- ¾ 杯乳脂肪 36% 以上的動物性鮮奶油（慕斯用鮮奶油 whipping cream）

1. 把鮭魚去皮去骨，並切成每片 1 吋（2.5 公分）大小的薄片（熱燻適用）或切成每塊 ½ 吋（1.3 公分）的方塊（冷燻適用）後擱一邊。

2. 用中火熔化大型重平底深鍋裡的奶油，加入火蔥和青蔥韭菜，煮 3 分鐘並經常攪拌，要把它們煮到軟為止。

3. 加進馬鈴薯、月桂葉和百里香小枝，繼續煮到火蔥、青蔥韭菜和馬鈴薯稍微變焦黃色，時間約 5 分鐘，要經常攪拌，用鹽和胡椒提味。

4. 開中火，攪拌並燉煮約 10 分鐘，直到裡面的馬鈴薯變軟。再加入煙燻魚和鮮奶油，跟馬鈴薯一起攪拌，燉 5 分鐘以上，煮到湯汁香氣四溢，再調整味道，假如需要，可加進鹽和胡椒粉調味。取出並丟掉月桂葉和百里香的莖。

5. 用湯勺把這道巧達濃湯舀進大碗裡上菜，撒上百里香葉子後，即可大口品嘗！

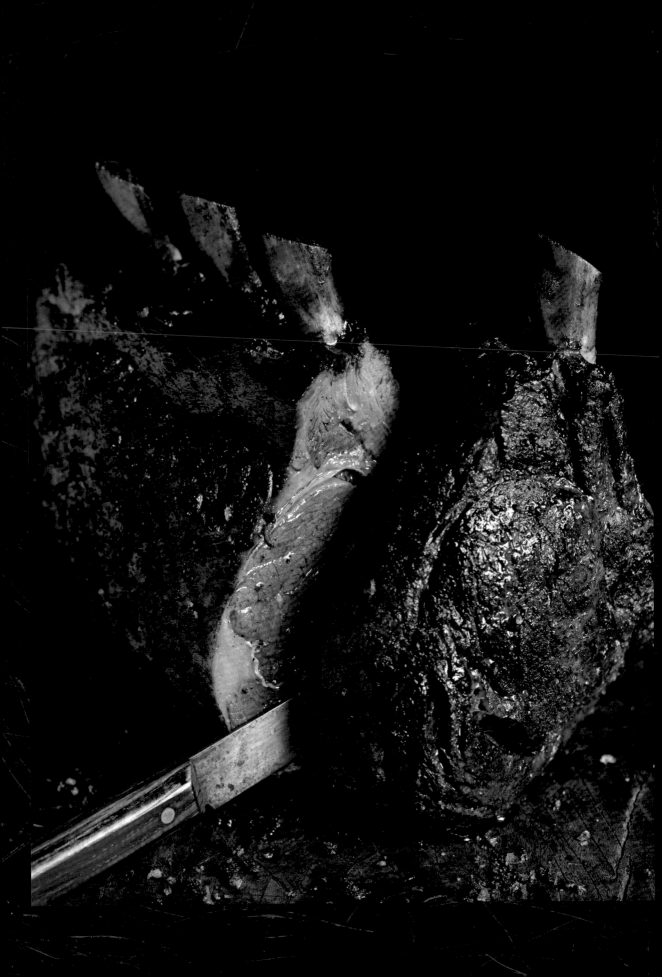

BEEF

牛肉

從布魯克林的紅鉤社區（Red Hook），到洛杉磯的工作室市社區（Studio City），炭烤煙燻牛肉一路爆紅！注意，我居然沒有提到德州，因為暱稱孤星之州的德州，它的燒烤前胸肉牛腩和牛肋排早已舉世聞名，而新生代的炭烤煙燻窯大師現在則從紐約客牛排（製作這道牛排時，他們採用的炭烤煙燻技術別出心裁，該技術稱為低溫後高溫反向燒烤 reverse searing）到牛里肌肉（搭配辣根慕斯用打發鮮奶油一起端上桌），所有牛肉食材無不拿去炭烤煙燻！從自家手作的猶太煙燻醃肉，到「大」有看頭的巨無霸人氣破表牛肋排（big bad beef rib），還有從低溫後高溫反向燒烤下後腰脊角尖牛肉（三尖牛排），再到上菜時──各位猜到了吧！用炭烤煙燻牛肉的肉汁佐炭烤煙燻牛肋排，我要介紹的炭烤煙燻牛肉食譜真的一眼看不完！炭烤煙燻牛肉到底有多厲害？快來讀這一章見分曉！

巨無霸人氣破表牛肋排 BIG BAD BEEF RIBS
炭烤煙燻鹽加胡椒牛腹肋排 SMOKED SALT-AND-PEPPER BEEF PLATE RIBS

完成分量：3 條牛肋排，3 人份

製作方法：熱燻

準備時間：10 分鐘

煙燻時間：8 到 10 小時

休息（靜置）時間：1 小時

生火燃料：傳統上要用到橡木、山核桃木或牧豆樹木，或三種聯手出擊／可完成 10 小時的燻烤過程（6 頁圖表）

工具裝置：一個鋁箔滴油盤、即時讀取溫度計、絕緣保溫保冷袋（可用可不用）

採買須知：向肉販訂購牛腹肋排，要求全牛腹短肋排，並切成單個一塊一塊的骨頭（或自己切），三個牛腹肋排裝成一盤。

其他事項：鹽、胡椒、紅辣椒與炭烤煙燻這套調理法，能讓我們烹煮各種肋排（包括豬肋排和羊肋排），無往不利。

它是新的豬肋排（里肌下的肋排）嗎？這種講法可以拿來形容牛腹肋排沒錯，也就是《超讚 BBQ 食譜報到！》書中的那道巨無霸人氣破表牛肋排料理，（帶骨的前胸肉牛腩是它的另一種解釋方法，）像布魯克林的家鄉燒烤餐廳（Hometown Bar-B-Que）主人比利·德尼（Billy Durney）就在餐廳裡供應這道餐點，店面分布在紐約州和紐澤西州的紐約麥笛昆美式烤肉餐廳（Mighty Quinn's Barbeque）老闆修·麥恩（Hugh Mangum）、以及明尼阿波利斯市（Minneapolis）的屠夫與野豬餐廳（Butcher and the Boar）經理和員工也紛紛響應這股潮流，而各位也即將在家裡的炭烤煙燻爐上，炭烤煙燻並享用這些烤得熱騰騰、「大」有看頭的牛肋排，它們有多大？每塊牛肋排都重達 2 至 2½ 磅（0.9 至 1.1 公斤）；調味料最好簡單，用鹽、胡椒粉和紅辣椒片即可，牛肋排和炭烤煙燻才是重頭戲。

材料

3 個最大的牛腹短肋排（骨架是 6 到 7½ 磅）（2.7 到 3.4 公斤）

3 湯匙粗鹽（海鹽或猶太鹽），再多準備一些，上菜時使用

3 湯匙搗碎的黑胡椒子

2 湯匙紅辣椒片

啤酒（可加可不加）

1 杯牛肉原汁高湯（最好是自製的）

1. 把整排骨架從較長的一邊切成一根根肋排，並將切好的肋排放在有邊緣的烤盤上。

2. 將鹽、胡椒和紅辣椒片放在小碗裡拌勻，豪邁地一直不停撒在所有肋排上面，包括肋排的兩端，用指尖把佐料揉進肋排裡面。

3. 按照製造商的說明設定炭烤煙燻爐，並預熱至華氏 225 至 250 度（攝氏 107 至 121 度），如果炭烤煙燻爐有水鍋盤，請在裡面加滿 3 吋（約 7.6 公分）深的水或啤酒。如果沒有水鍋盤，可用一次性鋁箔平底鍋替代，擺在炭烤煙燻爐架子下方，並把牛腹短肋排鋪在架子上。（注意：在陶瓷炊具上不必這樣操作。）；根據指示添加木材。

4. 將牛腹短肋排放在炭烤煙燻爐上，有脂肪的那面朝上，肋排與肋排之間至少相隔 2 吋（5 公分），燻烤肋排到外表變深焦黃色，內層則非常軟嫩，需 8 到 10 小時。假如使用一端有爐膛的炭烤煙燻爐，就要像洗牌一樣，炭烤煙燻到一個段落後，要將所有的肋排集中，再把肋排適度摻和、換

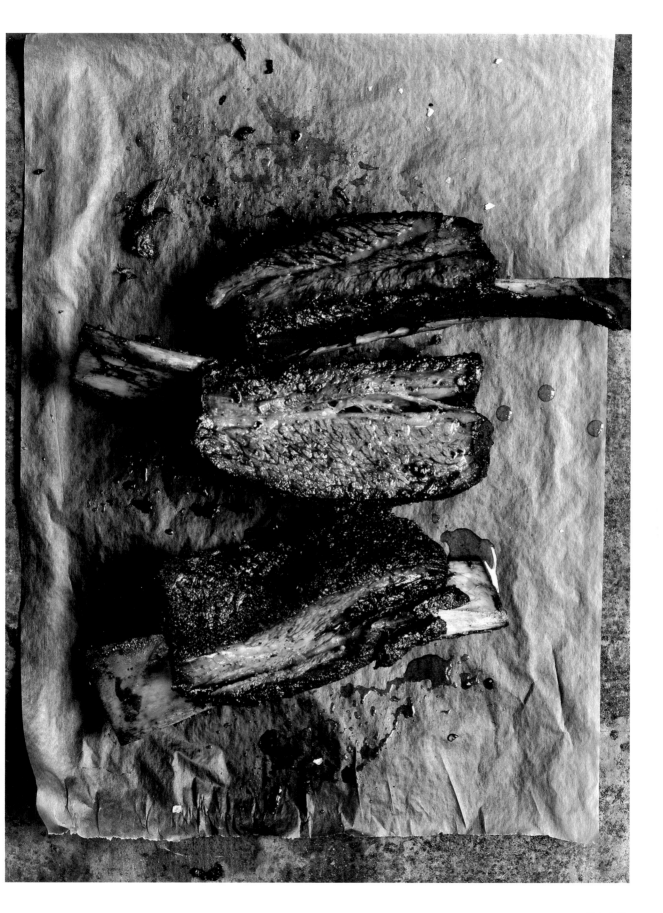

位置數次，讓每根肋排都能均勻煮熟。測試肋排熟度時，可把金屬串插進最大根的肋排中（從某一端穿過去，並與骨頭平行），要是肉熟了，金屬串應該要一下子就能刺穿肉。另一種測試肋排熟度的方法是插入即時讀取溫度計，且與骨頭平行但不碰到骨頭，肋排熟了的話，即時讀取溫度計出現的數字應該是華氏 200 度（攝氏 93 度）。（檢查肋排，確保所有的肋排都熟透。）煮熟後，肉會從骨頭末端再縮回去 1 至 2 吋（2.5 至 5 公分）。

5. 將肋排移到有牛肉原汁高湯的大型箔紙平底鍋裡，用鋁箔鬆鬆地把該平底鍋蓋起來，並放進絕緣保溫保冷袋中，讓肋排在上餐桌前先休息（靜置）1 小時。

6. 上菜前一秒，先在每根肋排上撒一點點鹽來調味。

一張表看懂如何炭烤煙燻牛肉

食物	分量	炭烤煙燻爐溫度	時間	牛肉裡面溫度／熟度
前胸肉牛腩（厚實渾圓的地方）	14 到 18 磅（6.4 到 8.2 公斤）	華氏 225 到 250 度（攝氏 107 到 121 度）	12 到 18 小時	華氏 200 度（攝氏 93 度）
前胸肉牛腩（扁平的地方）	6 到 8 磅（2.7 到 3.6 公斤）	華氏 225 到 250 度（攝氏 107 到 121 度）	8 到 10 小時	華氏 200 度（攝氏 93 度）
猶太煙燻醃肉（牛後胸肉／牛腹）	6 到 8 磅（2.7 到 3.6 公斤）	華氏 225 到 250 度（攝氏 107 到 121 度）	8 到 10 小時	華氏 200 度（攝氏 93 度）
牛里肌肉	4 磅（1.8 公斤）（修整過的）	華氏 225 到 250 度（攝氏 107 到 121 度）+ 高溫燒烤	45 到 60 分鐘炭烤煙燻 + 6 到 10 分鐘燒烤	華氏 120 到 125 度（攝氏 49 到 52 度）（一分熟）華氏 130 到 135 度（攝氏 54 到 57 度）（三分熟）
牛肋排	6 磅（2.7 公斤）（3 根肋條）	華氏 250 度（攝氏 121 度）	2 到 3 小時	同上
靠背部的沙朗牛排	6 磅（2.7 公斤）	華氏 225 到 250 度（攝氏 107 到 121 度）	4 到 6 小時	華氏 120 到 125 度（攝氏 49 到 52 度）（一分熟）華氏 130 到 135 度（攝氏 54 到 57 度）（三分熟）華氏 145 度（攝氏 63 度）（五分熟）
牛腹肋排	2 到 2½ 磅（0.9 到 1.1 公斤）／每根肋條	華氏 225 到 250 度（攝氏 107 到 121 度）	8 到 10 小時	華氏 200 度（攝氏 93 度），煮熟後，肉會從骨頭末端再縮回 1 至 2 吋（2.5 至 5 公分）
下後腰脊角尖牛肉（三尖牛排）	2 到 2½ 磅（0.9 到 1.1 公斤）／每塊	華氏 225 到 250 度（攝氏 107 到 121 度）+ 高溫燒烤	1 小時炭烤煙燻 + 4 到 6 分鐘燒烤	華氏 120 到 125 度（攝氏 49 到 52 度）（一分熟）華氏 130 到 135 度（攝氏 54 到 57 度）（三分熟）
紐約客牛排（牛前腰脊肉）	1½ 到 1¾ 磅（譯註：約 0.7 到 1.1 公斤）／每塊	華氏 225 到 250 度（攝氏 107 到 121 度）+ 高溫燒烤	45 到 60 分鐘炭烤煙燻 + 4 到 6 分鐘火烤	同上
牛肉乾（請參閱第 54 頁）	2 磅（907 公克）	華氏 160 度（攝氏 71 度）	3½ 到 4 小時	變焦黃色且無水分，但仍有彈性

橡木炭烤煙燻靠牛背的沙朗牛排
OAK-SMOKED TOP ROUND

你被牛肋排強烈的牛肉香氣吸引，炭烤煙燻整塊牛里肌肉也讓你朝思暮想，但你並不想為了烤肉搞得自己破產：你的痛苦，我都聽見了，而馬修·基勒（Matthew Keeler）的見解則是：炭烤煙燻靠背部的沙朗牛排就是你的救星。基勒在維吉尼亞州這個美國的國寶級豬肉料理天地的中心地段開了燒烤餐廳，他是彼得堡市金氏家族著名燒烤餐廳（King's Famous Barbecue）第三代炭烤煙燻窯大師傳人，但問起他最鍾愛的肉類，他會用手指一比，回答是籃球大小的安格斯牛（Angus）靠牛背的沙朗牛排，他把這塊肉炭烤煙燻得就像阿巴拉契亞煤（Appalachian coal）一樣又黑又亮。每天早上炭烤煙燻十塊靠牛背的沙朗牛排，有的三分熟、一些五分熟、某幾塊全熟，「我們不加太多香料，」基勒向我說明，他只用鹽和胡椒幫牛肉調味，「而且我們也不希望供應的肉炭烤煙燻過了頭。」這就是為什麼他偏愛白橡木的溫和燻煙，而非像維吉尼亞州燒烤外燴供應商一窩蜂採用比較刺鼻的山核桃木的原因。

材料

- 1 塊靠背部的沙朗牛排（牛臀肉）（約 6 磅／2.7 公斤，要買脂肪夠多的）
- 粗鹽（海鹽或猶太鹽）與搗碎的黑胡椒子
- 12 個漢堡的小圓麵包（可用可不用）
- 3 湯匙含鹽或無鹽奶油，要熔化（可用可不用）
- 三合一辣味辣根醬（78 頁），上菜時淋在沙朗牛排上。

1. 按照製造商的說明設定炭烤煙燻爐，並預熱至華氏 225 至 250 度（攝氏 107 至 121 度）。按照指示添加木材。

2. 用鹽和胡椒來幫靠牛排的每吋角落調味，下手重一點無所謂。把牛排直接放在炭烤煙燻爐架子上，有脂肪的那面朝上，炭烤煙燻到牛肉外表堅硬酥脆像有殼一樣，且呈現黑黑的焦黃色，可按口味調整牛肉的炭烤煙燻程度（請參閱「其他事項」）。

3. 牛排接近所需溫度時（注意：牛肉即使離開爐子，還是在繼續煮熟中的狀態），要將牛排挪到金屬絲網架上，再把網架放在有邊緣的烤盤上。用鋁箔鬆鬆地蓋在牛肉上（切勿將鋁箔裹住肉），讓牛肉休息（靜置）15 分鐘。

4. 若有準備小圓麵包，請把熔化的奶油刷在麵包切面，在燒烤架或煎盤上稍微烤一下。

5. 把牛排上的大塊脂肪切掉並丟棄，在適當的地方留下一點脂肪，突顯牛肉的風味。也可將靠牛背的沙朗牛排切片或切塊，放在小圓麵包上來享用，不妨也物色有一面是堅硬外殼、和中間是粉紅色的肉片來搭配麵包。或把牛排厚厚塗一層辣根醬，再端上桌。

完成分量：12 人份

製作方法：熱燻

準備時間：5 分鐘（加 10 分鐘製作醬料）

煙燻時間：4 至 6 小時

生火燃料：用白橡木／可完成 7 小時的燻烤過程（6 頁圖表）

工具裝置：遙控溫度計或即時讀取溫度計、一個金屬絲網架

採買須知：購買約 6 磅（2.7 公斤）重靠牛背的沙朗牛排，或可用上後腰脊，無骨沙朗，最好是脂肪油花密布的雪花牛。

其他事項：烹飪時間視牛肉熟度而定：

- 一分熟需炭烤煙燻約 4 小時（即時讀取溫度計顯示溫度是華氏 120 至 125 度／攝氏 49 至 52 度）

- 三分熟要煙燻約 5½ 小時（即時讀取溫度計顯示溫度是華氏 130 至 135 度／攝氏 54 至 57 度）

- 五分熟大約要經過 6 小時煙燻（即時讀取溫度計顯示溫度是華氏 145 度／攝氏 62 度）

一品至尊前胸肉牛腩 SLAM-DUNK BRISKET

完成分量：8 到 10 人份，而且還有剩

製作方法：熱燻

準備時間：20 分鐘

煙燻時間：8 到 10 小時

休息（靜置）時間：1 至 2 小時

生火燃料：一般會使用橡木、蘋果木、牧豆樹木或山核桃木／可完成 8 小時的燻烤過程（6 頁圖表）

工具裝置：一個鋁箔平底鍋、即時讀取溫度計、無襯裡的屠夫紙、一個絕緣保溫保冷袋

採買須知：採購上面含有厚厚一大堆脂肪的扁平前胸肉牛腩（扁平的底部肌肉，請參閱 68 頁）。

其他事項：炭烤煙燻前胸肉牛腩時，溫度會穩定上升，然後平穩停留在華氏 160 度（攝氏 71 度）上下（有些情況會下降幾度）達 1 小時左右或有時會更久，這個現象稱為停頓點（stall），它是由前胸肉牛腩表面蒸發水分所產生的（我們甚至可以看到液體在上面聚集而成的水窪。）這樣蒸發可以冷卻前胸肉牛腩，跟在炎熱的天氣中排汗能讓身體降溫的道理一樣，需耐心等待，停頓點會停止，溫度還會再次攀升。

如果有一道菜是燒烤的代表作，是有理想抱負的炭烤煙燻巨擘都希望能達到的境界，這道菜就是前胸肉牛腩；假如有一道菜會讓人提心吊膽，就算你已經是個炭烤煙燻豬肩胛肉和肋排的高手，那道菜就是前胸肉牛腩。到底它困難在哪裡？原因就在於前胸肉牛腩堅韌難搞的結締組織，更何況整個前胸肉牛腩的肌肉結構還有兩個不同方向的紋理！以下將分析如何炭烤煙燻出零缺點的前胸肉牛腩，而且絕不失手，不管你是從一整塊 18 磅重（8 公斤）的厚實渾圓前胸肉牛腩、或跟當地肉販買到 6 到 8 磅（2.7 到 3.6 公斤）的扁平前胸肉牛腩、還是用了超市常販售的 3 至 5 磅重（1.4 到 2.3 公斤）的中段前胸肉牛腩。首先，我們要永遠優先選擇扁平前胸肉牛腩。

材料

- 1 塊上等瘦肉塊（扁平的）前胸肉牛腩（6 至 8 磅／2.7 至 3.6 公斤）
- ¼ 杯法國第戎芥末醬（Dijon mustard）（可加可不加）
- ¼ 杯蒔蘿醃醬汁（可加可不加）
- 粗鹽（海鹽或猶太鹽）和搗碎的黑胡椒子
- 6 條手工培根（可加可不加）
- 啤酒（可加可不加）
- 自己喜好的烤肉醬，淋在牛排上享用（可加可不加）

1. 把前胸肉牛腩整理好，去除血漬和雜質，在最上面留一層脂肪蓋至少 ¼ 吋（0.63 公分）厚，將前胸肉牛腩放在有邊緣的烤盤上。若要用法國第戎芥末醬和蒔蘿醃醬汁，要把它們倒在小碗裡混合，將醬汁刷在前胸肉牛腩兩面上。調味用的鹽和胡椒多多益善，撒在每一吋牛腩上，包括兩端，如果手上的前胸肉牛腩最上面脂肪層少得可憐，請把培根垂放在前胸肉牛腩最上面。

2. 按照製造商的說明設定炭烤煙燻爐，並預熱至華氏 225 至 250 度（攝氏 107 至 121 度）。如果炭烤煙燻爐有水鍋盤，請裝滿 3 吋（7.6 公分）深的水或啤酒，假如沒有水鍋盤，可用鋁箔平底鍋替代，擺在炭烤煙燻爐架子下方。（注意：在陶瓷炊具上不必這樣操作。）按照指示添加木材。

3. 將前胸肉牛腩放在炭烤煙燻爐上，肉的脂肪朝上，烤到外表變深焦黃色，且即時讀取溫度計顯示肉的溫度為華氏 175 度（攝氏 79 度），需 8 至 10 小時。（如果溫度在華氏 165 度／攝氏 73.89 度左右頓住不動，這是正常現象。）根據需要補充木炭和木材。

4. 取出前胸肉牛腩，用屠夫紙緊包住，再送回炭烤煙燻爐上。

把厚實渾圓的前胸肉牛腩切片──必學！

由於前胸肉牛腩組織結構獨特，邊肉（deckle）的紋理與平肉（flat）的紋理大致呈60度角（兩種肉中間有一層脂肪分開），所以切前胸肉牛腩需要特殊的切肉技術伺候。

1. 切片刀的刀片要與砧板平行，把邊肉從平肉上面切下來。

2. 削掉邊肉底部和平肉頂部多餘的脂肪。

3. 把邊肉和平肉兩面乾乾的或燒焦的邊緣統統修掉。把有一點點脂肪的邊肉和平肉切成大塊或小立方塊，當作堪薩斯城的燒烤名菜「焦肥牛塊」（burnt ends）或加進焗豆（baked beans）裡。

4. 將邊肉放在修過脂肪雜質的平肉上，再把邊肉旋轉約60度，使這兩塊肉的肌肉纖維從頭到尾都順著同一個方向走。

5. 逆紋切，將邊肉和平肉切成片狀，這樣切好的肉就會有肥有瘦。要讓切片約¼吋（0.6公分）厚。

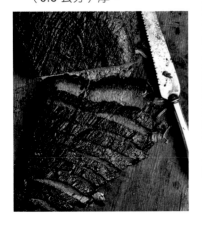

繼續煮到前胸肉牛腩裡面的溫度達到華氏200度（攝氏93度），且肉已軟嫩到用戴手套的手指或長柄木頭大湯匙都能戳穿，這時得再多花1至2小時來烹煮，或根據需要來訂時間。（需要打開屠夫紙檢查。）

5. 將牛腩搬到絕緣保溫保冷袋中，讓肉休息（靜置）1至2小時。打開屠夫紙，把肉搬到砧板上，（如果用了培根片則需拿掉）將積攢在屠夫紙裡的所有牛肉原汁倒入碗中。

6. 所有大塊脂肪都剔掉再上菜，再逆紋切成約¼吋（0.6公分）厚的牛腩片（或根據需要來切）。把前胸肉牛腩原汁舀到牛腩片上，要淋烤肉醬嗎？沒必要，但也可以隨個人喜好把烤肉醬放在旁邊一起上菜。

再變個花樣
炭烤煙燻一整個渾圓厚實的前胸肉牛腩

有時也被稱為未修整的原始前胸肉牛腩──重14至18磅（6.3至8.1公斤），包括瘦的平肉（也稱為上等瘦肉塊），最後一部分是三角形的肥油，而上層的肥肉稱為肥油（point）或邊肉。

修整前胸肉牛腩，在上面留下½吋（1.3公分）厚的脂肪蓋。邊肉和前胸肉牛腩一側的平肉之間，有一個堅硬的脂肪球：盡可能在不分開邊肉和平肉的情況下，把該脂肪球切掉。如果需要，可把相同分量的法國第戎芥末醬和蒔蘿醃醬汁刷在前胸肉牛腩上，然後如66頁所述，用鹽和胡椒調味。

炭烤煙燻到牛腩裡面的溫度達到華氏175度（攝氏79度），需10至14小時。用屠夫紙緊緊包裹牛腩，繼續炭烤煙燻，直到牛腩裡面的溫度達到華氏200度（攝氏93度），而且軟嫩到用戴手套的手指或長柄木頭大湯匙都能戳穿，這時需要再多2至4小時烹煮，總共要花12至18小時，視牛腩的大小而定。讓包起來的牛腩在絕緣保溫袋中休息（靜置）1個半至2小時，再切片（請參閱側邊欄說明）。

炭烤煙燻小塊精瘦中段前胸肉牛腩平肉

說不定你常去的超市只會賣一種前胸肉牛腩，是重3至5磅（1.4到2.3公斤）的中段前胸肉牛腩平肉，因為有些肉販誤以為要把前胸肉牛腩上所有的脂肪都剔掉才對，（這種事常有！）別絕望：各位還是可以把這種食材，變成誘人心弦的美味炭烤煙燻前胸肉牛腩！作法是按照66頁所述，替小塊精瘦中段前胸肉牛腩平肉調味，再放入一次性鋁箔鍋中，在肉上面鋪培根條，像66頁說明的那樣去炭烤煙燻。4個半小時後，用鋁箔蓋住這個一次性鋁箔鍋，把鍋緣的鋁箔打摺捲起來，在鋁箔上捅小孔釋放蒸汽，並將把這鍋牛腩送回去炭烤煙燻爐裡。總共要花6至7小時。沒必要再包進屠夫紙裡，但應該先把牛腩送進絕緣保溫保冷袋中休息（靜置）1小時，再切成小塊端上桌。

十步驟炭烤煙燻前胸肉牛腩

德州奧斯汀市富蘭克林燒烤餐廳（Franklin Barbecue）老闆亞倫‧富蘭克林（Aaron Franklin）、紐約州和紐澤西州麥笛昆餐廳負責人休‧麥恩奎、紐約市布魯克林區家鄉燒烤餐廳掌門人比利‧德尼，他們分別經營北美三大燒烤餐廳，來聽聽他們的秘訣：

1. **肉的品質是重要關鍵，來源也不例外。**20世紀初，我為我的書《美式BBQ總匯》採訪了幾位炭烤煙燻窯高手，他們耳提面命的重點包括窯、木頭和調味料，對肉這個主角卻隻字未提；但現在的炭烤煙燻高手會堅持採用天然或有機牛肉，而且當地農產品最理想。前胸肉牛腩的新標準還包括牛隻是用人道方式飼養的、不打荷爾蒙、或吃草長大的、換句話說，我們買到的肉是哪裡來的、這些動物是怎麼生長的，跟我們要怎麼炭烤煙燻它一樣要緊。

2. **堅持調味料要簡單。**別管一些神奇或是奇怪的揉搓方法，亞倫‧富蘭克林只用兩種材料調味：鹽和搗碎的黑胡椒；休‧麥恩奎則加三種調味料：鹽、胡椒和紅椒粉。

3. **只能燃燒木頭，但燻煙要適度。**炭烤煙燻前胸肉牛腩的燃料非木頭莫屬，不過要確保牛肉的味道還是肉，不是燻煙，「我都強調我們店裡的肉是跟燻煙『接吻』的，」麥恩奎很自豪，「不是被燻煙轟炸的。」

4. **保持空氣流通。**「要一直有大量空氣流動經過窯，」富蘭克林指出，「這是火能燒旺的祕訣。」為了均勻受熱，要在前胸肉牛腩之間至少留3吋（7.6公分）間隔，使用家庭式炭烤煙燻爐時，這點特別重要。

5. **讓前胸肉牛腩濕潤不乾柴。**牛腩要多汁，窯就得潮濕，麥恩奎在烹飪的整段時間裡，會讓滴油盤一直保留前一場炭烤煙燻留下的10加侖（37.9公升）肉汁滴液。如果在家裡炭烤煙燻，就要在爐子裡擺水鍋盤。

6. **動作慢下來。**這是所有人都會異口同聲的重點：要低溫慢慢炭烤煙燻前胸肉牛腩，需要用華氏225至250度（攝氏107至121度）和不短的烹飪時間來熔化膠原蛋白、脂肪和其他堅韌的結締組織。

7. **烹調時，不要拘泥在溫度這件事上。**傳統上認為要把前胸肉牛腩煮到剛好熟，最佳的烹飪方式是用即時讀取溫度計，去達到煮熟的目標溫度華氏200至205度（攝氏93至96度）；但比利‧德尼更常靠前胸肉牛腩的外觀和觸感去判斷肉熟了沒，「搖動前胸肉牛腩時，肉會晃來晃去就是真的熟了，把肉想成卡夫亨氏系列果凍產品『Jell-O』那樣Q彈就是了，只是這次果凍裡的成分是動物蛋白質和牛肉脂肪！」多練習即可抓得住那種感覺，但凡能用溫度計再確認一次溫度鐵定萬無一失。

8. **把前胸肉牛腩包起來。**在最後幾小時的炭烤煙燻過程中，富蘭克林會把前胸肉牛腩包在屠夫紙裡，「不像鋁箔，屠夫紙的孔多到可以讓肉『呼吸』，這就跟在『紅燒牛肉』沒兩樣。」富蘭克林向我分析，屠夫紙一被牛腩前胸肉的脂肪滲透，前胸肉牛腩就會密封在肉汁中，而且還有另外一項優點：把牛腩從窯到溫暖的網架上再到砧板也會更輕鬆方便。在麥笛昆餐廳裡，要把這些前胸肉牛腩從窯裡搬下來時，大頭目麥恩奎和餐廳員工夥伴會用保鮮膜把肉包起來，而富蘭克林燒烤餐廳和麥笛昆餐廳這兩家名店，每次把前胸肉牛腩切片後，都會再將肉重新包裹好，以保持肉質濕潤多汁。

9. **讓前胸肉牛腩休息（靜置）一下。**德尼店裡的前胸肉牛腩已炭烤煙燻了18個小時，但還要等牛腩在亞圖夏姆（Alto-Shaam, Inc.）出品的同名烤箱（專業加熱烤箱）裡休息（靜置）4小時後，才能準備好出來見客。德尼解釋：「這樣可以讓肉汁重新吸收到肉中。」要是沒有亞圖夏姆烤箱呢？絕緣保冷保暖袋也很稱職。讓前胸肉牛腩在絕緣保冷保暖袋休息（靜置）後，還可以繼續用來冷卻啤酒。

10. **醬汁不是重點。**這三位大老闆都讓他們餐廳裡的前胸肉牛腩原汁原味無醬料端上桌。他們希望大家在倒烤肉醬之前，先嘗一下肉的原始滋味，而我則由衷贊成這一點。

包肉好？還是不包肉好？

在炭烤煙燻時，到底要不要、什麼時候還有該怎麼把肉包起來——特別是前胸肉牛腩，這個問題引發眾人熱議，類似留言文章滿地開花；說什麼也要包的人認為，把肉包起來以後，能把濕氣和蒸汽全部鎖在包裝裡，對分解堅韌頑強的肉纖維大有助益；投反對票的人則數落包裝（特別是用鋁箔包裹）會害肉無端被降格成像用燉的紅燒牛肉一般，不配稱作絕世燒烤好料。

誰才是對的？

包肉這個觀點不乏一些權威人士力挺：

- 德州泰勒市（Taylor）知名餐廳路易慕勒燒烤餐廳（Louie Mueller Barbecue）掌櫃韋恩‧泰勒（Wayne Mueller）就替前胸肉牛腩採取雙重包裝法：先包保鮮膜，再包屠夫紙。

- 在德州列克星敦鎮（Lexington）的雪燒烤餐廳（Snow's BBQ），店裡的炭烤煙燻窯天后圖絲‧湯蔓娜茲（Tootsie Tomanetz），她的作法是過程中肉有三分之二的時間會包在鋁箔裡，直到完成炭烤煙燻的那一刻，肉也窩在鋁箔中。

批評這種包肉手法的反對派人士，對把包肉褒為德州炭烤煙燻料理的精髓相當不以為然，而在有孤星之州暱稱的德州，雪燒烤餐廳還獲評為當地數一數二最頂級的燒烤餐廳。多年來，我運用這項德州炭烤煙燻料理的精髓，在炭烤煙燻過程中途包裹我的前胸肉牛腩，我的前胸肉牛腩永遠濕潤而柔軟，征服了所有人的味蕾。然而，事後回想起來，這樣烹調出來的前胸肉牛腩，確實有一種紅燒牛肉的質感和味道，達不到完美的德州窯烤前胸肉牛腩水準。

這件事激起我開發另一種用在肋排上的鋁箔包肉技法：**3-2-1 方法**，它是指在炭烤煙燻過程中，先經過 3 小時不把肋排包起來，接下來的 2 小時把肋排包在鋁箔裡，然後最後 1 小時不包肉。沒錯，這樣做會製作出非常

濕潤且柔嫩的肋排，但這些肋排無法免俗也有燉出來的質感，這種結果，總還是會讓我斷了用鋁箔去包肉的念頭。

從那之後，我用了我稱為**屠夫紙方法**的技巧：在最後 2 小時的炭烤煙燻時間中，將前胸肉牛腩包在無襯裡的屠夫紙裡，然後讓肉躺在絕緣保溫保冷袋裡休息（靜置）1 至 2 小時（前胸肉牛腩仍然要包在紙裡）。屠夫紙有兩個優點勝於鋁箔：一為屠夫紙多孔，會「呼吸」、釋放蒸汽，否則蒸汽會使肉的外表（焦酥堅硬的外層）受潮。二是屠夫紙能吸收、拉出並吸收多餘的脂肪，事實上，屠夫紙本身進帳的脂肪量愈高，它愈能鎖住水分。

我的秘訣是：

- 在炭烤煙燻前胸肉牛腩的最後 2 小時裡，把前胸肉牛腩用無襯裡的屠夫紙密封起來，肉休息（靜置）時也是。

- 讓肋排休息（靜置）時，都放在無襯裡的屠夫紙裡密封起來。（我通常會把它們從炭烤煙燻爐熱騰騰地拿出來端上餐桌，所以我會跳過這個步驟。）

- 假如各位向來都把自己炭烤煙燻的肉裹在鋁箔或保鮮膜裡，對結果也很滿意，可以繼續下去，這樣做也是正確的。

注意：屠夫紙一定要是無襯裡的，別用那種塑膠襯裡的屠夫紙，用那種紙的超市肉類販賣部多到泛濫成災，這種紙不會呼吸、也不會吸收油脂。

自製猶太煙燻醃肉 HOME-SMOKED PASTRAMI

完成分量：8 到 10 人份，而且還有剩

製作方法：熱燻

準備時間：30 分鐘

浸鹽時間：12 天

煙燻時間：8 到 10 小時

休息（靜置）時間：1 至 2 小時

生火燃料：位於布魯克林區的菲特秀（Fette Sau）燒烤餐廳採用蘋果木、櫻桃木加橡木三種綜合燃料，但燒任何硬木都可以／可完成 10 小時的燻烤過程（6頁圖表）。

工具裝置：兩個超大可重新密封的塑膠袋、一個鋁箔平底鍋（可用可不用）、即時讀取溫度計、無襯裡屠夫紙（無塑膠內襯）、一個絕緣保溫保冷袋。

採買須知：選擇有機、草飼或當地餵養的牛肉前胸肉牛腩，以及含鹽和亞硝酸鈉的喜馬拉雅鹽（Pink curing salt，請參閱 17頁），可以在有口皆碑的肉類市場購買或在亞馬遜網站上訂購。傳統上製作猶太煙燻醃肉的部位是牛腹——牛的肚子，這裡一條一條的肉和脂肪清晰可見，可以特別向肉販吩咐要訂購牛腹肉，然後用鹽醃漬、揉搓、炭烤煙燻它，比照炭烤煙燻前胸肉牛腩的步驟。但我推薦用更瘦更軟嫩的前胸肉牛腩去製作猶太煙燻醃肉。

全世界最棒的猶太煙燻醃肉在哪裡？不是大家耳熟能詳的紐約熟食店，甚至不在世界美食聖地的紐約的精華區曼哈頓——是在布魯克林威廉斯堡的菲特秀（Fette Sau）燒烤餐廳。來想像一下它有多美味：牛肉與香料及木頭燻煙比例完美，肉香滿溢，牛肉油花在舌尖上迅速化開，口感辣辣的，因為所有讓人回味無窮的猶太煙燻醃肉味道都是辣的，還有嚴選兩款經典調味料：香菜籽和黑胡椒子，牛肉質地更是軟嫩到堪稱一絕，連用叉子側邊切開肉也沒問題！

這些讓人驚艷的特點得來不易，需要從優質的牛肉開始，以這家菲特秀燒烤餐廳來說，他們相中紐澤西州一家小農場的黑安格斯牛，這些牛不是打激素和抗生素長大的；牛肉會浸泡在用洋蔥和大蒜做成的鹵水中約兩星期，然後把牛肉炭烤煙燻 14 個小時。以下是我的版本，可依喜好決定是否選用黑麥麵包。

材料

準備前胸肉牛腩與浸鹽材料

1 個前胸肉牛腩平肉，大片脂肪完整保留（6 至 8 磅／2.7 至3.6 公斤）

2 夸脫熱水和 2 夸脫冰水（各1,893 毫升）

⅔ 杯粗鹽（海鹽或猶太鹽）

2 茶匙喜馬拉雅鹽（普德粉〔保色粉〕1 號〔Prague Powder No. 1〕或因世達醃肉鹽 1 號〔Insta Cure No. 1〕）

1 個小洋蔥，去皮並橫向切半

8 個大蒜瓣，去皮並橫向切半

準備揉搓用香料

½ 杯搗碎的黑胡椒子

½ 杯香菜籽

2 湯匙芥末籽

1 湯匙淺紅糖（light brown sugar）（蜂蜜含量為 5%）或暗紅糖（dark brown sugar）（蜂蜜含量為 6.5%，最高到10%）。

1 茶匙生薑粉

啤酒（可加可不加）

1. 修整前胸肉牛腩，在頂部留下一個至少 ¼ 吋（0.64 公分）厚的脂肪蓋。

2. 製作鹵水：將熱水、粗鹽、喜馬拉雅鹽放入大碗或塑膠桶中並攪拌，直到鹽晶體溶解，再跟冰水、小洋蔥和大蒜瓣一起攪拌。將前胸肉牛腩放在超大堅固耐用可重複密封的塑膠袋中，加入鹵水並把袋口密封起來，同時擠出袋子裡的空氣。擺進第二個袋子中並密封，然後放在鋁箔平底鍋上或烤肉平底鍋中，假如任何材料漏出來，都能繼續留在鍋裡。將這塊前胸肉牛腩冰在冰箱裡 12天，每天翻面一次。

從中東烤肉到猶太煙燻醃肉，炭烤煙燻肉飄洋過海大事記

美國正經歷一場猶太煙燻醃肉復興運動，因為全美各地頂尖燒烤餐廳前仆後繼推出煞費苦心特製的浸鹽炭烤煙燻肉，而且所有店家都一致端出香辣口味。炭烤煙燻肉深黑色的外表酥皮布滿磨碎的香菜籽和嗆辣十足的黑胡椒，肉質濕潤到肉汁都滿出來了，一切開肉，空氣中瞬間瀰漫著濃濃香氣，根本不需要再另外搭配芥末醬、醃菜或黑麥麵包。

如果各位認為正統的猶太煙燻醃肉百分之百一定就是牛腹肉，不妨嘗嘗尾巴與豬蹄餐廳（Tails & Trotters）推出的猶太煙燻醃豬肉吧！這是一家位於奧勒岡州波特蘭市的豬肉暨相關製品專賣店兼豬肉熟食料理餐廳；或走訪加州利佛摩市的溫特葡園釀酒廠（Wente Vineyards，美國歷史最悠久的家族經營釀酒廠）經營的餐廳，點一份他們家賣的猶太煙燻醃羊肉；也可以直奔舊金山市和紐約市的大使館中國菜餐廳（Mission Chinese Food），來一客紐約主廚大衛·伯克（Patrick Burke）燒製的猶太煙燻醃鮭魚肉，或辣到你全身快著火的宮保猶太煙燻醃肉熱炒菜，這些新口味保證你不再鐵齒。

事實是猶太煙燻醃肉不只單一種菜色，它更是一道口味可以變化多端的料理，如果地球上某個角落有人突發奇想發明一道猶太煙燻醃豆腐，我也不覺得會有什麼好大驚小怪的。但我就是衝過了頭自不量力，在我為自己的著作《BBQ 料理聖經！》進行研究調查之旅時，我不想在紐約、甚至也不打算在美國展開這個故事，而是把鏡頭拉到伊斯坦堡市的香料市集。在那裡我看到了有手臂那麼長的肉條，它是用橘色香料烤出來的，不擺在冰箱冷藏、而是掛在商店屋頂的柱子上。我在整個中東和近東吃了千百種醃製肉：通常是牛肉，一次是駱駝肉，俗稱中東烤肉（basturma）（有時寫成辣肉乾 pasturma）。這種醃製肉浸過鹽並乾燥過，不經過炭烤煙燻，並且應用香料的方式，跟美國人在猶太煙燻醃肉上揉搓胡椒香菜差了十萬八千里遠，但追本溯源、跟從美食與烹飪技術角度來説，這兩種炭烤煙燻牛肉其實是一家親。

據推測，中東烤肉起源於自拜占庭時期開始製作的安納托利亞風乾牛肉。現今大家會把牛肉加以鹽漬、乾燥、壓榨，然後用大蒜、孜然、葫蘆巴（fenugreek）和紅辣椒做成的辛辣醬醃製，使能食用安全並長時間在室溫下保存，而且夠鹹夠辣，切片跟拉克酒（raki）（一種有大茴香味的土耳其開胃酒）一起炒來吃真是痛快！或跟雞蛋拌炒，還是在木炭燒烤架上烤得外酥內嫩都好。牛肉是現在大家會指定的肉品，但我們也可以找到用羔羊、山羊、水牛或之前提到的駱駝肉製成的猶太煙燻醃肉。

土耳其的中東烤肉到底是怎麼成為猶太人餐桌上的猶太煙燻醃肉，而且還從伊斯坦堡傳入紐約下東區？為什麼新生代的美國炭烤煙燻窯名師會把這種經典的熟食肉繼續發揚光大？最有可能的推手是羅馬尼亞的猶太裔移民，十九世紀末，他們把猶太煙燻醃肉引進紐約。在羅馬尼亞舊家裡，他們用當時比較廉價的肉——鵝肉來製作猶太煙燻醃肉；來到美洲大陸新家後，這裡比較便宜的肉則是牛腹肉，因此成為他們製作猶太煙燻醃肉時的祕密武器，不知何時 pastrami 這個名字最後一個字也演變成英文字母的 i 字——説不定是為了要跟其他在全美國大紅特紅的移民食物，如薩拉米香腸（salami）或義大利通心粉（spaghetti）押韻。

傳統的熟食店猶太煙燻醃肉會採用四個步驟過程製作而成，包括浸鹽（如粗鹽醃牛肉 corned beef）、揉搓（如德州燒烤料理）和炭烤煙燻（但不像美國南方或德州燒烤料理炭烤煙燻得那麼久），第四個步驟是蒸煮，可以再進一步軟化肉，讓肉一整天都溫的，而且濕潤多汁到端上餐桌還是這個狀態。現代燒烤餐廳則會在炭烤煙燻後，將肉包在屠夫紙或鋁箔中，並擱到絕緣保溫保冷袋中，讓肉休息（靜置），以達到類似的質感。

3. 製作揉搓用的粗粉：將胡椒子、香菜籽、芥末籽、紅糖和薑放在香料研磨器（spice mill）中研磨成粗粉，快轉機器幾下後馬上停止，根據需要分批進行。最後揉搓用的粗粉應該像粗砂一樣感覺很粗糙。

4. 把前胸肉牛腩瀝乾，在流動的冷水中沖洗乾淨，並用紙巾擦乾，放在有邊緣的烤盤上、或放在烤肉平底鍋中，然後在牛腩的每一面，厚厚地敷上作好的揉搓用粗粉。

5. 按照製造商的說明設定炭烤煙燻爐，並預熱至華氏 225 至 250 度（攝氏 107 至 121 度），如果爐子有水鍋盤，請在裡面加滿 3 吋（7.6 公分）深的水或啤酒，要是沒有水鍋盤，可用鋁箔平底鍋替代，再擺在炭烤煙燻爐架子下方。（大家請注意：在陶瓷炊具上不需要這樣做。）按照指示添加木材。

6. 把猶太煙燻醃肉有脂肪的那一面朝上，放在炭烤煙燻爐的架子上，炭烤煙燻直到肉的外表變成硬皮並轉成黑色，且即時讀取溫度計顯示肉裡面的溫度為華氏 175 度（攝氏 79 度）為止，需 7 到 8 小時。

7. 把猶太煙燻醃肉裹在屠夫紙裡，送回炭烤煙燻爐中，直到肉裡面的溫度達到華氏 200 度（攝氏 93 度），此時肉已經軟嫩到用戴手套的手指或木湯匙手柄都能戳穿，然後再多炭烤煙燻 1 至 2 小時，或根據需要來訂時間。（得打開屠夫紙來檢查狀態）

8. 裹著屠夫紙放進絕緣保溫保冷袋中，讓肉休息（靜置）1 至 2 小時，把屠夫紙打開，拿出猶太煙燻醃肉橫向切片（逆紋切）後上菜。

其他事項：把熱得冒煙的猶太煙燻醃肉端上桌時，要將肉切成 ¼ 吋厚（0.6 公分）的肉片；假如要當冷菜來吃，則要把肉切成薄紙狀，最好在切肉機上切。不需要醬汁或調味料，但搭配辣根芥末醬還不錯。

炭烤煙燻菲力牛排 SMOKED BEEF TENDERLOIN

需要一道令人驚嘆但一下子就能做好的料理？炭烤煙燻一整個菲力牛排保證你絕不失望！沒錯，雖然炭烤煙燻一整個菲力牛排所費不貲，但準備起來既快又容易，大部分牛肉愛好者都會中了炭烤煙燻菲力牛排的毒，對它百吃不厭！

但我們不能用去炭烤煙燻前胸肉牛腩、或其他堅韌要用力咀嚼又有脂肪的肉的那種方法，去對待菲力牛排。若要炭烤煙燻菲力牛排變得好吃，肉一定要外酥內軟，外殼直冒熱氣，而且中間半生不熟、沒熟或三分熟，需採取所謂的低溫後高溫反向燒烤法（83 頁方框說明），先用低溫慢慢炭烤煙燻到半生熟，然後開猛烈大火完成燒烤，最理想的情況是用有雙重功能的炭烤煙燻爐（能炭烤煙燻和燒烤），但如果各位沒有這樣的設備，也有可變通的方法。

完成分量：8 人份

製作方法：低溫後高溫反向燒烤法（炭烤煙燻，然後燒烤）

準備時間：5 分鐘

煙燻時間：45 到 60 分鐘

燒烤時間：6 到 10 分鐘

材料

一整個牛里肌肉，也就是菲力牛排，要修整過（約 4 磅／ 1.81 公斤）

炭烤煙燻鹽（204 頁）或粗鹽（海鹽或猶太鹽）

搗碎或現磨的黑胡椒

1 至 2 湯匙特級初榨橄欖油，再準備些當作烤肉時塗的焗油

植物油，幫金屬絲網架上油

三合一辣味辣根醬（食譜在後面），上菜時淋在炭烤煙燻菲力牛排上。

1. 按照製造商的說明設定炭烤煙燻爐，並預熱至華氏 225 至 250 度（攝氏 107 至 121 度），根據指示添加木材。

2. 將牛里肌肉放在有邊緣的烤盤上，在每個面上撒大把鹽和胡椒粉調味，並滴一些橄欖油，然後將橄欖油揉搓到肉裡面。

3. 將牛里肌肉放入炭烤煙燻爐裡，把遠端溫度計（如果用了的話）的探針刺穿牛里肌肉最厚的一端再刺進肉中間，（或使用即時讀取溫度計）溫度約華氏 110 度（攝氏 43 度），需 45 至 60 分鐘。把牛里肌肉移到橢圓形大淺盤上，讓它休息（靜置）10 分鐘。

4. 同時，將燒烤架設定為直接燒烤並預熱到高溫狀態，並替燒烤架網架刷油。如果是使用木炭燒烤架，將木炭放入木炭墩中，根據需要添加新鮮的木炭，燒出高溫烈火。

5. 將牛里肌肉移到燒烤架，溫度計探針仍然要插在原位。直接燒烤，把它當一塊原木般去旋轉，直到每一面都烤成有硬皮，顏色變黑，並因高溫炙熱發出嘶嘶聲，最厚的地方裡面的溫度達到華氏 120 到 125 度（攝氏 49 到 52 度）（一

分熟）或華氏 130 到 135 度（攝氏 54 到 57 度）（三分熟），需 6 到 10 分鐘。在烤牛里肌肉時，另外拿一些橄欖油刷在肉上。憑個人喜好也可以在一邊燒烤時，烤到一半再把牛里肌肉每面轉四分之一圈，即可在肉上面燙出象徵烤肉的十字交叉線。

6. 將肉放在砧板上，取出綁肉的細繩，將肉斜切成 ¼ 至 ½ 吋厚（0.64 至 11.2 公分）的肉片，即完成足以驚豔全場的菲力牛排！

注意事項：直立式炭烤煙燻桶如彼特炭烤煙燻桶炊具（Pit Barrel cooker）（請參閱 263 頁），就是適合炭烤煙燻菲力牛排的利器，將牛里肌肉上端向上掛在肉鉤上，就可以同時炭烤煙燻和烹煮牛里肌肉，不需要把炭烤煙燻和燒烤單獨分開處理。彼特炭烤煙燻桶炊具（PBC）的高溫設定只到華氏 300 度（攝氏 149 度）。烹飪時間為 45 分鐘至 1 小時。若使用美國竈耐火烤架燒烤爐與烤箱公司的竈式炊具（kamadostyle cooker）也可採用相同方式。

生火燃料：我喜歡櫻桃木，但任何硬木都很適合／可完成 1 小時的燻烤過程（6 頁圖表）

工具裝置：用遙控數位溫度計或即時讀取溫度計（請參閱 14 頁），即可在炭烤煙燻和燒烤過程中，監控肉裡面的溫度。

採買須知：一樣也是都要盡可能選用草飼或有機牛肉，請肉販幫忙修整菲力牛排，（並要求肉販把牛肉的「牛柳」〔chain〕留下。牛柳是指一條細長像繩索的肌肉，長度等於整條菲力牛排的長度，可供單獨使用，作成好吃的番茄洋蔥烤肉串〔shish kebab〕。）牛里肌肉由三部分組成：頭部、中段、和尾巴，要用肉販給的細繩，將頭部綁成壓得緊緊的圓筒，而細長的尾巴比其餘地方的烹調時間還快，所以除非各位想把這個部分煮成全熟，不然就要在還不到最後 5 吋（12.7 公分）的地方把肉折起來，並把這個部分綁到中段。

其他事項：如何安排規劃炭烤煙燻和烹飪菲力牛排？如果使用鍋式木炭燒烤架，要把它設定為間接燒烤（使用半個煙囪的木炭，加上木塊或碎木片）來炭烤煙燻菲力牛排；假如使用偏位式炭烤煙燻爐，要在炭烤煙燻室裡炭烤煙燻菲力牛排，然後再放在爐膛上面的網架（如果是有網架的款式）或是在木炭或瓦斯燒烤架上完成烹調。

三合一辣味辣根醬
THREE HOTS HORSERADISH SAUCE

完成分量：可製作成2½杯

霜狀的三合一辣味辣根醬直衝腦門的辛辣來自辣根、芥末和辣醬，打發鮮奶油則讓三合一辣味辣根醬質地輕盈綿密——大家肯定會愛上三合一辣味辣根醬融進熱騰騰肉裡的口感。

材料

- ½ 杯蛋黃醬，最好是康寶百事福美玉白汁（Hellmann's）或最棒食物（Best Foods）牌蛋黃醬
- ½ 杯調製好的未瀝乾辣根，或現磨成細細的辣根的根
- 1 湯匙第戎芥末醬

- 1 茶匙辣醬（挑選喜愛的品牌，可加可不加）
- 1 杯鮮奶油（heavy cream）或慕斯用鮮奶油（whipping cream）
- 粗鹽（海鹽或猶太鹽）和和現磨的黑胡椒

1. 將蛋黃醬、辣根、芥末和辣醬（假如用了辣醬）放在大碗裡，攪拌均勻。

2. 用自動攪拌機或手持式攪拌機，把冷凍金屬碗裡的奶油打發成柔軟、而且尖端挺立不下垂的樣子，將打發鮮奶油倒入蛋黃醬總匯材料中，按口味放進鹽和胡椒後輕輕攪拌均勻。可以在上菜前一小時製作並冷藏三合一辣味辣根醬。

炭烤煙燻牛肋排 SMOKED PRIME RIB

完成分量：可填飽餓到前胸貼後背的 6 人肚子，甚至還有剩，或正常的 8 人份

製作方法：熱燻

準備時間：10 分鐘

炭烤時間：一分熟為 2 小時，三分熟為 2¼ 到 3 小時

牛肋排八成是大家買過最傷荷包的大塊肉，若你看過炭烤煙燻牛肋排的景象又吃不到真要捶心肝：散布胡椒的牛肋排外表炭烤煙燻成焦酥外殼時，牛肋骨也變成古銅色，牛肋排裡面的肉粉嫩多汁，肉食性動物們看來都已虎視眈眈迫不及待了。牛肋排夠奢華氣派，能迎合英國電視劇《唐頓莊園》（Downton Abbey）裡貴族主人翁的喜好（數不清的好幾世代英國人都拿炭烤煙燻牛肋排叫烤牛肉）；但牛肋排也夠平易近人，令人豁出去不顧形象像原始人一樣，直接拿起骨頭來啃肉（不過人生總會碰到這種不平等的落差：牛肋排上面的肉能餵飽的食客人數，是肋骨的兩倍），所以說不定各位會跌破眼鏡，發現準備牛肋排大餐其實是非常簡單的事，特別是在使用炭烤煙燻爐時更是如此：只要低溫、熱度穩定，並使用遠程溫度計去檢查肉裡面的溫度，還省去了煮過頭的風險。

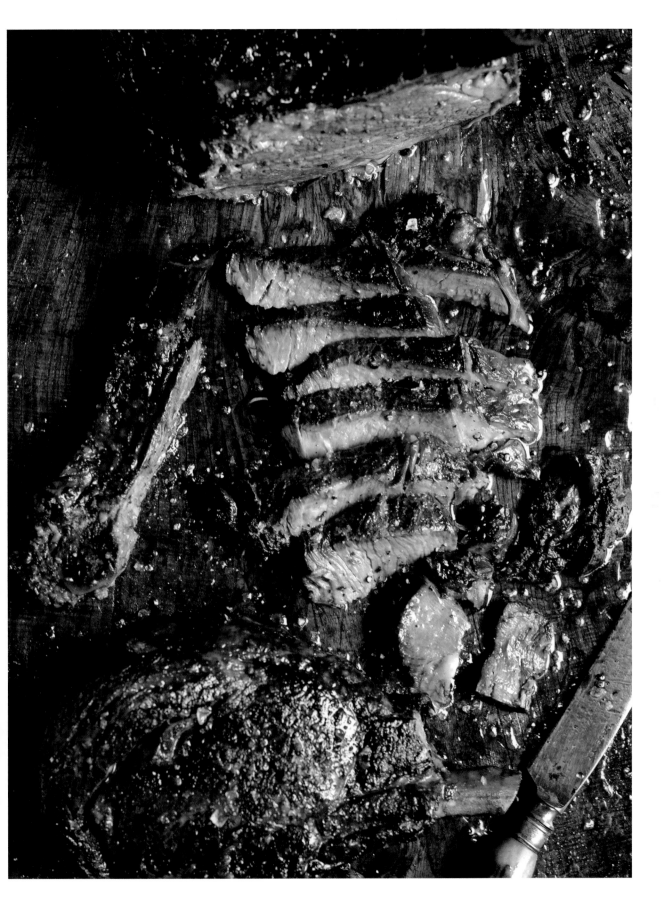

生火燃料：我喜歡用橡木加蘋果木這個組合，但任何硬木都是好選擇／可完成 3 小時的燻烤過程（6 頁圖表）

工具裝置：要有一個遙控數位溫度計，可以在炭烤煙燻過程中監測牛肋排裡面的溫度；一個有溝槽的砧板，溝槽能不偏不倚剛好接住流出來的肉汁。

採買須知：牛肋排（這塊部位的肉）分為兩個等級：最高級（prime）和上等（choice）牛肉，（這樣講還是讓你覺得困惑嗎？）烤上等牛肉是人間聖品，但真正的最高級牛肉（來自大理石油花多的霜降頂級食用牛）才讓人瞠目結舌。這個食譜需要一塊重約 6 磅（2.7 公斤）有三根肋骨的炭烤煙燻用牛肋排，可供 6 到 8 人享用（一整個牛肋排含七根肋骨，重達 20 磅／9.07 公斤左右。）

其他事項：請肉販從腰部末端切下牛肋排，這樣一來肉會更多，牛腱筋膜和脂肪會比較少，並要求肉販用法式切法來切牛肋排，也就是從肋骨最後 2 吋（5.1 公分）的地方取肉和脂肪，確定肉販真的把脂肪留下來，留著可讓各位以備不時之需，用脂肪製作成約克郡布丁（Yorkshire pudding，亦稱：batter pudding），而且一定要請肉販至少把一個 ¼ 吋（0.64 公分）厚的脂肪蓋留在炭烤煙燻牛肋排上有肉的地方。這樣可以保持牛肋排肉質濕潤多汁、外殼焦酥。大啖牛肋排時，我會出動炭烤煙燻牛肋排肉汁和／或三合一辣味辣根醬當佐料（78 頁）。

材料

1 個牛腰肉末端有 3 根肋骨的牛肋排（約 6 磅／2.7 公斤）

粗鹽（海鹽或猶太鹽，如果是炭烤煙燻鹽會更好，請參閱 204 頁）

搗碎或大略現磨過的黑胡椒

洋蔥粉、大蒜粉（可加可不加）

2 湯匙特級初榨橄欖油，可根據需要再另外多加一些

炭烤煙燻肉汁（食譜如下，可加可不加）

三合一辣味辣根醬（請參閱 78 頁）

1. 在牛肋排每個面撒上鹽和胡椒，如果用到洋蔥粉、大蒜粉調味，可以多加點——我支持大家盡量多用這些調味料。將調味料搓揉進牛肋排裡面，滴一些橄欖油在牛肋排上，也再把這些橄欖油搓揉入肉中。

2. 按照製造商的說明設定炭烤煙燻爐，並預熱至華氏 250 度／攝氏 121 度，用低溫慢煮模式去炭烤煙燻牛肋排。按照指示添加木材。

3. 將牛肋排直接放在炭烤煙燻爐架子上，把肋骨和脂肪面朝上放入爐子，將溫度計的探針從牛肋排較寬的地方插進去牛肋排裡。

4. 炭烤煙燻牛肋排到表面因高溫炙熱而發出吱吱聲，並呈現深深的焦黃色為止，煮成一分熟時，溫度約為華氏 120 至 125 度／攝氏 49 至 52 度（需約 2 小時），三分熟的溫度約為華氏 130 至 135 度／攝氏 54 至 57 度（需 2 小時 15 分至 3 小時）。注意：牛肋排在休息（靜置）時，會利用餘溫自己繼續烹煮。

5. 將牛肋排搬到有溝槽和集水筒設計的砧板上，可盛接肉汁（或將砧板放在有邊緣的烤盤上），並用一張鋁箔鬆鬆地蓋在上面（不要把鋁箔卷在周圍封起來，否則會變成蒸肉，牛肋排的外殼會濕掉受潮。）休息（靜置）10 到 15 分鐘，這樣「放鬆過後」的炭烤煙燻牛肋排會多汁不乾柴！

6. 切炭烤煙燻牛肋排時，要把鋒利的長刀順著帶骨的牛肋排裡面滑下來，將炭烤煙燻牛肋排上的圓柱肉另外分離出來，把骨頭提起來，並將牛肉斜切成 ¼ 吋厚（0.63 公分）的牛肉片，或自己想要的厚度，然後將牛肋排切成單根肋骨肉排，（如果需要有硬皮外殼的口感，就把牛肋排再放回燒烤架上烤。）祝各位好運，能逮得到是誰掃光了這些炭烤煙燻牛肋排！

炭烤煙燻肉汁 SMOKED JUS

完成分量：可製作出3杯

Jus 是法語的肉汁，做肉汁首先要有優質的低鈉原汁高湯，而且最好是自製的。

材料

3 杯牛肉或雞肉原汁高湯	積聚在砧板上的肉汁

將牛肉或雞肉原汁高湯裝在炭烤煙燻爐裡牛肋排旁邊的鋁箔滴油盤中，炭烤煙燻牛肋排的同時也炭烤煙燻這些原汁高湯（這樣會多個好處，原汁高湯的蒸氣會讓牛肋排保持濕潤多汁）。將這些原汁高湯過濾到大碗裡，保溫直到上菜。把積聚在砧板上的所有肉汁再倒入這些原汁高湯中，上桌時用湯勺舀起來澆在肉上。

炭烤煙燻下後腰脊角尖牛肉 SMOKED TRI-TIP

住在南加州的人，說不定都已經燒烤過下後腰脊角尖牛肉（三尖牛排）了；但假如密西西比州以東地帶的居民，大概永遠都不會在當地超市看到這樣的東西。下後腰脊角尖牛肉是細長的三角形肌肉，它的部位是優質牛後腰脊的底端，重量為 1½ 至 2½ 磅（0.68 至 1.13 公斤）。傳統上會用橡木原木直接燒烤，但我喜愛低溫後高溫反向燒烤這種方式（83 頁的方框）：將下後腰脊角尖牛肉慢慢炭烤煙燻到肉裡面的溫度約華氏 110 度（攝氏 43 度），然後讓它休息（靜置）。就在上菜前一步，可以先用高溫烈火燒烤到肉裡面的溫度變成約華氏 125 度（攝氏 52 度）。這樣會燒出一分熟的炭烤煙燻牛肉，切開會像前胸肉牛腩一樣，但保留了牛排的粉嫩和鮮美多汁，如此一來也讓烹飪時間變得非常有彈性。不管你住在哪裡，下後腰脊角尖牛肉都可以成為各位的私房菜。

完成分量：4 到 6 人份

製作方法：低溫後高溫反向燒烤法

準備時間：10 分鐘

炭烤時間：1 小時

燒烤時間：4 到 6 分鐘

生火燃料：在下後腰脊角尖牛肉發源地加利福尼亞州聖瑪麗亞市，傳統上會用紅橡木，可向 Susie Q's 網 站（susieqbrand.com）訂購加州紅橡木炭烤煙燻碎木片，或任何硬木都可以當燃料／可完成 1 小時的燻烤過程（6 頁圖表）

工具裝置：需要用到一個遙控數位溫度計或即時讀取溫度計（14 頁），即可在炭烤煙燻和燒烤過程中監控溫度。

採買須知：在美國西海岸隨便一家超市都有販售，邁阿密在新鮮超市（Fresh Market）裡也能找到它的芳蹤；跟斯內克河農場（Snake River Farms／snakeriverfarms.com）下單宅配也是個好辦法。

其他事項：如果炭烤煙燻爐有燒烤功能，例如木炭燒烤架、陶瓷炊具、圓球型燒烤架或爐膛上有網架的偏位式炭烤煙燻桶都能燒烤，即可在其中一種設備上烹調此道食譜。否則就要先低溫慢煮炭烤煙燻，然後在木炭或瓦斯燒烤架上完成燒製。可搭配烤大蒜麵包、莎莎醬和和花斑豆（pinquito beans）。

材料

2 茶匙粗鹽（海鹽或猶太鹽）
2 茶匙現磨的黑胡椒
2 茶匙大蒜粉
2 茶匙乾迷迭香，用手指頭弄碎

1 茶匙乾牛至（oregano）
1 大塊下後腰脊角尖牛肉（2 至 2½ 磅／0.91 至 1.13 公斤）
植物油，用途是幫網架上油
特級初榨橄欖油

1. 按照製造商的説明設定炭烤煙燻爐，並預熱至華氏 225 至 250 度（攝氏 107 至 121 度），根據指示添加木材。

2. 將鹽、胡椒、大蒜粉、迷迭香和牛至放在小碗中攪拌混勻，將牛肉放在烤盆中，把揉搓用調味料撒在肉的每一面上，用指尖將把調味料揉入肉中。把溫度計探針插入肉的一端，並深入到肉的中間。

3. 從烤盆中取出並將肉放在炭烤煙燻爐上，盡可能遠離火焰，炭烤煙燻到肉裡面的部溫度達到華氏 110 度（攝氏 43 度），需 45 分鐘至 1 小時，或根據需要調整時間。

4. 將下後腰脊角尖牛肉移到金屬絲網架上，放在有邊緣的烤盤上，用鋁箔鬆鬆地蓋住，休息（靜置）至少 10 分鐘或長達半小時。

5. 同時，把炭烤煙燻爐或燒烤架設為直接燒烤模式並加熱至高溫，再替燒烤架網架刷油。

6. 稍微刷或滴幾滴橄欖油在下後腰脊角尖牛肉的上下兩面，擺在火焰上方的網架上並直接燒烤，直到肉的上下都發出肉被烤得灼熱的嘶嘶聲，並烤出深黑色的焦酥外皮，而即時讀取溫度計顯示肉裡面的溫度達到華氏 120 至 125 度（攝氏 49 至 52 度），這是一分熟的溫度，而三分熟則是華氏 130 至 135 度（攝氏 54 至 57 度）。每側烤 2 至 3 分鐘，總共 4 至 6 分鐘。直接燒烤時，要用鉗子翻動肉。也可以在燒烤到一半時，把每面轉四分之一圈，即可在肉上面燙出象徵烤肉的十字交叉線。

7. 將燒燙的下後腰脊角尖牛肉從燒烤架上拿下來直接端上桌，並逆紋切成相當薄的牛肉片（沒有必要休息〔靜置〕，因為炭烤煙燻結束後已休息〔靜置〕過了。）

低溫後高溫反向燒烤

從二十五年前，我開始炭烤煙燻肉類時，低溫後高溫反向燒烤還是全世界前所未聞的事；而現在只要一瀏覽燒烤網站，幾乎沒有一家不鼓勵網友勇往直前去試一試這個技術。它扭轉了烹飪牛排或烤肉的傳統方法，從前是把肉高溫灼燒到焦，然後再慢慢燒烤，如今一百八十度大轉變。我們可以從低溫慢煮炭烤煙燻肉類開始，煮到肉裡面的溫度達到華氏 100 到 110 度（攝氏 38 到 43 度），然後用旺火燒烤，烹煮到需要的熟度，最後讓肉的表皮烤到鋪上炭烤煙燻過的焦糖色酥硬外殼。

低溫後高溫反向燒烤有幾個優點：熱度控制得更好，因為可以把牛排烤到熟度一致，還有肉會烤得更均勻，不再有「牛眼」（bull's-eye）效應，意即在暗黑色皮殼下方，有一個灰棕色的肉圈，它會褪色成粉紅色，最後變成紅藍色，這是百分之百用旺火燒烤的厚牛排會有的重要特徵。而且因為從低溫炭烤煙燻再轉成灼燒到焦之前。肉已經先喘息（靜置）了一陣子，我們就可以把滾燙的肉從燒烤架拿下來直接端上餐桌。最重要的是，低溫後高溫反向燒烤讓我們可以炭烤煙燻一大塊牛肉，而且多數人卻不敢在炭烤煙燻爐上煮它。

這樣一來，何不把低溫後高溫反向燒烤技術用在燒烤所有牛排上？但事實上多數牛排（特別是如果比 1½ 吋／ 3.81 公分還薄的）在旺火上烹調時，味道更好、質感更棒。生紅肉接觸到燃燒的餘燼時，會產生一種能量——我甚至要大膽形容那就是一種破壞力！而這股能量的爆發力會在牛排的味道上表露無遺，搞不好這就是為什麼在《超讚 BBQ 食譜報到！》書中，所有博大精深的牛排文化（好比義大利、西班牙和阿根廷牛排料理）都是建立在用滾燙高溫木材餘燼的大火去燒製。

在本書中，讀者會看到低溫後高溫反向燒烤紐約客牛排、下後腰脊角尖牛肉和菲力牛排的食譜，這些牛排料理都有燒烤到焦脆的薄層外殼，肉中間熟度均勻、煮得恰到好處，加上料想不到的炭烤煙燻香氣，能讓所有無肉不歡的吃貨興奮到心跳加速！

櫻桃木炭烤煙燻紐約客牛排
CHERRY-SMOKED STRIP STEAK

牛排這塊牛肉，是一般大家都不會去炭烤煙燻的，因為牛排需要強大的火力來燒烤它的外表，同時還要保持牛肉裡面粉嫩多汁；但有一種方法可以低溫慢煮去炭烤煙燻牛排，另外如果各位夠幸運，可以從媲美城牆的厚厚一塊紐約客牛排或沙朗牛排著手，那就來試試這個我目前所知數一數二的最棒烹調法，能將厚牛排裡面烤成鮮美多汁的華氏 135 度（攝氏 57 度）三分熟，還能同時烤得出遇熱滋滋作響的焦酥暗色外皮，沒錯！這個方法叫做低溫後高溫反向燒烤（先慢慢炭烤煙燻把牛排煮熟，然後讓牛肉喘息〔靜置〕一下，接著壓軸是在大火上，把牛排烤得發出在高溫中才出現的嘶嘶聲，最後灼燒出焦脆的肉殼（請參閱以上方框說明）！

完成分量： 可製作出 1 塊如假包換的厚牛排，2 或 3 人份

製作方法： 低溫後高溫反向燒烤

準備時間： 5 分鐘

炭烤時間： 45 分鐘到 1 小時

燒烤時間： 4 到 6 分鐘

材料

1 塊厚（2 至 3 吋／5 至 7.6 公分）無骨紐約客牛排、肋脊牛排、或後腰脊——即沙朗牛排（1½ 至 1¾ 磅／0.68 至 0.79 公斤）

粗鹽（海鹽或猶太鹽）和搗碎或現磨的黑胡椒

特級初榨橄欖油

1. 如果使用鍋式木炭燒烤架，要在煙囪啟動裝置中點燃 10 至 12 塊木炭（最好是天然塊狀炭），準備好後，將木炭放在側籃或底部網架的一側，調整頂部和底部通風口，將燒烤架加熱至華氏 225 到 250 度（攝氏 107 到 121 度）。

2. 同時，在牛排頂部、底部和側面抹鹽和胡椒，抹愈多愈理想。將溫度計探針從牛排側面插進去，深入牛排中心。

3. 將木頭加入木炭中，把牛排擺在網架上，牛排盡可能離火遠一點。蓋上燒烤架的蓋子並炭烤煙燻牛排，直到牛排裡面的溫度達到華氏 110 度（攝氏 43 度），需 45 分鐘到 1 小時。

4. 從燒烤架上取出牛排，讓牛排休息（靜置）10 分鐘。

5. 同時，將 10 到 15 塊最新製作的木炭加到餘燼墊底裡，在燒烤架上生起烈焰大火，根據需要重新調整通風口。

6. 在牛排兩面上刷少量或滴幾滴橄欖油，放在火焰上方的網架上，直接燒烤牛排到頂部和底部都因為受熱而嘶嘶地響，並烤出深色的焦酥外皮，即時讀取溫度計上顯示的牛排裡面溫度達到華氏 120 至 125 度（攝氏 49 至 52 度），此時牛排是一分熟，若三分熟則為華氏 130 至 135 度（攝氏 54 至 57 度），每面要花 2 至 3 分鐘，總計 4 至 6 分鐘。用鉗子幫牛排翻面，也可以在燒烤到一半時，把牛排每面轉四分之一圈，即可在肉上面用火紋出象徵烤肉的十字交叉線。假如牛排實在太厚，牛排邊緣也要燒烤。

7. 把烤得正熱的牛排從燒烤架上拿下來端上餐桌。我愛從對角線位置把牛排切成 ¼ 吋厚（0.64 公分）的牛排片，再滴一點特級初榨橄欖油。

生火燃料： 我會選櫻桃木，準備充裕的硬木塊或碎木片（要是使用後者，得把它浸泡過並瀝乾）來炭烤煙燻 1 小時（請參閱第 6 頁圖表）。

工具裝置： 一個遙控數位溫度計或即時讀取溫度計（14 頁），即可在炭烤煙燻和燒烤期間監測牛排裡面的溫度。

採買須知： 當低溫後高溫反向燒烤遇到厚實牛排時，烹調效果最佳：這類牛排包括 2 至 3 吋（5.1 至 7.6 公分）厚的紐約客牛排、紅屋牛排（porterhouse）、肋脊牛排、和後腰脊——即沙朗牛排。

其他事項： 適合用燒炭式燒烤架或炭烤煙燻爐烹調，如鍋式木炭燒烤架或爐膛上有網架的偏位式炭烤煙燻桶，這樣能先低溫慢煮炭烤煙燻牛排，再用大火去燒烤，否則就需要先使用炭烤煙燻爐，之後再放到燒烤架上完成這道菜（可參閱 81 頁的「炭烤煙燻下後腰脊角尖牛肉」說明）。

PORK
豬肉

大家想一想，最令自己失心瘋的銷魂炭烤煙燻食物：像火腿、培根（用豬腹脇肉製作的培根和加拿大培根）、豬肩胛肉、豬肋排（豬腩排與豬嫩背肋排）、豬腹脇肉、帶骨豬排和豬小里肌，這些不全都是豬肉製品嗎？無論要炭烤煙燻的部位，是有骨頭的豬排或豬里肌肉這些上半身的肉，還是像培根或蹄膀這類下半身的肉，都可以運用燃燒木材並炭烤煙燻這項技術，把豬的油花脂肪和鮮美多汁的肉，變成一道道不可思議、令人驚嘆不已的料理！在本章中，可以學到如何揉搓和炭烤煙燻豬肩胛肉及豬肋排，還有醃漬跟炭烤煙燻培根與火腿的方法，以及通常會拿去燒烤的豬肋排該怎麼炭烤煙燻；豬肉＋香料＋炭烤煙燻＝幸福！快來解解饞，把這些可口的豬肉料理塞進你的肚子裡！

手撕炭烤煙燻肩胛肉 PORK SHOULDER
北卡羅萊納州風味
SMOKED, PULLED, AND VINEGAR-SAUCED IN THE STYLE OF NORTH CAROLINA

完成分量： 8 到 10 人份

製作方法： 熱燻

準備時間： 20 分鐘，如果浸泡木材，要再加 1 至 4 小時（或更久）

炭烤時間： 6 至 8 小時

靜置時間： 20 分鐘

生火燃料： 相同分量的橡木和山核桃木的原木或碎木片／可完成 8 小時的燻烤過程（6 頁圖表）

工具裝置： 即時讀取溫度計或遙控數位溫度計、一把切肉刀或肉爪，或絕緣橡膠手套，用途為把豬肉切成絲製作手撕豬肉。

採買須知： 採購肩膀這區偏上半部的肉，也就是上肩肉（Boston butt）或稱叉燒肉（Pork Shoulder Butt）、 又稱胸頭（俗稱梅頭）、梅花肉（Pork Collar Butt），而且最好是選有白色斑點的黑豬盤克夏豬或肉質精實的杜洛克豬這樣的土種品種豬。

第一次接觸炭烤煙燻這個技術嗎？那就用豬肩胛肉當你的處女作吧！滿布一條條油花的豬肩胛肉，有了脂肪當它的護身符，即使長時間炭烤煙燻，豬肩胛肉還是能保持鮮嫩多汁！不像前胸肉牛腩那樣有著堅韌的肉質（66 頁），豬肩胛肉無論怎麼料理，依舊不影響它軟嫩無比的強大基因，你要搞砸豬肩胛肉料理也很難！我們要在水嫩多汁的豬肩胛肉上，為它添加炭烤煙燻後焦酥的外皮，這就是為何手撕炭烤煙燻肩胛肉能從一道地方特色菜（它在卡羅萊納州和田納西州發跡），變成美國的國寶級料理，而且我敢說它也是享譽全球的經典之作！各位甚至不需要擔心它的外觀（雖然一整個豬肩胛肉就是長得非常好吃的樣子），因為豬肩胛肉最後八成都是切塊、切絲或切片後端上桌的。而且它跟那種設定炭烤煙燻爐或燒烤架溫度後，即可放著不管的燒烤料理非常雷同，也和本書中看到的任何一道菜一樣，一旦前置作業準備就緒，就可以高枕無憂，等著驗收成果。這道菜的材料和作法都是任君選擇、沒硬性規定（例如可試著拿 157 頁的牙買加香辣煙燻雞調味料，來醃製自己的豬肩胛肉），別被這個落落長的食譜嚇跑了，沒蓋你，它真的只不過就是一連串簡單的步驟而已。

材料

準備浸泡木材用的（可浸泡也可不浸泡）

1 個洋蔥，切成四等分

2 個大蒜瓣，用大廚刀或切菜刀搗碎

1 或 2 杯蘋果醋

水

準備揉搓用的

4 茶匙粗鹽（海鹽或猶太鹽）

4 茶匙現磨的黑胡椒

2 茶匙大蒜粉

2 茶匙洋蔥粉

1 茶匙卡宴胡椒或匈牙利紅椒粉（hot paprika）

1 塊豬上肩肉（又稱叉燒肉、胸頭、梅花肉）（5 到 7 磅／2.27 到 3.18 公斤）

卡羅萊納醋醬（食譜在後面）。

菜上桌時會用到的

3 湯匙已熔化的奶油

12 個切開的芝麻籽小圓麵包

炭烤煙燻沙拉（202 頁）、炭烤煙燻馬鈴薯沙拉（206 頁）、或奶油炭烤煙燻玉米（213 頁），可加也可不加

其他事項：先挑好優良豬肉，照自己的喜好去下調味料，加上用硬木去炭烤煙燻。這樣味道就很完美了，但有些人——特別是在燒烤料理比賽現場，就是喜歡往豬肩胛肉裡面注射熔化的奶油、原汁高湯、蘋果酒或波本威士忌。特別要注意的是，將木材浸泡在醋中這件事是可做可不做的，但絕對會讓泡的人製作出與眾不同的料理。

1. 假如用到原木，要把它們放在大到能裝得下它們的防水容器中，加入洋蔥、大蒜、2杯醋和水淹過原木，浸泡至少4小時或泡到隔夜。如果使用木塊或碎木片，要把它們放入大碗或桶子中，再加洋蔥、大蒜和1杯醋，添水淹過木塊或碎木片，浸泡至少1小時。

2. 製作揉搓粉：將鹽、黑胡椒、大蒜粉、洋蔥粉和卡宴胡椒放在小碗裡拌勻。把這些揉搓粉撒在豬肩胛肉每一面上，用手指把材料全揉進去豬肉裡。

3. 按照製造商的說明設定炭烤煙燻爐，並預熱至華氏225至250度（攝氏107至121度），如果浸泡了木頭要瀝乾。根據指示添加木材。

4. 將豬肩胛肉放在炭烤煙燻爐上，有脂肪那面朝上，炭烤煙燻直到外表變深褐色和出現焦酥硬皮，而且肉裡面的溫度達到華氏200度／攝氏93度（使用即時讀取溫度計或遙控數位溫度計來檢查溫度）。還有一個方法可以測試肉熟了沒，也就是拉一拉任何突出骨頭的末端，若肉熟了，骨頭應該會很容易抽得出來。炭烤煙燻總時間為6至8小時，依照需要隨時補充木材。

剖析肋排（和其他炭烤煙燻食物）之所以勾人味蕾的奧秘

能收服所有人的心和胃的炭烤煙燻食物，憑恃的是它有層次感的風味，每一層都有它自己的質地、香氣和滋味，我們用燒烤料理界的天王食材——豬嫩背肋排（小排）當作範例來解析這其中的道理：

外皮：肉外表的深焦黃色外殼皮是由燻煙、香料、脂肪和焦糖化（焦黃色）的肉組成的。一口咬下肋排、前胸肉牛腩或豬肩胛肉時，外皮是我們第一口會嘗到的，若是讓人想一吃再吃的外皮，會有炭烤煙燻味而且鹹鹹香香的，還會比這塊肉其他地方更緊實（更理想的話，還要有點酥酥脆脆的口感）。

煙環：就在肉的焦酥外皮下方，大家會發現有層略帶桃紅色的皮下層——這是肉類肌肉組織中的肌紅蛋白（Myoglobin），和燻煙裡的一氧化碳（carbon monoxide）氣體，兩者之間自然產生的化學反應結果。煙環是視覺訊號，它的出現宣告了炭烤煙燻香味已經滲透到肉裡。

烤肉：煙環下方的肉在未醃漬的炭烤煙燻肉上（如前胸肉牛腩和豬肩胛肉）會呈現灰色；另外還有粉緋紅色的煙環，這種煙環的顏色，會存在於用硝酸鈉醃漬過的肉類上，好比火腿和猶太煙燻醃肉。煙環下方的炭烤煙燻肉應該是柔軟的，但並非軟趴趴或糊糊的，應該帶點咬勁，大家往耐嚼的肋排去想就是了。

脂肪：不少炭烤煙燻和燒烤食物最基本的食材，就是大理石油花多的肉類，這些肉類上面有明顯的脂肪條紋，比方前胸肉牛腩或豬腹脅肉（五花肉）就是，這類脂肪有些會在烹飪過程中熔化，但也有的脂肪會殘留下來，煮得熟透並變成膠狀，燒烤食物之所以美味讓人好想一直吃，部分原因就在於此。

骨頭：雖然骨頭不能吞下肚！不過啃一啃骨頭倒是無所謂，像燒得恰到好處的豬嫩背肋排（小排），它的肉幾乎不會黏在骨頭上；如果能把骨頭一下子抽出來無礙的話，這種豬嫩背肋排就是煮過頭了。

5. 等豬肩胛肉煮熟時，要把肉移到大型砧板或切菜板上，把鋁箔鬆鬆地蓋在豬肩胛肉上，讓肉休息（靜置）20 分鐘。（請勿用鋁箔裹住，否則豬肩胛肉的焦酥脆外殼會濕掉受潮。）

6. 如果各位的豬肩胛肉連皮一起出現（不是每一塊肉都會有），要把皮拿掉，將多餘的脂肪剔除（要是想烤成香脆豬皮，請參閱 93 頁的「別忘了還有豬皮」）。

7. 抽出並丟棄豬肩胛肉上面所有骨頭，將肉撕成拳頭大小的碎片，把肉裡面的骨頭和大塊脂肪都丟掉。（但還是要留一些脂肪，來幫豬肉保持濕潤多汁。）使用剁刀或大型大廚刀，將豬肩胛肉大致上剁一剁切成塊，或者搬出肉爪、也可以扛兩根大叉子出來，抑或雙手萬能，將豬肩胛肉撕或切成

絲狀。注意：豬肩胛肉摸起來燙手時，就是撕豬肉的絕佳時機（要戴絕緣烹調用手套撕豬肩胛肉）。

8. 將豬肩胛肉挪到大碗裡，肉要跟足夠的卡羅萊納醋醬攪拌在一起，幫豬肩胛肉味道升級、美味破表，並讓豬肩胛肉的肉汁一直多到流瀉出來，但不要讓肉稠稠糊糊的。需要用到 1 至 2 杯卡羅萊納醋醬。

9. 端上桌時，替小圓麵包塗奶油然後送去燒烤或烘烤，每個小圓麵包上要放 ¾ 杯北卡羅萊納州獨門炭烤煙燻手撕豬肩胛肉（約 ¼ 磅／113 公克），將任何剩下的醬汁放在旁邊一起端上餐桌。豬肩胛肉上面可以鋪炭烤煙燻沙拉（假如用了這道沙拉），接著馬上開動吧！

卡羅萊納醋醬 CAROLINA VINEGAR SAUCE

完成分量：可製作 2 杯卡羅萊納醋醬

卡羅萊納醋醬可以想成是美式燒烤料理出菜時，就會跟它搭配的那種黏稠含糖醬料的替代品。卡羅萊納醋醬不黏稠、鹹鹹的，味道很強烈刺激，一抹微甜到幾乎快吃不出半點甜味，但是一到了要幫手撕或切塊豬肉加調味料時，任何其他醬料都無法達到它去油解膩的效果，能專剋那些有油滋滋脂肪的肉。

材料

1½ 杯蘋果醋

¾ 杯水

2 湯匙糖，或按口味添加

1½ 湯匙粗鹽（海鹽或猶太鹽）

2 茶匙現磨黑胡椒

2 茶匙乾辣椒末（hot red pepper flakes，可加可不加）

將醋和水放入不會出現化學反應的碗裡，加入糖、鹽、黑胡椒和乾辣椒末（如果用了），攪拌至糖和鹽溶解；或將這些材料投進有密封蓋子的大型罐子中，搖勻混合。

炭烤煙燻全豬有哪些要領？

炭烤煙燻整頭豬是燒烤料理的最高境界，一旦踏上學習炭烤煙燻技術的這條路，挑戰到某個階段的我們會想在這一關小試一下身手，但製作這道料理要考量的變數太多（比方一頭豬到底有多大隻、炭烤煙燻爐的設計結構、天氣、木材等等）光一份食譜很難一概而論。以下是炭烤煙燻全豬的基本準則：

選豬不可打馬虎：豬的大小不一，從 20 磅（9.07 公斤）的乳豬，到 225 磅（102.06公斤）的神豬都有，假如是第一次炭烤煙燻整頭豬，我建議找 50 磅（22.68 公斤）的全豬動手（對了，這是取出內臟後的豬隻重量，但豬的頭還在上面），它小到各位可以自己處理，半天內能圓滿達成炭烤煙燻全豬的任務，但它也大到很夠瞧，是晉級炭烤煙燻好手的通行證。需提前預訂全豬，而且要找小農場飼養的有機或土種豬隻，最理想是在製作當天早上，把訂好的全豬領回來（因為肉販的冰箱比各位的冰箱大又放得多。）緊要關頭時，可以把全豬冷藏在大型絕緣保溫保冷袋裡、或倒滿冰塊的浴缸中。（如果要借用後者，各位一定要跟老公或老婆大人報備一聲！）。

磨刀霍霍向豬肉：整頭豬雙腿塞在身體下面，是我們時常會在燒烤比賽中看到的畫面，但我偏愛把全豬切開攤平——剖開肚子直達背骨，像打開書一樣把全豬張開。為什麼？炭烤煙燻一整頭豬時，實際上是在燉豬皮裡面的豬肉，這樣製作出來的豬肉會又軟又嫩、濕潤爆汁。能讓我滿意的炭烤煙燻全豬得具備焦酥外殼，有嚼勁。假如是切開攤平的全豬，就有更多地方能擁抱燻煙，能跟火一路纏綿到焦酥方休。

挑對炭烤煙燻爐：一台龐大的炭烤煙燻爐就算烹調航空母艦型的大豬公也不用怕，參考

下面比賽專用的專業設備：廣獲好評的美國品牌包括地平線（Horizon Smokers）、優得（Yoder Smokers）、克洛斯氏（BBQ Pits by Klose）、連恩氏（Lang BBQ Smokers）、第一（Pitmaker），美而好（Pitt's & Spitt's）、荒林（Backwoods Smoker）和燒烤俱樂部（Cookshack）。其它烤全豬的新奇選擇，還有「卡疆微波爐」（Cajun microwave），或其競爭對手「中國燒烤箱」（caja china）。大家可以想像它的模樣，有個木製或鋼製箱子頂部是鋸齒狀金屬，在這個金屬蓋子上堆疊點燃的木炭，這個箱子搖身一變成了戶外烤箱，可以烤出了令人豎起大姆指、百般稱讚的柔軟多汁豬肉，但沒有明顯的炭烤煙燻香味，可以在上面加裝一台燻煙生成器來輔助。另外韋伯大牧場燒烤架（Weber Ranch grill）或大綠蛋巨人燒烤爐（Big Green Egg XXXL）上，可以炭烤煙燻 50 磅（22.68 公斤）的全豬。

用燃料也有訣竅：可以燃燒木炭，並用木塊或碎木片當媒介引出燻煙，但面對一整頭豬，我會毫不猶豫直接拿原木生火（參考 25 頁），至少花一小時，才能得到結構良好的餘燼墊底，每小時要添加兩到三根原木，以保持熱度並產生燻煙。德州人會用橡木，美國南方則選山核桃木，在美國西南部傾向於燒蘋果木，曬（風）乾的硬木生火效果奇佳，並確定燒木材時氣流旺盛，燻煙會飄散過一整頭豬，而非產生令人窒息的濃煙悶住肉。

炭烤溫度有學問：溫度有各大學派百家爭鳴，像傳統南方風格提倡低溫慢煮，而德州則鼓吹高溫快煮。基本上豬愈大時，熟透所需用到的熱氣就愈低，而且也不會把豬肉表面燒焦。建議溫度華氏 225 至 250 度（攝

氏 107 至 121 度），如果烤乳豬，溫度則可上看華氏 325 度（攝氏 162 度）。

要炭烤煙燻多久：炭烤煙燻一整隻豬所需的時間，得視許多因素而定──包括豬隻的大小，炭烤煙燻爐類型，和溫度、天氣，甚至和各位一起炭烤煙燻的夥伴，在烤全豬之前乾了多少杯啤酒，有沒有搞到不醉不歸！我們的目標溫度是豬肩胛肉裡面的溫度約為華氏 195 度（攝氏 91 度），而豬後腿肉最厚的地方則約為華氏 175 度（攝氏 79 度）。還有一個能測試豬肉熟度的方法，就是骨頭應該鬆鬆地從肉中掉出來，假如要講個大概的時間，則每 10 磅豬肉就要花 1 到 1½ 小時炭烤煙燻，因此，炭烤煙燻 50 磅（22.68 公斤）的全豬需要投資 5 到 7 個小時完成，一隻 180 磅（81.65 公斤）的豬則要炭烤煙燻更久，比方像 18 個小時。注意：若使用乳豬，炭烤煙燻時間就要飆一倍，一頭 20 磅（9.07 公斤）的幼豬要炭烤煙燻 3 到 4 小時）。

烤全豬好菜上桌：烤全豬有件事很諷刺，我們大費周章燒烤，賣弄它是一整頭豬炭烤煙燻而成的，結果上菜時，卻要把豬肉切絲或切成可以入口的小塊，然後浸泡在醋醬裡，並堆在一個小圓麵包上。戴上絕緣橡膠手套，從骨頭上取出大塊大塊的肉，把骨頭和厚塊脂肪丟掉，將豬皮放在一邊，等著炸到脆脆的（請參閱下文），把豬肉移到砧板上，用大型剁刀切塊或肉爪來把全豬切絲（請參閱 16 頁）。

別忘了還有豬皮：在炭烤煙燻過程中，豬皮會變得堅韌，像皮革一樣又粗又硬（並且充滿濃到快爆炸的木頭炭烤煙燻味）。各位要用（戴手套的）手將豬皮拿起來，用刀去掉並丟棄多餘的脂肪，然後將豬皮撕成或切成 5 到 6 吋的方塊，開大火直接燒烤豬皮（先從脂肪那面朝下開始烤起）直到豬皮酥脆，用熱油還是豬油來油炸也行。把脆豬皮切成一口一塊或掰成碎末，再把這些加工過的豬皮撒在全豬上面。

烤全豬有幾人份？要以一個人的食量為 1½ 磅（0.68 公斤）重的生豬肉或 6 至 8 盎司（0.17 至 0.23 公斤）的炭烤煙燻豬肉來考量。假如要製作成炭烤煙燻豬肉三明治，則為每個人要吃到 4 至 6 盎司（0.11 至 0.17 公斤）的炭烤煙燻豬肉。注意：豬的塊頭越大，能製作出的全豬料理總分量愈多，因此，一隻 50 磅（22.68 公斤）的豬可供約 30 人享用，而一頭 225 磅（102.06 公斤）的豬則為 150 人份。

豬肉部位名稱知多少？

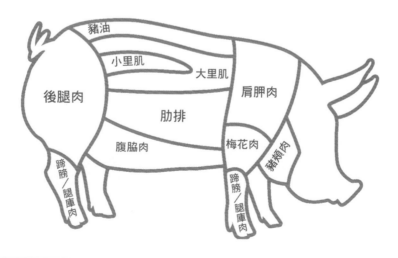

櫻桃糖汁佐橡木炭烤煙燻豬嫩背肋排
OAK-SMOKED CHERRY-GLAZED BABY BACK RIBS

豬最上面部位的肉（與背骨相鄰的地方）——豬嫩背肋排，又名上大里肌豬肋排（top loin rib），這些地方的肥瘦肉均勻，肉質軟嫩。若用低溫慢煮炭烤煙燻，烤出來的肉質地更柔軟，煙燻香味更濃郁；若用更高溫煙燻烘烤豬嫩背肋排，肉的纖維會變脆，所以外殼更焦酥脆、口感上更有嚼勁，而且可以把製作時間縮短成不到 90 分鐘。（但是換成帶肉的豬肋骨時，請勿模仿這個方法。）兩種烹調方式的詳細說明如下。

一般通常不會把豬嫩背肋排與德州燒烤料理聯想在一起，但傑森（Jason）和傑克·達迪（Jake Dady）卻把豬嫩背肋排變成他們開在聖安東尼奧市的燒烤餐廳「Two Bros. BBQ Market」的鎮店美食。他們到底有什麼奇招？原來是先用炭烤煙燻紅椒粉、香菜、紅糖這組揉搓粉去揉搓豬嫩背肋排，使用德州橡木，在因為歷史悠久、又沾上雜酚油（creosote）而變得黑黑的磚窯中，炭烤煙燻豬嫩背肋排四小時。等等！那觸動我們每根味覺神經的酸甜水果好滋味又是怎麼一回事？為什麼我們會發現自己現在竟然滿腦子都是曼哈頓（雞尾酒）上面那顆櫻桃？答案跟達迪家族的秘方有關，因為這對兄弟在炭烤煙燻豬嫩背肋排過程中，把櫻桃糖漿澆在豬嫩背肋排上，要上菜前一秒又再澆一次，這個意想不到的組合可口到令人魂牽夢縈；通常我推薦烤半段豬嫩背肋排，但是這些澆了櫻桃糖漿的豬嫩背肋排，說不定會讓各位意猶未盡想獨吞掉一整段！

材料

- 4 段豬嫩背肋排（每段 2 到 2½ 磅／0.91 到 1.13 公斤）
- 5 湯匙甜紅椒粉
- ¼ 杯紅糖（淺或深色皆可）
- 3 湯匙西班牙炭烤煙燻紅椒粉
- 2 湯匙磨碎的香菜

- 2 湯匙茴香籽
- 2 湯匙粗鹽（海鹽或猶太鹽）
- 1 湯匙卡宴胡椒
- 2 茶匙磨碎的孜然
- 1½ 杯櫻桃糖漿，需要時再多加一些

1. 將豬嫩背肋排排在有邊緣的烤盤上，按照 97 頁的說明（第 3 項），取下每根肋排後面薄薄的紙片膜。

2. 製作揉搓粉：將甜紅椒粉、紅糖、炭烤煙燻紅椒粉、香菜、茴香籽、鹽、卡宴胡椒和孜然放在小碗裡攪拌混合，用手指捏碎紅糖裡結塊的糖。

完成分量：4 段肋排，夠 4 位肚子正在唱空城計的人享用，或當作豐盛大餐裡的一道菜，此時為 6 到 8 人份。

製作方法：熱燻

準備時間：20 分鐘

炭烤時間：3½ 至 4 小時

生火燃料：橡木的原木、木塊或碎木片／可完成 4 小時的燻烤過程（6 頁圖表）

工具裝置：一個烤肋排專用架（可用可不用）

採買須知：以豬嫩背肋排來說，最理想的是選用土種品種的豬肉，例如有白色斑點的黑豬盤克夏豬（Berkshire）或肉質精實的杜洛克豬（Duroc）。

櫻桃糖漿可用義大利進口品牌，如特朗尼（Torani），在當地的咖啡館或餐館抑或美食商店都能找到，或是亞馬遜 amazon.com 網購。

其他事項：這裡有兩種方法：傳統的低溫慢煮炭烤煙燻，和變個花樣用高溫煙燻烘烤，第一種方法會烤出入口即化的軟嫩美味豬嫩背肋排，第二種方法製作出來的豬嫩背肋排的肉得從骨頭上啃下來。

3. 在豬嫩背肋排兩側撒上 1 至 1½ 湯匙的揉搓粉，用指尖將揉搓粉揉入肉中，（若有多餘的揉搓粉可收到密封罐裡，放在接觸不到熱氣和光線的地方，可保存好幾個星期。）

4. 按照製造商的說明設定炭烤煙燻爐，並預熱至華氏 225 至 250 度（攝氏 107 至 121 度），根據指示添加木材。

5. 將豬嫩背肋排直接放在炭烤煙燻爐的架子上，骨頭那面朝下，如果爐具空間有限，請使用烤肋排專用架，把豬嫩背肋排垂直放入烤肋排專用架裡並炭烤煙燻，要讓肋排變成焦黃色，肉都快變軟，需 3 小時。

6. 用櫻桃糖漿刷豬嫩背肋排兩側，繼續炭烤煙燻到肉非常柔軟，需 ½ 到 1 小時以上。在炭烤煙燻最後一小時內，淋油澆櫻桃糖漿兩次，而櫻桃糖漿應該要燒成黏黏的糖汁才對。

7. 有三種檢查熟度的方法：豬嫩背肋排的肉會從骨頭末端縮回去 ¼ 到 ½ 吋（0.6 到 1.3 公分），用鉗子夾起一整段肋排時，肉會像弓一樣彎曲，且肋排會在此刻骨肉分離，用手指即可把一根根肋排分開，這樣就代表肉熟了。

8. 把肋排移到砧板上，現在最後一次用櫻桃糖漿來刷肋排兩側。出菜時，可以直接把一整段豬嫩背肋排端上桌，切成兩半也可以，或切成一根根的肋排，再把所有剩餘的櫻桃糖漿放在一旁一起上菜。

再變個花樣
煙燻烘烤櫻桃糖汁佐豬嫩背肋排

1. 按照前面食譜中的步驟 1 和 2 所述方法，準備揉搓粉並揉搓豬嫩背肋排，將燒烤架設定為煙燻烘烤模式（即間接燒烤，請參閱 262 頁）並預熱至華氏 325 度（攝氏 163 度）。把豬嫩背肋排放在烤肋排專用架裡，再放入在煤堆之間的滴油盤上。

2. 把豬嫩背肋排煙燻烘烤到變成焦黃色，肉差不多都軟到可以在嘴裡化開了，需 1 小時。刷櫻桃糖漿，繼續煙燻烘烤到煮熟（按照前面食譜步驟 7 中的熟度測試方法，來檢查肉熟了沒），這樣還要再 15 到 30 分鐘，過程中還要再幫肉澆櫻桃糖漿一到兩次。上菜前澆最後一次櫻桃糖漿，然後如前面講解方法去切肉並且上菜！

你不可不懂的豬肋排六個小檔案

豬肋排什麼都有：它有鮮美香甜的肉，又多又滑潤的油花，還有骨頭這個結構，我們可以把一整根豬肋排拿起來啃得津津有味，況且豬肋排還一直是平價商品，特別是跟牛肉一比的話。豬肋排能烹調成精緻奢華的高檔料理，還可以用簡單的手法傳達出它的原始風貌滋味——甚至有豬肋排的地方，就會充滿歡樂氣氛，光後面這一大特色，已經足以讓人想伸手一抓豬肋排，狼吞虎嚥一根接一根！

1. 有很多不同部位的肉都是豬肋排，甚至連形狀和大小都各不相同、應有盡有：

   豬嫩背肋排（Baby back ribs）：指「豬隻最上面部位的肉」（在背骨的旁邊），它的肉質柔軟，大理石油花多，容易烹飪，沒一會兒功夫就可以煮熟。一整段豬嫩背肋排有11到13根骨頭，一般美國豬嫩背肋排一段正常來說重達2至2½磅（約0.91到1.13公斤），可以算成每段肋排能供1到2人享用，而一整段丹麥豬嫩背肋排（Danish baby back）重約1磅（約0.45公斤），則每段可供1人份。

   豬腩排（Spareribs）：指豬肋骨架較下面的部位，豬腩排比豬嫩背肋排更有肉，油花更多，肉質也更堅韌。豬腩排的豬肉味萬里飄香，所以即使炭烤煙燻時間會變長也是值得的，標準的一段豬腩排重為3至4磅（1.36至1.81公斤），可供2或3人享用。

   聖路易市風格豬肋排（St. Louis ribs）：指從豬腩排修整下來的豬肋排，它的外觀與煮法跟豬嫩背肋排類似，而且軟骨尖端和一大塊肉都拿掉了，變成一塊「四四方方」的肋排，一整段聖路易市風格豬肋排是燒烤選手比賽時的神主牌，它的重量為2至2½磅（0.91到1.13公斤）。

   鄉村風格豬肋排（Country-style ribs）：指長相和煮法跟豬肋排都像極了的豬肋排，它是在豬肩胛肉上端這部位的肉，不一定會帶骨頭，一段鄉村風格豬肋排通常重4至6盎司（0.11到0.17公斤），可以算成每人能享用2盎司（0.06公斤）的肉。

   豬肋排尖端（Rib tips）：指豬腩排的軟骨末端，炭烤煙燻界名人會把豬肋排尖端自己私藏起來，而上菜給客人來賓的則是豬腩排和豬嫩背肋排。

2. 採購豬肋排時，要找上面滿滿都是肉的大肋排架，不要選那種肉都被修掉一大堆、而且骨頭最上面還露在外面的「反光的豬肋排」（shiners）。1人份約1磅（0.45公斤）豬肋排肉。

3. 在豬肋排裡面（凹面）會有一層紙質膜，我們沒有選擇的餘地，只能拿掉它嗎？不見得，不過很多人認為它會阻礙豬肋排吸收香料和炭烤煙燻味，假如要把紙質膜取出來，請用即時讀取溫度計，將嵌在豬肋排中間骨頭的紙膜鬆開（把探針末端伸進在骨頭位置的紙膜下方，拿探針的手則要左右擺動出力），再用紙巾或抹布抓住此膜（因為紙膜很滑），然後輕輕把膜拿走。如果紙膜不明顯，說不定是肉販已經將它拿出來了。

4. 覺得爐具空間侷促嗎？在加水式炭烤煙燻爐、鍋式燒烤架、竈式炭烤煙燻爐或其他空間有限的爐具裡烤煙燻有四段結構的豬肋排時，可使用烤肋排專用架，把豬肋排直立起來炭烤煙燻，這樣做還有一個優點：豬肋排上的肥油會流掉。

5. 切勿燙熟豬肋排！再強調一遍：絕對不要讓肉的湯水把豬肋排煲到熟！我們可以利用炭烤煙燻技術，將豬肋排烤出綿軟的肉質，好比低溫慢煮炭烤煙燻豬腩排和聖路易市風格豬肋排（溫度為華氏225至250度／攝氏107至121度），去軟化堅韌的結締組織。另外無論是設定低溫、或較高溫度（華氏325度／攝氏163度）去炭烤煙燻都可以，高溫會有焦酥且更有嚼勁的口感。

6. 如果要祭出烤肉醬來烤肉，不要太早抹，因為在豬肋排本身完全烤熟之前，糖會搶先一步燒焦，我都在炭烤煙燻最後5分鐘才刷烤肉醬，而且直接在爐火上面挪動豬肋排，讓烤肉醬一邊烤一邊滲透到肉裡面，上菜時再把烤肉醬放在豬肋排料理一旁。

唐人街豬腩排 CHINATOWN SPARERIBS
佐北京烤肉醬 WITH BEIJING BARBECUE SAUCE

完成分量：2 段豬腩排，4 人份

製作方法：熱燻

準備時間：15 分鐘

煙燻時間：4½ 至 5 小時

生火燃料：櫻桃木或蘋果木都是寶／可完成 5 小時的燻烤過程（6 頁圖表）

工具裝置：一個烤肋排專用架（可用可不用）、噴霧瓶

採買須知：了解以下亞洲食材，大部分可在大型超市買到或網購，例如五香粉，它是有炭烤煙燻大茴香風味的傳統中式混合食材，由茴香、肉桂、八角、花椒（又叫川椒、山椒）和丁香製成；還有米酒，它是用發酵米製成的酒精飲料；另外要是各位找不到米酒這一款中國的紹興酒，換成日本酒（sake）或雪利酒也很好；另一項材料海鮮醬（hoisin sauce）則是用大豆製成的濃稠鹹甜調味料；最後是亞洲（黑）芝麻油，它是用烤過的芝麻籽榨出來的芳香油。

其他事項：這道食譜是豬腩排，但也可以放心挑豬嫩背肋排或聖路易市風格豬肋排來燒都沒關係，這兩者要熱燻 4 小時左右。

為了這本書和我其它著作，我拜訪了很多人。但和他們不一樣，在我成長的過程中，沒有燒烤料理這回事。我家裡並未經營代代相傳的炭烤煙燻老店家族事業，我家房子後院也沒有火光閃耀、燻煙直冒的炭烤煙燻爐，我從小到大跟豬肋排最熟的時候，就是點外賣中國菜來吃的那一刻，我從沒想過要問這些「燒烤」豬腩排有沒有在炭烤煙燻爐裡待過（只是用烤箱和油炸鍋來燒烤豬腩排！）。說真的，如果大家認為中式豬腩排的甜鹹鮮美滋味已經是天下一絕，先別急著下斷語，等嘗過美式古典木頭炭烤煙燻口味豬腩排再來打分數吧！這些美式炭烤煙燻過的豬腩排風味妙不可言：首先它加了飄散大茴香氣味的 5－4－3－2－1 揉搓粉（一看食材名稱就知道裡面內容會有什麼），再來要噴米酢（rice wine-cider）以保持肉質濕潤水嫩，然後是燃燒櫻桃木，幫豬腩排裹上炭烤煙燻的香氣，最後一步是在豬腩排上面塗抹甜甜辣辣的北京烤肉醬，再去燒烤豬腩排。

材料

2 段豬腩排（每排 3 到 4 磅／1.36 至 1.81 公斤）

5－4－3－2－1 揉搓粉（食譜在後面）

½ 杯中國米酒（紹興酒）、日本酒／清酒或干雪利酒（dry sherry）或甜雪利酒（cream sherry）

½ 杯蘋果酒

北京烤肉醬（請參閱 101 頁）

1. 將豬腩排放在有邊緣的烤盤上，按照 97 頁的說明（第 3 項），把每一段豬腩排後面薄薄的紙質膜取下。

2. 在豬腩排兩側撒上揉搓粉，用指尖將揉搓粉揉入肉中，每段豬腩排需要用到 3 至 4 湯匙的揉搓粉。

3. 按照製造商的說明設定炭烤煙燻爐，並預熱至華氏 225 至 250 度（攝氏 107 至 121 度），根據指示添加木材。

4. 將豬腩排直接放在炭烤煙燻爐的架子上，骨頭那面朝下，如果爐子空間有限，請使用烤肋排專用架，把豬腩排垂直放進去並炭烤煙燻 1 小時。

5. 將米酒和蘋果酒放在噴霧瓶中，搖勻混勻，炭烤煙燻 1 小時後，即可開始把混合好的綜合汁液噴在豬腩排兩面，每小時重複噴一次。

6. 炭烤煙燻 4 小時後，把北京烤肉醬刷在豬腩排兩面，30 分鐘內再刷一次，肉從骨頭末端縮回約 ½ 吋（1.27 公分）時，代表豬腩排已經煮熟了，各位可以用手指把各一根根豬腩排分開。（請參閱 96 頁步驟 7 中的肉熟度測試作法）。炭烤煙燻時間總計為 4½ 至 5 小時。

7. 大家可以趁熱把豬腩排從炭烤煙燻爐裡拿出來端上桌，旁邊再放剩餘的烤肉醬，並將豬腩排切成一根根的排骨。但如果想要味道層次更豐富，可以把燒烤架設定為直接燒烤並預熱到高溫狀態，幫燒烤架網架刷油，在豬腩排兩面刷更多烤肉醬，接著直接燒烤豬腩排，把肉烤到因為高溫而發出嘶嘶聲並呈現焦黃色澤，每面烤 1 到 2 分鐘，然後立刻將這道唐人街豬腩排佐北京烤肉醬端上桌，並且倒更多烤肉醬在肉旁邊後一起出菜。

5 - 4 - 3 - 2 - 1 揉搓粉
（亞洲燒烤料理揉搓粉）
5-4-3-2-1 RUB (ASIAN BARBECUE RUB)

完成分量：可製作約 1 杯

這道調味粉的作法很容易記得住，它包括了甘草類食材的中國五香粉和辣椒，與肉類料理是百搭──這道揉搓粉尤其是揉搓豬肉和鴨肉的王牌調味粉。

材料

5 湯匙外表裹糖蜜的紅糖（turbinado sugar，它是用糖蜜混合白砂糖製成的紅糖）或暗紅糖

4 湯匙粗鹽（海鹽或猶太鹽）

3 湯匙現磨的黑胡椒

2 湯匙中國五香粉

1 湯匙洋蔥粉

將糖、鹽、胡椒、五香粉、和洋蔥粉放入碗中混在一起，用手指捏碎紅糖裡結成塊狀的糖，這道食譜製作出來的揉搓粉，比會用在揉搓 2 段豬腩排（或 4 段豬嫩背肋排）的量還多，可要把多出來的揉搓粉貯藏在接觸不到熱氣和光線的地方，即可保存好幾個星期。

北京烤肉醬 BEIJING BARBECUE SAUCE

完成分量：可製作出 1½ 杯

現在要介紹的是亞洲特有的烤肉醬味道：它有海鮮醬的甜味，還有芝麻油的蜂蜜堅果風味，以及泰式是拉差香甜辣椒醬的辛辣口感，大家會迫不及待張嘴直接往湯匙湊上去，把上面的北京烤肉醬舔得一乾二淨。

材料

1 杯海鮮醬	3 湯匙蜂蜜
3 湯匙亞洲（黑）芝麻油	3 湯匙是拉差香甜辣椒醬

開中火，將海鮮醬、芝麻油、蜂蜜和是拉差香甜辣椒醬放入平底深鍋中攪拌均勻，把這鍋醬料慢火煨 5 到 8 分鐘，讓所有味道融在一起。

聖路易市風格豬肋排 ST. LOUIS RIBS

佐香草紅糖醬燒 WITH VANILLA-BROWN SUGAR GLAZE

它集合了兩種豬肋排的優點：有豬嫩背肋排均勻密布的大理石油花，還有豬腩排大塊飽滿的肉。想像一下把一整段豬腩排的中間部位，修整成形狀和尺寸大致上跟一整段豬嫩背肋排吻合的豬肋排，那就是聖路易市風格豬肋排了。它很容易就能烤好，牙齒也不必為了咬斷肉而咀嚼老半天，而且滋味好吃到讓人上癮，所以它當選我們燒烤大學最受歡迎豬肋排的排行榜常勝軍不是沒道理的。而市面上幾乎找不到別家餐廳，比克里斯・康格（Chris Conger）開在德州聖安東尼奧市的炭烤煙燻屋（Smoke Shack）更懂得如何製作聖路易市風格豬肋排了：康格灑上了滿滿的大蒜粉，幾乎多到快堆到天花板高了，加上紅糖的揉搓粉去醃製豬肋排一夜，然後低溫慢煮炭烤煙燻，在端上桌前一刻，把紅糖加奶油釀成的醬汁澆在上面，這樣完成聖路易市風格豬肋排的色香味令人難以抗拒；在搭配這道料理的甜醬汁裡面，有一種神秘材料，它的味道對大家來說一點也不陌生，但我們鮮少把它跟燒烤豬肋排聯想在一起，克里斯會考考來吃飯的嘉賓去猜猜看它是什麼，不過它到底是誰，我這道食譜裡的糖汁名字其實已經走漏風聲了喲！

完成分量：4 段豬肋排，能讓 4 位肚子餓到飢腸轆轆的食客飽餐一頓，或在還有另一道主菜的情況下，供 6 到 8 人享用

製作方法：熱燻

準備時間：20 分鐘，再加上豬肋排需醃製 12 小時或醃製一夜。

煙燻時間：3½ 到 4 小時

生火燃料：山核桃木和／或胡桃木（長山核桃木）／可完成 4 小時的燻烤過程（6 頁圖表）

工具裝置：烤肋排專用架（可用可不用）、即時讀取溫度計

採買須知：眾多超市此起彼落都在販售聖路易市風格豬肋排，大家也可向自己當地的肉販預訂。儘量選有白色斑點的黑豬盤克夏豬或其他土種品種的豬隻。注意要用細砂紅糖（在超市可買到）製作揉搓粉，因為跟傳統的紅糖相比，細砂紅糖不太會結塊（但傳統紅糖也滿適合）。

其他事項：為了徹底入味，前一晚要先揉搓豬肋排，接著把豬肋排擺在冰箱裡充分醃製後，再來炭烤煙燻豬肋排。但就算揉搓後立即炭烤煙燻，豬肋排的味道還是一樣能讓人聞香下馬！注意這裡要解釋的，是不同於一般作法的紙質膜處理方式：康格會切開聖路易市風格豬肋排裡的紙質膜，但會把它留在豬肋排裡來鎖住豬肋排的肉汁，順道讓肉藉著紙膜來保持濕潤，在澆糖汁和上菜之前，才把膜拿出來。

材料

準備聖路易市風格豬肋排與揉搓粉

4 段聖路易市風格豬肋排（每段2½至3磅／1.13至1.36公斤）

½ 杯細砂紅糖或一般淺紅糖

½ 杯甜紅椒粉

¼ 杯細粒大蒜粉（康格真的跟大蒜形影不離啊！）

¼ 杯粗鹽（海鹽或猶太鹽）

3 湯匙搗碎或略磨過的大顆粒黑胡椒

2 湯匙細粒洋蔥粉

2 湯匙純辣粉（例如安丘辣椒〔ancho〕）

1 湯匙磨過的孜然

準備澆在聖路易市風格豬肋排上的香草紅糖醬汁

8 湯匙（1 條）無鹽奶油

½ 杯細砂紅糖或一般淺紅糖

2 湯匙蜂蜜

1 茶匙純香草精

3 至 4 湯匙水

1. 為了效法克里斯·康格的作法，我們要用削皮刀尖端，在紙質膜上切一道長條型狹縫，這些膜在每段豬肋排的背面（背面的中空面或凹面都有可能）、而且位於豬肋排上下邊緣之間一半的地方。

2. 製作揉搓粉：將紅糖、甜紅椒粉、大蒜粉、鹽、胡椒、洋蔥粉、純辣粉和孜然全部放在攪拌碗中混合均勻，假如用的是傳統紅糖，要用手指把任何結塊的紅糖捏碎。

3. 將豬肋排放在有邊緣的烤盤上，把揉搓粉灑在豬肋排兩面，將揉搓粉揉入肉中，各位用的揉搓粉要夠裏得住整塊豬肋排表面（每段豬肋排每面要用到 1½ 到 2 湯匙揉搓粉）。將多餘的揉搓粉放在密封罐裡，別放在高溫或照得到光線的地方，可保存好幾個星期。

4. 用保鮮膜把聖路易市風格豬肋排包起來，放在冰箱中，要不要醃製一夜都可以，但這樣處理會讓豬肋排更入味。

5. 按照製造商的說明設定炭烤煙燻爐，並預熱至華氏 225 至 250 度（攝氏 107 至 121 度），根據規定添加木材。

6. 將豬肋排直接放在炭烤煙燻爐的架子上，圓形（凸起）的那一面朝上。炭烤煙燻豬肋排到肉質嫩軟無比為止，這時肉會從骨頭末端縮回 ¼ 到 ½ 吋（0.6 到 1.2 公分），用鉗子夾起一整段聖路易市風格豬肋排時，豬肋排還會像弓一樣彎曲，而且肉會斷掉、骨肉分離，這時應該光用手指即可把一根根肋排分開，（請參閱第 96 頁步驟 7 中的肉熟度測試說明），炭烤煙燻時間總計為 3½ 至 4 小時。

7. 同時製作澆糖汁要用的香草紅糖醬：開中火把平底深鍋裡的奶油熔化，繼續將奶油跟紅糖、蜂蜜、香草和 3 湯匙的水一起攪拌，把這鍋醬料煮沸，攪拌均勻到糖熔化且全部材料完美融合在一起，需 5 分鐘，這道醬料要濃稠才行，但也要能很容易就倒得出來，必要時可以再多加水。在炭烤煙燻結束前 5 分鐘，把這道香草紅糖醬刷在整排聖路易市風格豬肋排上。

8. 將豬肋排搬到砧板上，用即時讀取溫度計的探針，把每段豬肋排背面的紙質膜撬起來後再拿掉，拿的時候要用洗碗布或紙巾抓住膜。把香草紅糖醬，在所有豬肋排的兩面刷第二次。出菜時可以直接將一整段豬肋排端上桌，切成兩半也可以，或切成一根根的豬肋排，再把所有剩下的特製香草紅糖醬放在一旁一起上菜。

炭烤煙燻豬肋排新顯學：3－2－1口訣

常覺得燒烤過程一下這樣一下那樣亂糟糟的嗎？數字能讓我們變得有頭緒多了！說不定這就能解釋，為何大家一般會在炭烤煙燻豬肋排時，把3－2－1口訣奉為圭臬的原因。

3－2－1口訣對各位而言很陌生嗎？它是燒烤比賽選手掛在嘴邊的口頭禪，在這種場合裡，有時大家會認定它對德州燒烤料理功不可沒。我們可以利用這個口訣，把炭烤煙燻豬肋排的過程拆解成三個時間區塊：

• 先炭烤煙燻3小時不包肉，而且炭烤煙燻溫度為華氏225度（攝氏107度）。再下來則是：
• 炭烤煙燻2小時，並把肉包在鋁箔裡，再加一點汁液，好比蘋果酒；接下來是：
• 在較高的溫度下，炭烤煙燻1小時不包肉，把烤肉醬當作不用花錢的儘量倒下去幫食材焗油

我已經試過這個口訣好幾次，也認同它的威力果然名不虛傳。這個炭烤煙燻過程會把豬肋排治得軟軟的、骨肉分離，一點也不柴，還會出現一級燒烤料理上面才聞得到的同等級香味，而且說好3－2－1口訣會在六小時內完成，真的就是六小時，一點都沒騙人。

這個口訣是零失誤的，如果按照口訣去炭烤煙燻，幾乎可以篤定它能避免烤出來的豬肋排硬梆梆或乾巴巴的雙重打擊，要是各位用3－2－1口訣去炭烤煙燻豬肋排，吃過的人九成五都會對它永不變心，還會因此替各位冠上燒烤天才的封號，我自己款待過的客人，對這樣炭烤煙燻出來的豬肋排確實反應不俗，因為他們誇讚，我也沒有想過要換個方法。

不過接受他們表揚卻讓我有點忐忑不安，它們是上等的、一流的豬肋排，要烤好一點也不難，它們人見人愛、肉質鮮嫩而且肉汁多到爆汁，但它們並不是進得了豬肋排名人堂的肋排——原因是它們沒有需要特別當心的地方、沒有陷阱，烤它們不必大師出馬、就算是新手也能順利上手，它們被我在自己所有的書中一直譴責的錯誤烤肉手法苦苦相逼：它們是被燙熟的，因為用鋁箔包住的豬肋排，實際上是被沸騰肉汁煮熟，因此，雖然豬肋排身上出現幾乎不可思議的軟爛肉質，但烤肉味卻也都被肉的湯水沖淡了。

真正的老饕和堪薩斯城燒烤協會（Kansas City Barbecue Society）訓練有素的評審，會更滿意豬肋排要帶點嚼勁，明顯要稍微用點力才能咬斷的狀態。

當然，經過三小時炭烤煙燻、外皮揉搓過香料也烤得焦酥脆的豬肋排，味道會奇香無比。過程中最後1小時，用更高溫來炭烤煙燻豬肋排（不包肉而且用醬料調味過），目的是為了在豬肋排表面塗上甜美的糖汁醬料。（3－2－1口訣也衍生出不同作法，例如也可以開烈火直接燒烤來收尾。）

我自己的結論： 對大多數人來說，用3－2－1口訣炭烤煙燻出來的豬肋排是過關的，至於像我這樣堅持肉不能被燙熟而是要烤熟的人，仍然對它抱著懷疑態度。各位可以自己動手把3－2－1口訣跟別的作法同時實驗比較看看，發表自己對這個實驗的心得感想，歡迎大家踴躍投稿，將自己的成果和照片放在 barbecuebible.com 燒烤板，以及我的 Facebook 和 Twitter 頁面上（@stevenraichlen）。

炭烤煙燻蜜汁豬腩排 HONEY-CURED HAM RIBS

結合鹽漬豬後腿肉（country ham）它那浸過鹽、有炭烤煙燻香氣的鮮美滋味，以及外表烤得焦焦酥酥、可以抓著肋骨啃肉的兩大特色，成為了這道蜜汁豬腩排。我真希望我可以說這道料理是我發明的，但其實這是我從一位終生奉獻給生火炭烤煙燻豬肉的專家那裡學來的：這位堪稱烤肉機器的高手，就是德州休士頓市的 Underbelly 餐廳負責人克里斯 · 薛佛德（Chris Shepherd）。在炭烤煙燻之前，先用浸後腿肉的鹵水去醃製豬腩排，會讓豬腩排擁有鮮豔亮麗的色澤、飽滿到幾乎滴出來的肉汁（大多數用這種方法製做好的浸鹽醃肉，都會有很多肉汁），以及絕妙的蜂蜜後腿肉風味。

材料

1 段豬腩排（3 至 4 磅／ 1.36 至 1.81 公斤）

¾ 杯粗鹽（海鹽或猶太鹽）

¾ 杯蜂蜜

1½ 茶匙喜馬拉雅鹽

1½ 杯熱水

1½ 杯冷水

8 個完整丁香

3 片月桂葉

芥末籽魚子醬（106 頁），上菜時再放（可放可不放）

1. 將豬腩排擺在有邊緣的烤盤或砧板上，按照 97 頁第 3 項的說明，取下每段豬腩排背面的紙質薄膜，從中間的骨頭之間，橫向把豬腩排切成兩半，將豬腩排放在超大、堅固耐用且可重複密封的塑膠袋裡，或不會出現化學反應的烤盆上，容量要大到裝得下豬腩排。

2. 製作鹵水：將粗鹽、蜂蜜、喜馬拉雅鹽和熱水放入大碗中，攪拌至蜂蜜和鹽溶解，倒入冷水中一起攪拌，加入丁香和月桂葉，放涼到跟室溫一樣。

3. 將鹵水倒在豬腩排上，要淹過肉，擠出袋裡的空氣並密封袋子，再把袋子放在鋁箔平底鍋或烤肉平底鍋裡（假如任何材料漏出來，都能繼續留在鍋中），或用保鮮膜蓋住烤盆，將這袋豬腩排收到冰箱裡浸鹽 3 天（若是半段豬腩排）或 4 天（整段豬腩排），每天都要幫豬腩排翻面兩次，讓每一面都能醃漬鹵水。

4. 把豬腩排充分瀝乾，將鹵水倒掉，用紙巾擦乾豬腩排，排鋪在金屬絲網架上，再放在有邊緣的烤盤上，然後在冰箱中乾燥 2 小時。

5. 按照製造商的說明設定炭烤煙燻爐，並預熱至華氏 225 至 250 度（攝氏 107 至 121 度），根據指示添加木材。

完成分量：2 到 3 人份，可根據需要追加分量

製作方法：熱燻

準備時間：15 分鐘，加乾燥 2 小時

浸鹽時間：3 到 4 天

煙燻時間：4 到 5 小時

生火燃料：橡木和胡桃木（長山核桃木）／可完成 5 小時的燻烤過程（6 頁圖表）

工具裝置：一個超大、堅固耐用且可重複密封的塑膠袋（可用可不用），一個大型鋁箔平底鍋盤

採買須知：大家可能較少用到喜馬拉雅鹽，也稱為普德粉 1 號（Prague Powder No. 1）或因世達醃肉鹽 1 號（Insta Cure No. 1），（此鹽含有 93.75 ％ 的鹽和 6.25 ％的亞硝酸鈉）在有口碑的肉類市場購買或上網在亞馬遜訂購。

其他事項：薛佛德直言：「假如期待來我的餐廳能吃到骨肉分離的豬肋排，你就來錯地方了！」這句話善意提醒我們，即使經過炭烤煙燻 5 小時，豬肋排也應該要有點嚼勁。而豬排和在肩胛部位上半部的梅花肉（豬頸肉），也可以用這種方式，去醃製和炭烤煙燻成教人流口水的米其林等級豬肉料理。

6. 將豬腩排直接放在炭烤煙燻爐的架子上，骨頭那面朝下，炭烤煙燻 4 至 5 小時，視需要加入木材，完成的豬腩排會軟到可以用手指分開，肉還會從骨頭末端縮回約 ½ 吋（1.3 公分）（請參閱 96 頁步驟 7 中的肉熟度測試說明）。

7. 大家可以把熱熱的豬腩排從爐子上拿下來後馬上出菜，並切成一根根肋排，還可以搭配芥末籽魚子醬一起上桌，我都是這樣把豬腩排端上桌的，因為我天生就耐不住性子；克里斯 · 薛佛德則主張再多加一道額外步驟：他會冷藏豬腩排，將它們切成一根根肋排，然後用木材燒的烈火烤到豬腩排外表脆脆的。）

芥末籽魚子醬 MUSTARD SEED CAVIAR

完成分量：可製作出 1¼ 杯，4 到 6 人份

可以把這道名字有「魚子醬」的料理，想成我們正在解構芥末，一窺它究竟為何能如此可口、以及如何利用它來創造全新珍饌百味，千萬別以為煙燻火腿或其他豬肉出場時，可以偷工減料少了芥末醬，沒有它，那些豬肉珍品也黯然失色！把芥末籽放在醋中慢火燉煮軟化，將芥末籽變成像鱘魚口味的魚子醬那樣質感脆脆又黏稠，再把芥末籽魚子醬跟炭烤煙燻蜜汁豬肋排（105 頁）或自製手作炭烤煙燻豬肩胛肉火腿（120 頁）一起搭配，絕世美味上桌了！

材料

½ 杯黃芥末籽

½ 杯蘋果醋

½ 杯高粱糖漿（例如金桶牌 Golden Barrel）或深色玉米糖漿

½ 杯水，需要時可再多加

1 湯匙第戎芥末醬

1 茶匙辣椒醬（挑合自己口味的），或按口味添加

約 1 茶匙粗鹽（海鹽或猶太鹽），或按口味添加

約 ½ 茶匙現磨黑胡椒，按口味添加

1. 將芥末籽、醋、糖漿和 ½ 杯水放入大型平底深鍋中，攪拌混勻，開大火用高溫煮沸這些材料，然後轉小火慢慢煨，蓋上鍋蓋，直到芥末籽半熟跟魚子醬一樣，需 30 至 45 分鐘。要經常攪拌，視需要加水，以免芥末籽燒乾。

2. 在調製出來的芥末籽魚子醬裡，按口味加入第戎芥末醬、辣椒醬、鹽與胡椒後攪拌均勻，這道芥末籽魚子醬應該要加入多種調味料。燉 3 分鐘，可以熱熱地端上桌或放冷成室溫後再上菜。通常這種事發生的機率微乎其微，但如果芥末籽魚子醬還真的剩了一些，放冰箱還可以多保存幾個星期。

自製手作叉燒肉 SMOKEHOUSE CHAR SIU
中式燒烤豬 CHINESE BARBECUED PORK

中國是亞洲一些國家裡，能在世界級的權威炭烤煙燻料理中，脫穎而出擁有自己代表作的地方，像中國茶燻鴨就是一例（168頁）。但別忘了，中國還有稱為叉燒肉的燒烤豬肉條這道菜，這個菜名字面上的意思是「叉燒──叉子的『叉』，燒烤的『燒』」，指的就是古時候廣東人把叉子形狀的烤肉串架在炭火上，用這個工具去燒烤豬肉的作法。現在的叉燒肉九成都在烤箱裡燒烤，但它的甜味（來自糖和蜂蜜）、鹹味（因為有醬油與蠔油）和脂肪（傳統上，叉燒肉條是指油脂多的豬肩胛肉部位）交織出無人能擋的好滋味，跟西方經典燒烤料理的味道不分軒輊。這讓我很好奇：假如在炭烤煙燻爐裡烤叉燒肉會怎麼樣？於是就有了這道自製手作叉燒肉。

完成分量：當開胃菜時，可供 6 至 8 人份，主菜則為 4 人份

製作方法：熱燻

準備時間：20 分鐘

滷製時間：6 到 8 小時

煙燻時間：1¼ 到 1½ 小時

生火燃料：櫻桃或蘋果木／可完成 1 小時的燻烤過程（6 頁圖表）

工具裝置：一個即時讀取溫度計

採買須知：若附近的肉類市場會賣無骨豬肩胛肉，那料理起來就簡單多了！如果找不到貨源，可以採購裡面有骨頭的那種豬肩胛肉，再自己切掉肩胛骨即可。

了解幾種中國食材，包括蠔油這種濃郁的咖啡色調味料，它有牡蠣的大海味；也可參閱 98 頁介紹的五香粉、海鮮醬、米酒、和亞洲（黑）芝麻油。

材料

準備要用的豬肉和揉搓粉

2 磅（0.91 公斤）無骨豬肩胛肉（最好是大理石油花均勻密布的肉）

3 湯匙外表裹糖蜜的紅糖或暗紅糖

1 湯匙中國五香粉

1 湯匙現磨白胡椒粉

準備滷汁來泡豬肉

3 湯匙蜂蜜

3 湯匙醬油

2 湯匙蠔油

2 湯匙米酒（紹興酒）、日本酒（清酒）或乾雪利酒

1 湯匙亞洲（黑）芝麻油

1 湯匙海鮮醬（可加可不加）

植物油，用於幫金屬絲網架上油

準備上菜要搭配的佐料

2 根青蔥，修剪後把蔥白和蔥綠斜切成薄片

1 湯匙烘烤芝麻籽

½ 杯精製中式芥末醬

---

1. 把豬肉順紋切成約長 8 吋（20.3 公分）且寬和厚各 1½ 吋（3.8 公分）的肉條，將切好的肉放在大碗裡。

2. 製作揉搓粉：將糖、五香粉和胡椒放在小碗中，用手指把這些食材攪在一起，將這碗綜合材料灑在豬肉上，動動指頭把佐料揉搓到肉中，讓豬肉條每一面都能徹底入味。

3. 製作滷汁：將蜂蜜、醬油、蠔油、米酒、芝麻油和海鮮醬（假如用了海鮮醬），放在小碗裡拌勻。把這碗綜合滷汁倒在豬肉上，翻動肉條使肉的外表能沾裹上滷汁。用保鮮膜蓋住豬肉，放進冰箱中滷 6 至 8 小時。

4. 按照製造商的説明設定炭烤煙燻爐，並預熱至華氏 225

其他事項：若希望這道菜的不要太肥太油？用豬的大里肌、小里肌肉或大里肌末端無骨肉最多的豬肋排（鄉村風格豬肋排 country-style ribs）。想要這道料理油脂更豐富嗎？用豬腩排和豬嫩背肋排來揉搓和泡滷汁（可依循下面圖表中的吸煙溫度和時間來進行）。注意在中國餐館點的叉燒肉通常會有淡紅色的色調，這是因為他們在滷汁中加了幾滴紅色食用色素，我個人不特別強調要這樣做，但若喜歡也可以試試看。

至 250 度（攝氏 107 至 121 度），根據指示添加木材。

5. 幫炭烤煙燻爐的架子上油。把無骨豬肩胛肉瀝乾放在炭烤煙燻爐的架子上，滷汁留在小平底深鍋裡。炭烤煙燻 1 小時，同時，用中高溫煮沸滷汁，讓它沸騰 3 分鐘。將滷汁放涼一點。

6. 把滷汁刷在無骨豬肩胛肉的每一面，繼續炭烤煙燻無骨豬肩胛肉，直到豬肉裡面的溫度達到華氏 160 度（攝氏 71

度），需 15 到 30 分鐘。（使用即時讀取溫度計來檢查肉的溫度）把無骨豬肩胛肉挪到橢圓形大淺盤上，並將剩餘的滷汁淋在豬肉上。

7. 撒上青蔥和芝麻籽（如果用到芝麻籽），把叉燒肉端上桌，假如要當開胃菜，可以拿牙籤去叉這些豬肉條。還有，堅持叉燒肉一定要配中式芥茉醬的人（包括我）還蠻多的喔！

如何炭烤煙燻豬肉

各種豬肉部位	分量	炭烤煙燻爐溫度	時間	豬肉裡面溫度／判斷熟度
豬肩胛肉（上肩肉）	5 到 7 磅（2.27 公斤）	華氏 225 至 250 度（攝氏 107 至 121 度）	6 至 8 小時	華氏 200 度（攝氏 93 度）
豬腹脇肉（五花肉）（培根）	3 到 3½ 磅（1.36 到 1.59 公斤）	華氏 160 至 175 度（攝氏 71 至 79. 度）	3½ 到 4 小時	華氏 155 度（攝氏 68 度）
豬腹脇肉（五花肉）（燒烤）	3 磅（1.36 公斤）	華氏 225 至 250 度（攝氏 107 至 121 度）	3 到 3½ 小時	華氏 160 度（攝氏 71 度）
豬的大里肌（愛爾蘭培根或加拿大培根）	2½ 至 3 磅（1.13 至 1.36 公斤）	華氏 225 至 250 度（攝氏 107 至 121 度）	3 到 4 小時	華氏 160 度（攝氏 71 度）
豬排（厚）	1 至 1½ 磅（0.45 至 0.68 公斤）／每塊豬排	華氏 225 至 250 度（攝氏 107 至 121 度）+ 直接高溫火烤	1½ 至 2 小時 + 4 至 6 分鐘	華氏 150 至 160 度（攝氏 66 至 71 度）
豬嫩背肋排（小排）	一排 2 至 2½ 磅（0.9 至 1.13 公斤）	華氏 225 至 250 度（攝氏 107 至 121 度）或華氏 325 至 350 度（攝氏 163 度至 177 度）	3½ 至 4 小時或 1¼ 至 1½ 小時	肋排會又軟又嫩，肉從骨頭的末端縮回 ¼ 至 ½ 吋（0.6 到 1.3 公分）
聖路易市風格豬肋排	每排 2½ 至 3 磅（1.13 至 1.36 公斤）	華氏 225 至 250 度（攝氏 107 至 121 度）	3½ 至 4 小時	聖路易市風格豬肋排會又軟又嫩，肉從骨頭的末端縮回 ¼ 至 ½ 吋（0.6 至 1.3 公分）
豬腩排	每段 3 至 4 磅（1.4 至 1.8 公斤）	華氏 225 至 250 度（攝氏 107 至 121 度）	4½ 至 5 小時	豬腩排會又軟又嫩，肉從骨頭的末端縮回 ½ 吋（1.3 公分）
豬後腿肉頂端	9 至 10 磅（4.08 至 4.54 公斤）	華氏 100 度（攝氏 38 度）或不到華氏 225 至 250 度（攝氏 107 至 121 度）	冷燻要 12 個小時／熱燻則為 12 個小時	華氏 160 度（攝氏 71 度）
整個豬後腿肉（腿部）	18 至 20 磅（8.16 至 9.07 公斤）	華氏 100 度（攝氏 38 度）或不到華氏 225 至 250 度（攝氏 107 至 121 度）	冷燻要 24 個小時／熱燻則為 18 個小時	華氏 160 度（攝氏 71 度）

無敵 XXL 號特大豬排 MONSTER PORK CHOPS
屠夫與公豬餐廳的炭烤煙燻與燒烤風格
SMOKED AND GRILLED IN THE STYLE OF BUTCHER AND THE BOAR

所有東西都是小而美、小而巧嗎？或許這個道理適用於珠寶，但講到用炭烤煙燻爐或燒烤架烹調出來的美味佳餚，那就是另外一回事了，假如想體驗究竟重量級特大號尺寸能多令你心滿意足，各位可以衝到明尼蘇達州的屠夫與公豬餐廳，品嘗浸過鹵水的炭烤煙燻勁辣燒烤雙倍超厚豬排來驗證一下就知道了，它採用三道程序來保持豬排濕潤多汁：先從雙倍超厚豬排（每塊重量超過 1 磅／0.45 公斤）處理，增加豬排裡面的肉與表面的比例，（表面是豬排會漸漸散失水分而變乾的地方。）再用鹽、糖和喜馬拉雅鹽製成的鹵水去醃製豬排，使豬肉的蛋白質結構鬆散，讓豬排能保留更多肉汁（請參閱 163 頁的解析浸鹵水技術）。炭烤煙燻後，再於豬排表面裹上橄欖油及辣粉製成的揉搓粉，並用木頭燒得正旺的大火來火燒豬排，這樣做會鎖住豬肉水分，烤出焦酥外皮、濃郁香味升級！別讓這看似漫長的準備時間嚇得裹足不前，這段文字敘述其實操作起來還不到 30 分鐘。

完成分量：4 人份

製作方法：熱燻

準備時間：20 分鐘

浸鹽時間：12 小時

煙燻時間：1½ 到 2 小時

燒烤時間：4 到 6 分鐘（可燒烤也可不燒烤）

生火燃料：屠夫與公豬餐廳使用綜合蘋果木、櫻桃木加橡木的三合一燃料／可完成 2 小時的燻烤過程（6 頁圖表）

工具裝置：一個超大堅固耐用可重複密封的塑膠袋（可用可不用）；一個即時讀取溫度計

採買須知：雙倍超厚豬排哪裡買？最簡單的方法是採購有八根肋排而且是中間部位的豬肋排架，並橫切成兩根骨頭一組的豬排；第二個辦法是跟自己熟識的肉販訂雙倍超厚豬排，而且最好是土種豬。還要選購含鹽和亞硝酸鈉的喜馬拉雅鹽（請參閱 105 頁的鹽和亞硝酸鈉成分百分比說明），可以在信譽良好的肉類市場購買、或到亞馬遜網站訂購。

材料

準備要用的豬肉和鹵水

- 4 片雙倍超厚帶骨豬排，每片 1¼ 至 1½ 吋（3.2 至 3.8 公分）厚，1 至 1½ 磅（0.45 至 0.68 公斤）重
- 1 杯粗鹽（海鹽或猶太鹽）
- ⅓ 杯糖
- 4 茶匙喜馬拉雅鹽（玫瑰鹽）（普德粉〔保色粉〕1 號或因世達醃肉鹽 1 號）
- 1 夸脫（946 毫升）熱水
- 1 夸脫（946 毫升）冷水
- 植物油，用於幫金屬絲網架上油

準備揉搓粉（可用可不用）

- ¼ 湯匙純辣粉（例如安丘辣椒）
- ¼ 杯暗或淺紅糖
- 3 湯匙粗鹽（海鹽或猶太鹽）
- ¼ 杯特級初榨橄欖油，需要時可再多加

1. 將雙倍超厚帶骨豬排放入不會出現化學反應的烤盆裡，空間要大到可以裝得進豬排，或放進堅固耐用且可重複密封的塑膠袋裡。

2. 製作鹵水：將粗鹽（海鹽或猶太鹽）、糖、鹽漬要用到的喜馬拉雅鹽放在大碗中，加入熱水攪拌到鹽和糖溶解，再把這碗鹵水在冷水中攪拌，讓它冷卻至室溫。將鹵水倒在豬排上淹過肉，用保鮮膜蓋住烤盆，或倒入塑膠袋擠出空氣並密封袋子，把袋子放在平底鍋裡（假如任何材料漏出來，都能

其他事項：在不必另外進行揉搓和燒烤步驟的情況下，就可以把熱騰騰出爐的炭烤煙燻雙倍超厚豬排，從炭烤煙燻爐裡拿出來直接上菜，那就像得到一塊有熱燻豬後腿肉質感的豬排；但如果在上桌前，先在燒烤架上把豬排用高溫炭烤煙燻到滋滋作響，這樣火烤氣息和衝天香氣會更明顯，而且這麼做還多了個好處：可以提前幾天先把豬排炭烤煙燻好，要上桌前先拿去燒烤架上加熱。（炭烤煙燻後將豬排冷卻至室溫，然後把豬排蓋上並冷藏，準備要燒烤時再取出。）106 頁的芥末籽魚子醬跟這道無敵 XXL 號特大豬排是最佳拍檔！

繼續留在鍋中），將這袋帶骨豬排送進冰箱裡浸鹽 12 小時，期間需翻面一到兩次。

3. 如果打算在炭烤煙燻後燒烤這道無敵 XXL 號特大豬排，這時候可以製作揉搓粉：作法是把將辣粉、紅糖和鹽放在攪拌碗中充分攪拌，並用手指捏碎所有結成塊的紅糖。

4. 把豬排瀝乾，將鹵水倒掉，用冷水沖洗，拿紙巾擦乾豬排。

5. 按照製造商的說明設定炭烤煙燻爐，並預熱至華氏 225 至 250 度（攝氏 107 至 121 度），根據指示添加木材。

6. 幫炭烤煙燻爐架子上油，將豬排直接放在架子上，並把豬排炭烤煙燻到呈現微焦黃色，豬排內部溫度為華氏 145 度／攝氏 63 度（使用即時讀取溫度計）。這個過程需要 1½ 到

2 小時來完成；假如要直接上菜，需把豬排烤到肉裡面的溫度變成華氏 150 度（攝氏 66 度）。

7. 不過要是能按照下面幾個步驟所述去揉搓和燒烤豬排，豬排不僅會風味絕佳，也能擁有焦酥外皮：將燒烤架設定為直接燒烤模式並預熱到中高溫，還要幫燒烤架的網架刷油。

8. 用橄欖油揉搓或刷一刷豬排每個角落，將揉搓粉倒在豬排全身，再用指尖將揉搓粉揉搓到肉裡。

9. 直接燒烤豬排，要烤到豬排上下兩面都因高溫而發出嘶嘶聲，每面要燒烤 2 至 3 分鐘。在燒烤過程途中，要把兩面豬排都轉四分之一圈，將象徵烤肉的十字交叉線蓋在豬排上，還有也千萬不可以漏掉燒烤豬排的邊緣。

DIY 炭烤煙燻培根 MADE-FROM-SCRATCH BACON

有什麼家庭手工炭烤煙燻食物，能讓旁人覺得真是酷斃了、更不用說親手作它的人還能自吹自擂？說起來能跟培根較勁的恐怕不多。自己炭烤煙燻培根，我們就能一手掌控豬腹脇肉（五花肉）品質、醃製調味料，木頭煙燻香氣、甚至培根片厚度。第一次自製的培根出爐時，有這種心情不足為奇——各位會想老王賣瓜、自賣自誇！以下是一般自己炭烤煙燻培根的步驟，並教大家如何製作出符合個人口味並充滿個人特色的培根。

材料

- ⅓ 杯粗鹽（海鹽或猶太鹽）
- 3 湯匙現磨的黑胡椒或搗碎的黑胡椒子
- 2 茶匙喜馬拉雅鹽（普德粉〔保色粉〕1 號或因世達醃肉鹽 1 號）
- ⅓ 杯用力壓實的暗紅糖、砂糖、非精製蔗糖（如 Sucanat）、楓糖，或把這些甜味劑組合在一起。

- 1 塊（3 至 3½ 磅／ 1.36 至 1.59 公斤）豬腹脇肉（最好是採用如有白色斑點的黑豬盤克夏豬或肉質精實的杜洛克豬這樣的土種豬——請參閱 18 頁），去掉豬皮（請參閱注意事項）

1. 將粗鹽、胡椒和喜馬拉雅鹽放入攪拌碗中，用手指充分攪拌。再跟糖混合在一起，要把結成塊的紅糖弄碎。

2. 將豬腹脇肉放在有邊緣的烤盤上，撒上一半的醃料，並將醃料揉入肉中。翻過來將剩下的醃料再鋪上去揉搓到肉裡面，把肉以及任何多出來的醃料放入大型可重複密封的塑料袋中。（有個訣竅是：在將肉放進去之前，先把袋子頂部往下面並朝外捲 1 吋，讓袋子的夾鏈軌道不會沾到一顆顆的醃料。）擠出袋子的空氣並把袋子密封起來，放在平底鍋裡，防止袋子裡面任何材料漏出來。

3. 將豬腹脇肉醃製 6 天，每天把肉翻面，讓醃料重新蓋住肉，而且醃料汁液會愈積愈多，因為醃料讓培根脫水，醃料汁液則會聚集在袋子裡，也可以把這些醃料汁液想成是鹵水。

4. 瀝乾豬腹脇肉，用冷水把肉沖洗乾淨，再拿紙巾擦乾，將肉鋪在金屬絲網架上，放在有邊緣的烤盤上再放進冰箱，或把豬腹脇肉置於陰涼處的風扇前面（目的是讓肉能吹吹風、接觸到空氣），並讓肉在冰箱中至少乾燥 4 小時或最久可以住到過夜，如此一來，在豬腹脇肉上面就會形成薄膜——即外皮，它有紙的質感，乾乾的，

完成分量：能製作出 3 至 3½ 磅（1.36 至 1.59 公斤）的家庭手工炭烤煙燻培根

製作方法：熱燻（但要在相對較低的溫度下進行）

準備時間：10 分鐘

醃製時間：6 天

乾燥時間：4 小時或久到隔夜

煙燻時間：3½ 到 4 小時

冷藏時間：4 小時或可以久到隔夜

生火燃料：山核桃木或楓樹木和蘋果木或櫻桃木（比例大致相等）／可完成 4 小時的燻烤過程（6 頁圖表）。注意：電子炭烤煙燻爐是烹調家庭手工培根的第一選擇，可以保持一致低溫，比在燒木材或木炭的炭烤煙燻爐上更容易維持低溫。

工具裝置：一個金屬絲網架、無襯裡的屠夫紙（可用可不用）、一個即時讀取溫度計

採買須知： 以前要採購豬腹脅肉得特別跟當地的肉店交待才有貨，現在去全食超市就能買得到。一個完整的豬腹脅肉重達 10 到 12 磅（4.54 到 5.44 公斤），這份食譜需要一塊 3 到 3½ 磅（約 1.36 至 1.59 公斤），在家裡處理起來會比較容易，要求方便的話，就要吩咐肉販把豬皮去掉，還要購買含鹽和亞硝酸鈉的喜馬拉雅鹽（參閱 16 頁）。可以去值得信賴的肉類市場購買、或到亞馬遜網站網購。

其他事項： 自製培根時，有一掛的人會加乾燥的調味料去醃製培根，另一票人則選擇鹵水醃製，這兩派人馬勢均力敵，我屬於前者——我發現乾醃會為培根塑造出更豐富更濃烈的滋味。若想嘗試後者，可使用 109 和 120 頁的鹵水食譜。而甜味劑則有多重選擇，我自己相當著迷的是暗紅糖的大自然風味；要是希望鹵水味道更辣，可以用等量的乾辣椒末代替最多 1 湯匙的黑胡椒粉。

摸起來粘粘的。有了它，燻煙就會粘附在豬腹脅肉上。

5. 按照製造商的說明設定炭烤煙燻爐，並預熱至華氏約 170 度（攝氏 77 度），根據指示添加木材。

6. 將豬腹脅肉直接放在炭烤煙燻爐的網架上，要炭烤煙燻到古銅色，豬腹脅肉裡面的溫度達到華氏 155 度／攝氏 68 度（使用即時讀取溫度計）。視豬腹脅肉和炭烤煙燻爐的大小，需要 3½ 到 4 小時。

7. 將這塊豬腹脅肉搬到金屬絲網架上，放在有邊緣的烤盤上，讓肉冷卻到室溫，再用屠夫紙或保鮮膜緊緊包裹住豬腹脅肉，再把肉冷藏至少 4 小時，最好放到隔夜，如此一來可以鎖住煙燻的香氣和味道。若冷藏起來可以保存 5 天，冷凍的話可貯存好幾個月。

8. 該怎麼準備要端上桌的培根？將培根切成 ⅛ 至 ¼ 吋（0.3 至 0.6 公分）厚的培根片，在鑄鐵煎鍋裡煎到脆脆的（要從冷鍋開始煎，培根肉才不會縮得太厲害），或在燒烤架上烤培根（用中高溫直接燒烤）。要把網架盡量清空一點，才容易移動培根避免自己被濺上來的油脂炸到；也可以烘烤或間接燒烤培根（烤箱或燒烤架溫度應為華氏 375 度／攝氏 191 度）。高朋滿座時，這樣烤培根最從容。

注意事項： 要用長而鋒利的刀去掉豬皮，從某個角落開始，將刀放在皮和肉之間，把刀來來回回地鋸。脫掉了 2 吋（5.1 公分）的皮之後，在離脫皮角落邊緣約 1 吋（2.5 公分）的地方，開一個 ½ 吋（1.3 公分）的縫隙，把手指插進縫隙裡，再單手把豬皮拉起來，繼續幫豬腹脅肉去皮，一邊切一邊用手指把豬皮抓起來，這個過程稍加練習就會熟能生巧。

炭烤煙燻愛爾蘭培根或加拿大培根
IRISH BACON OR CANADIAN BACON

培根不算是大家口中的健康食物（雖然對我們燒烤社群不少成員來說，吃飯時一定不能沒有培根），但有種培根是用瘦豬肉大里肌作成的，可以跟天生油脂很多的豬腹脇肉劃清界限，這樣的瘦肉培根是愛爾蘭與加拿大培根，它們都是拿一頭豬上層的肉作為原料：愛爾蘭培根（愛爾蘭人稱它為燻肉或火腿薄片）周圍有一圈油脂，會散發出好味道，讓人聯想到豬腹脇肉培根的風味；而加拿大培根大部分脂肪都被修掉了。現在要介紹的，是密蘇里州堪薩斯城肉販暨炭烤煙燻巨頭亞歷克斯・波普（Alex Pope）的豬肉專賣鋪與三明治店「在地豬」（Local Pig），推出的愛爾蘭培根產品製作方法。

材料

6 個完整的八角

1½ 茶匙茴香籽

1½ 茶匙黑胡椒子

2 夸脫（1.89 公升）水

1 杯粗鹽（海鹽或猶太鹽）

⅔ 杯糖

2 茶匙喜馬拉雅鹽（普德粉〔保色粉〕1 號或因世達醃肉鹽 1 號）

1 杯大致上剁一剁切成塊的新鮮茴香（包括球莖和葉子）

2 枝新鮮百里香或 1 茶匙乾燥的百里香

1 片月桂葉

1 個大蒜瓣，去皮，並用大廚刀或切菜刀的一邊搗碎

2½ 到 3 磅（1.13 到 1.36 公斤）中間部位的豬肉大里肌

完成分量：6 到 8 人份

製作方法：熱燻

準備時間：20 分鐘，再加 2 小時讓浸鹽的豬的大里肌冷卻到室溫

浸鹽時間：4 至 5 天

煙燻時間：2 個半小時或根據需要而定。

生火燃料：蘋果木／可完成 2½ 小時的燻烤過程（6 頁圖表）。

工具裝置：一個即時讀取溫度計、金屬絲網架、超大堅固耐用可重複密封的塑膠袋

採買須知：採購豬的大里肌，最好是土種豬，周圍的脂肪也要完好無損。選購含鹽和亞硝酸鈉的喜馬拉雅鹽（請參閱 105 頁的鹽和亞硝酸鈉成分百分比說明），大家可以在客戶滿意度高的肉類市場購買、或在亞馬遜網站訂購。八角產自中國和越南，和松樹是同一科，有炭烤煙燻甘草香味，大多數超市都找到。

其他事項：與 113 頁的 DIY 炭烤煙燻培根不同，愛爾蘭和加拿大培根是用鹵水醃製的，而非用乾燥的香料。（因為豬的大里肌肉很瘦，在炭烤煙燻過程中，鹵水有助於保持豬的大里肌濕潤含水。）假如想用鹵水醃製豬腹脇肉培根，可用本份食譜中的鹵水體會一下過程。

1. 製作鹵水：開中大火，在鍋底較厚的湯鍋裡乾烤八角、茴香籽和胡椒子，把它們烤得焦香，需 2 到 3 分鐘，要常常翻動它們。再加入水、粗鹽、糖、喜馬拉雅鹽、茴香籽、百里香、月桂葉和大蒜煮沸，偶爾攪拌一下，沸騰到鹽和糖熔解為止，需 3 分鐘。再讓鹵水完全冷卻至室溫。

2. 把豬的大里肌放在超大堅固耐用可重複密封的塑膠袋裡，加入鹵水，擠出袋子裡的空氣並密封袋子，放在平底鍋裡以防材料從袋子裡漏出來。放進冰箱冰起來 4 到 5 天，每天幫豬的大里肌翻一次面，注意：可以在第 1 天就拿一些鹵水注入到豬的大里肌裡（請參閱 164 頁），並在 2 天後再次注射鹵水到肉裡，即可把整個浸鹽過程加速 1 天。

3. 把豬的大里肌瀝乾，丟棄鹽水。沖洗後用紙巾把豬肉擦乾。先擺在金屬絲網架上，再放在有邊緣的烤盤上，在室溫下風乾 30 分鐘。

4. 按照製造商的説明設定炭烤煙燻爐，並預熱至華氏 225 至 250 度（攝氏 107 至 121 度），根據指示添加木材。

5. 把豬的大里肌直接放在炭烤煙燻爐的架子上，炭烤煙燻成古銅色，豬肉裡的溫度達到華氏 160 度（攝氏 71 度），大約要 2 個半小時。（使用即時讀取溫度計）

6. 把豬的大里肌移到金屬絲網架上，放在有邊緣的烤盤上，冷卻至室溫，再用保鮮膜裹緊後冷藏起來。

7. 上桌時，得先將肉順紋切成薄片，再燒烤或煎炸加熱即可。

燒烤豬腹脇肉 BARBECUED PORK BELLY

完成分量：6 到 8 人份

製作方法：熱燻

準備時間：10 分鐘

煙燻時間：3 到 3½ 個小時

生火燃料：馬基用相等分量的山核桃木和櫻桃木／可完成 3½ 小時的燻烤過程（6 頁圖表）。

工具裝置：一個即時讀取溫度計

採買須知：採購豬腹脇肉通常要專程叮嚀當地肉店準備，現在去全食超市就能買到。

培根離不開炭烤煙燻和鹽，而燒烤則十之八九都圍繞在炭烤煙燻和香料這兩件事上，它們加起來就變成這道燒烤豬腹脇肉——這個菜色的製作靈感是從名為 Q39 的密蘇里州堪薩斯城一家新潮流燒烤餐廳來的，該餐廳的經營者是名叫羅布·馬基（Rob Magee）的老派主廚暨炭烤煙燻巨擘。最令人驚奇的是，在炙熱高溫下烤得滋滋作響的這道燒烤豬腹脇肉，不僅裹上香料烤出來的外皮既香又酥，居然還能同時保留住新鮮豬肉的甜美滋味，絕對不會有人把它誤認為培根。可與香氣撲鼻的芥末醋醬一起端上桌。

材料

1 塊（3 至 3½ 磅／ 1.36 至 1.59 公斤）豬腹脇肉

2 湯匙粗鹽（海鹽或猶太鹽），另外多準備一些當調味料

2 湯匙糖

2 湯匙甜紅椒粉

1 湯匙小顆粒大蒜

1 湯匙純辣粉

1 湯匙磨碎的孜然

1½ 茶匙現磨的黑胡椒，另外多準備一些當調味料

1½ 茶匙乾芥末粉（最好是牛頭牌 Colman's）

½ 茶匙現磨白胡椒粉，或更多黑胡椒粉

½ 茶匙卡宴胡椒

芥末醋醬（可加可不加；食譜如下）

1. 幫豬腹脇肉去皮（請參閱 114 頁的「注意事項」）後，豬肉上下兩面都要畫記號，切一個有 1 吋大（2.54 公分）的象徵烤肉的十字交叉線圖案，刻痕為 ¼ 吋（0.64 公分）深。

其他事項：豬腹脇肉上菜時，它的吃法可不只一種，可切成 ¼ 吋（0.64 公分）厚的切片，並用這片豬腹脇肉來取代培根生菜番茄三明治（BLT）裡的培根；或放在炭烤煙燻漢堡還是炭烤煙燻起司漢堡上都好（136 頁），也可以堆在像 220 頁的炭烤煙燻法式豆菜——燜煮乾扁豆燴肉（又名卡酥來砂鍋）上。但最好的吃法應該是把這塊豬腹脇肉切成一口大小的肉，用牙籤插起來再送進嘴裡大嚼特嚼！

2. 製作揉搓粉：將鹽、糖、辣椒粉、大蒜、辣粉、孜然、黑胡椒、芥末粉、白胡椒（如果用了白胡椒）、和紅辣椒粉放在碗裡，用手指攪在一起，再把這道揉搓粉撒在豬腹脇肉的上、下和側面，用指尖把揉搓粉揉進肉裡。

3. 按照製造商的說明設定炭烤煙燻爐，並預熱至華氏 225 至 250 度（攝氏 107 至 121 度），根據指示添加木材。

4. 把豬腹脇肉放在炭烤煙燻爐的架子上，有脂肪那面朝上，炭烤煙燻到烤成古銅色，豬肉裡面的溫度達到華氏 160 度（攝氏 71 度），過程需要 3 到 3½ 小時。

5. 把豬腹脇肉切成骰子狀或橫向（順紋切）切成 ½ 吋（1.27 公分）厚的切片，即可上菜！假如想加醬料，可以淋上去。

6. 希望豬腹脇肉片焦焦黃黃、色香味俱全嗎？稍微加些鹽和胡椒調味，把燒烤架預熱到高溫，再將豬腹脇肉片排在網架上，放成斜的，燒烤到肉上下兩面都因受熱而嘶嘶作響，呈現焦黃色澤，每面需烤約 2 分鐘。（烤過 1 分鐘後，每片肉都要轉四分之一圈，把象徵烤肉的十字交叉線嵌在肉上）豬腹脇肉的油脂熔化時，很可能會濺出滾燙的火花炸到人，所以要在燒烤架上預留足夠的操作空間，去閃躲這些火焰地雷，或也可使用煎鍋來烤上色。

芥末醋醬 MUSTARD VINEGAR SAUCE

完成分量：可作好 4 杯

豬腹脇肉要搭配什麼蘸醬？可以用味道強烈的芥末醬醋，加上賀普喜啤酒公司（hopsy）出品的麥芽製黑啤酒。

材料

2 杯罐頭番茄醬	1 茶匙現磨的黑胡椒
¾ 杯蘋果醋，或按口味添加	1 茶匙糖
½ 杯第戎芥末醬	1 茶匙洋蔥粉
½ 杯黑啤酒	½ 茶匙粗鹽（海鹽或猶太鹽），或按口味添加
1½ 茶匙乾辣椒末	

把所有的材料放在大型平底深鍋裡攪拌，燉至材料質感濃稠、香味濃郁，需 6 至 10 分鐘，要一直攪拌。調整醋醬的味道，按口味添加醋或鹽調味：這道芥末醬醋應該要味道濃烈而且香氣濃郁。

世界首屈一指的珍奇火腿

火腿能讓豬肉永垂不朽，最基本的火腿是豬後腿肉用鹽乾醃、或在鹵水中進行濕醃，然後再乾燥及炭烤煙燻而成，有時還會多了烘烤這道程序；並非每一種享譽全球的火腿都會經過炭烤煙燻處理，好比義大利煙燻鹽醃風乾生火腿（Italian prosciutto）或西班牙風乾白豬火腿（塞拉諾白豬火腿）（Spanish Serrano），不過火腿饕客們普遍肯定，炭烤煙燻會讓火腿更添芬馥香氣。

火腿分為兩大類：**熟火腿（cooked hams）**和**醃火腿（cured hams）**。

熟火腿是把鹵水或濕醃的材料（請參閱 163 頁），以浸泡、注射或滾打（tumbling）等方式注入新鮮的豬肉裡。

火腿肉會呈現玫瑰色是因為醃鹽劑的緣故，好比亞硝酸鈉（請參閱 163 頁），沒有它的火腿，在外觀和味道上都會像烤豬肉。熟火腿會預先煮熟並稍微炭烤煙燻過，所以我們一切開熟火腿馬上就可以入口了。頂級熟火腿之所以能散發出煙燻香氣，都是因為用真的木頭燻煙，而平價的大眾化熟火腿在製作過程中，根本沒進過炭烤煙燻坊裡，完全跳過木頭煙燻這道手續，這類低價熟火腿的煙燻味，是靠鹵水中的液體燻煙來稱場面。冠軍級的熟火腿包括：

哈林頓火腿（Harrington ham）：產自佛蒙特州的熟火腿，採用鹽、砂糖、楓糖、亞硝酸鹽和佛蒙特州的泉水醃製而成，並利用楓木和玉米穗軸加以炭烤煙燻。

巴黎火腿（Jambon de Paris）（Paris ham）：典型的法國熟火腿。濕潤多汁、肉質飽溫並有溫和的炭烤煙燻味，在法國家常的烤火腿起司三明治——「庫克先生三明治」（croque monsieur）裡，可以品嚐得到。

醃火腿最初是由鹽、亞硝酸鈉、糖（通常會加）、和其他調味品如丁香或杜松子去乾醃火腿而成，這道醃製程序會讓火腿脫水，延緩腐壞問題，同時賦予它世界級金牌火腿特有的濃郁鮮美味道。醃漬後，將火腿拿去沖洗、風乾並炭烤煙燻，再花三個月至兩年不等的時間讓火腿熟成。歐洲醃火腿像義大利的斑點火腿，熟成之後就可以立即品嚐了，而美國醃火腿如維吉尼亞州火腿

或田納西州火腿，則要經歷更繁複的鹽漬手續，在烹調和端上餐桌之前，得先把它們浸泡在換過幾次的淡水中。優秀的醃火腿包括：

義大利斑點火腿：它是用義大利阿爾卑斯山出產的杜松木和香菜來製作火腿，加上有阿爾卑斯山風吹拂著炭烤煙燻坊，還有讓火腿熟成至少 22 週的功夫，使得斑點能洋溢屬於阿爾卑斯山的獨特風味。我最愛的斑點火腿品牌是 Valdovan。可以把醃火腿切成薄如紙片後，搭配瑪麗鹹餅乾（Mary's Gone Crackers, Inc.）出品的凱威鹹餅乾（caraway crackers）一起上菜。

黑森林火腿（Schwarzwälder Schinken）與威斯特法利亞火腿（萬斯法倫火腿）（Westphalian Schinken）：指德國的重口味乾醃炭烤煙燻火腿，使用德國西部黑森林的橡樹林。前者是用大蒜、香菜、杜松子和其他香料進行鹽漬和調味後，用點燃的杜松木來冷燻數週；後者的製作材料則是以橡子養肥的豬，並用山毛櫸木和杜松木來炭烤煙燻。

史密斯菲爾德火腿（Smithfield ham）／維吉尼亞州火腿：指維吉尼亞州南部史密斯菲爾德地區出產的重口味鹽漬山核桃木炭烤煙燻火腿。跟歐洲炭烤煙燻鹽漬火腿不一樣，維吉尼亞州火腿要先浸泡在水中以去除多餘的鹽，接著炭烤煙燻，之後再切片並端上桌。

薩里揚諾火腿（Surreyano）：它是位於美國維吉尼亞州薩里市的 S. 華倫斯愛德華茲與孫斯公司（S. Wallace Edwards & Sons）出品的極致甜味慢煮炭烤煙燻火腿，品嚐前不需要浸泡去鹽：切成紙狀薄片味道一級棒！

田納西州火腿：指田納西州山間出產的炭烤煙燻火腿，領導品牌是麥迪遜維爾市（Madisonville）的本頓公司（Benton's Smoky Mountain Country Hams）推出的田納西州火腿。在用山核桃木炭烤煙燻之前，會先以鹽、紅糖、胡椒和亞硝酸鈉醃製，並熟成至少十個月。

英國約克火腿（York ham）：是產自英格蘭約克市的乾醃且稍微炭烤煙燻過的熟火腿，特色是玫瑰色的肉、質地緊實且肉質鮮美，與強烈的豬肉香味。

炭烤煙燻豬肩胛前腿肉 SMOKEHOUSE SHOULDER HAM

完成分量：1 個豬肩胛前腿肉，當開胃菜為 12 至 16 人份，主菜為 8 到 10 人份。

製作方法：先冷燻，然後再熱燻

準備時間：30 分鐘

浸鹽時間：7 天

冷燻時間：12 小時。可使用炭烤煙燻坊、加水式炭烤煙燻爐或電子炭烤煙燻爐。

熱燻時間：10 至 12 小時，我喜歡使用裝了溫度控制器的竈式炭烤煙燻爐，但也可以使用加水式炭烤煙燻爐、電子或丙烷炭烤煙燻爐、或鍋式燒烤架。

生火燃料：山核桃木和（或）蘋果木／可完成 24 小時的燻烤過程（6 頁圖表）。

工具裝置：一個肉類用注射器、超大堅固耐用可重複密封的塑膠袋、金屬絲網架、符合食品安全規範的大型食品級塑膠桶或湯鍋、結構牢固的粗棉線（可用可不用）、即時讀取溫度計或遙控數位溫度計。

醃製和炭烤煙燻整塊豬肩胛前腿肉全部都你自己一手包辦，不假他人之手：如果這不叫大師中的大師，什麼才是？！這個過程包括四種標準作業程序：放在鹵水中醃製、注射鹵水、冷燻，接著熱燻，每種技術都會為豬肩胛前腿肉增添一道獨特的風味。鹵水會打理出豬肉特有的風味，像是甜味、鹹味、肉香味、鮮味，而注射則加快了豬肉原本的醃製過程；冷燻可以幫忙把木頭炭烤煙燻味鑲入肉中，熱燻負責煮熟豬肩胛前腿肉。

但幹嘛要那麼累，不能買現成的名店豬肩胛前腿肉來切一切就好嗎？當然可以，但把這像小山一樣壯觀的豬肩胛前腿肉從炭烤煙燻爐上拿出來時──它有燻煙打造出來的深古銅色豬肉外表，粉紅色的肉像幼嫩的小天使，迎面而來的炭烤煙燻香氣和鹹香味久久不散，這些成果包準讓身為大廚的你走路有風，因為這是有錢也買不到的傑作。不僅如此，還可以自己掌握豬肉的品質，確保選用的豬肩胛前腿肉都是百分之百的豬肉、沒有任何人工添加物。當然這個過程會有點耗時（從開始到結束為期 1 週），但實際上不太需要搞到你手忙腳亂的。謹向德州達拉斯市的炭烤煙燻巨子提姆·拜雷斯（Tim Byres）脫帽致敬，是他為我開啟了冷燻／熱燻法雙管齊下的這扇大門。

材料

鹵水製作材料

1 磅／ 0.45 公斤粗鹽（海鹽或猶太鹽）

8 盎司／ 0.23 公斤（1 杯）用力壓實的暗紅糖

2 湯匙醃漬香料

1 湯匙喜馬拉雅鹽（普德粉〔保色粉〕1 號或因世達醃肉鹽 1 號）

3 夸脫（3.41 公升）熱水加 2 夸脫（1.89 公升）冰水

額外添加的香料（可加可不加）

10 個完整丁香

5 個杜松子，用大廚刀或切菜刀的一邊搗碎

4 片月桂葉

4 條橘子皮（½ 吋 ×2 吋／ 1.3 公分 x5.1 公分）

4 個大蒜瓣，去皮，並用切菜刀的一邊輕輕地壓碎

1 湯匙完整的黑胡椒子

準備豬肩胛前腿肉

1 塊新鮮的豬肩胛前腿肉，9 到 10 磅（4.08 到 4.54 公斤）

1. 製作鹵水：把粗鹽、糖、醃漬香料、喜馬拉雅鹽和 3 夸脫（3.41 公升）熱水放在不會出現化學反應的大平底鍋裡，假如用了其他調味料，所有材料要全部一起攪拌，並用高溫

煮沸且繼續沸騰到鹽和糖完全熔解，不斷攪拌，需 3 分鐘。接著加入冰水，放到完全涼，然後放入冰箱直到變冷。

2. 將 2 杯鹵水倒進量杯中，拿肉類用注射器，沿著豬肩胛肉火腿骨頭注射，每個注射點間隔 1.5 吋（3.8 公分），把這些鹽水深深灌進豬肩胛肉火腿裡，繼續注射到量杯盡空。

3. 把豬肩胛前腿肉擺放在超大堅固耐用可重複密封的塑膠袋裡，然後放在平底鍋、或不會出現化學反應的大又深容器中，好比乾淨又符合食品安全規範的食品級塑膠桶或深湯鍋裡。把鹵水加入袋中（豬肩胛前腿肉應完全浸在鹵水裡），擠出袋子裡的空氣並密封，收到冰箱裡醃製 7 天，每天需翻面，讓肉能均勻醃製。在醃製時間過一半（3 天半）之後，再用量杯多取 2 杯鹵水，把鹵水再注射到肉裡。醃製得宜的豬肩胛前腿肉看起來是粉紅色的（就像市面上賣的一樣）。

4. 7 天後，將鹵水去除乾淨，用冷水徹底沖洗豬肩胛前腿肉，並拿紙巾把肉擦乾。假如打算掛在炭烤煙燻爐上，請用粗棉線綁緊小腿（比較窄的地方）末端，要確定粗棉線能牢固到支撐重量。若是在炭烤煙燻爐的架子上製作，就不需要粗棉線了。

5. 按照製造商的說明去設定炭烤煙燻爐的冷燻模式，根據指示添加木材。把豬肩胛前腿肉掛在炭烤煙燻爐上，或放在架子上。在不超過華氏 100 度（攝氏 38 度）的情況下，冷燻 12 小時。（冷燻不把肉煮熟，只是讓肉燻出濃濃的煙燻香味。）

6. 根據製造商的說明去設定炭烤煙燻爐的熱燻模式，並預熱到華氏 225 至 250 度（攝氏 107 至 121 度）。按照指示添加木材。

7. 熱燻到肉熟透（豬肩胛前腿肉裡面的溫度應達到華氏 160 度／攝氏 71 度），需 10 至 12 小時。我會使用遙控數位溫度計（請參閱 14 頁）來檢查溫度，也可以用即時讀取溫度計。不管使用何種溫度計，都要將探針深深插入肉中，但不要接觸到骨頭。

8. 可以把剛烤好的豬肩胛前腿肉直接上桌，或讓它在金屬絲網架上冷卻到室溫，然後蓋起來並冷藏，要上桌時再從冰箱裡拿出來，放冰箱冷藏可以存放至少一星期。可以像市面上買的豬肩胛前腿肉一樣，再澆糖汁和重新加熱。

注意事項：標準的豬後腿肉會用豬的後腿製成，但這就代表要處理的是 18 到 20 磅（8.16 至 9.07 公斤）的大塊豬肉，所以鹽水量和浸鹽時間得加倍，需要冷燻 24 小時，熱燻則要 16 小時。

採買須知：為了加速炭烤煙燻過程，可以用豬肩胛前腿肉來製作，也就是豬肩胛肉半部，有時稱為前腿肉火腿（picnic ham）。最好用土產豬肉或土種豬，例如有白色斑點的黑豬盤克夏豬或肉質精實的杜洛克豬，醃漬香料則包含香菜和芥末籽、胡椒子、月桂葉和其他更多的香料。建議選用美國的味好美（McCormick）香料品牌。還要選購含鹽和亞硝酸鈉的喜馬拉雅鹽（請參閱 16 頁的鹽和亞硝酸鈉成分百分比說明），可以在風評良好的肉類市場購買、或亞馬遜網站訂購。

其他事項：我喜歡有豬皮的豬肩胛前腿肉的樣子，所以我會把豬皮留著，但絕對不能把豬皮吃進肚子裡（但它確實為湯、燉菜、豆類和 葉羽衣甘藍〔collard greens〕增添了濃濃的煙燻香味），另一種處理豬皮的辦法是可以燒烤或油炸豬皮，作成焦香的豬皮渣或脆豬皮。假如對豬皮沒興趣，拿掉它沒關係，但要讓皮下脂肪層完好無缺。

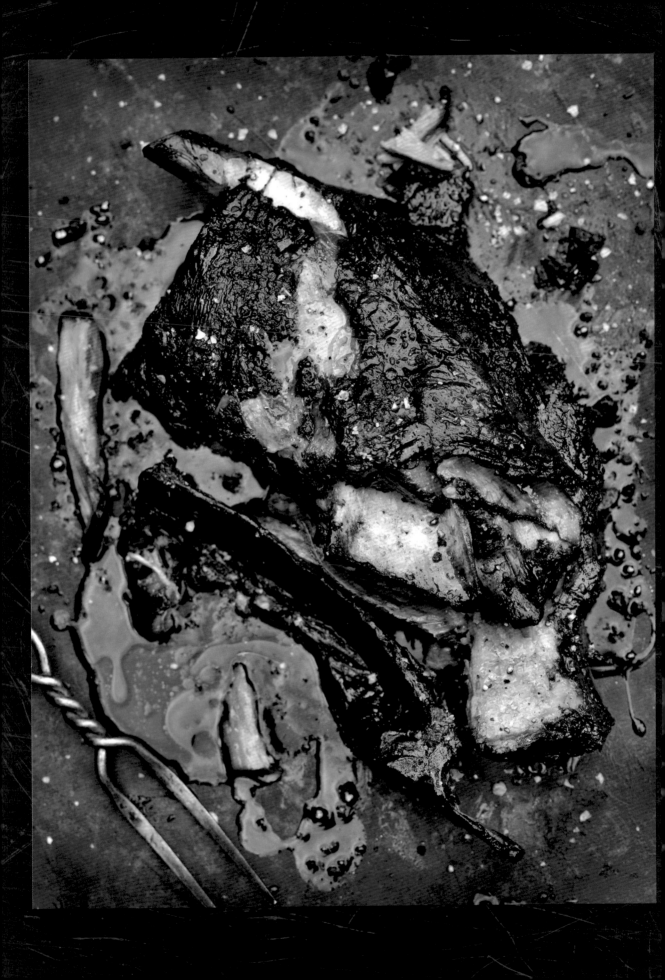

LAMB

羊肉

根據美國農業部資料統計，美國人平均每年吃掉的羔羊不到 1 磅（0.45 公斤）——真的嗎？事實上紐約布魯克林區的故鄉燒烤餐廳（Hometown Bar-B-Que）銷路最好的炭烤煙燻前胸肉小羊腩越式法國麵包（banh mi）還賣到供不應求呢！還有肯塔基州歐文斯伯勒市，此地自稱是全球燒烤羊肉發祥地，當地不少精通炭烤煙燻的高人（很多是荷蘭牧羊人）每年五月蜂擁而至參加一年一度國際燒烤節（International Bar-B-Que Festival），八百萬位來賓擠得人山人海，炭烤煙燻超過十多噸（1 公噸為 1000 公斤）羊肉。說不定您已經是炭烤煙燻過羊肉的識途老馬了，那就不難發現木頭炭烤煙燻是必殺技，能把肥美多肉的羊肉口感，塑造成高級的味覺饗宴；或者您對炭烤煙燻羊肉還很陌生，那下面這幾道食譜：包括黑色蘸醬佐「羊」裡「羊」氣燒烤羊肉、炭烤煙燻燉燴羊膝、丹佛肩胛肉羊肋排、燒烤前胸肉小羊腩這些羊肉料理，鐵定能讓你對炭烤煙燻羊肉死心塌地。

「羊」裡「羊」氣燒烤羊肉

ALMOST BARBECUED MUTTON

佐黑色蘸醬 WITH BLACK DIP

完成分量：6 至 8 人份

製作方法：熱燻

準備時間：15 分鐘

煙燻時間：6 到 8 小時

生火燃料：山核桃木／可完成 8 小時的燻烤過程（6 頁圖表）。

工具裝置：一個遙控數位溫度計或即時讀取溫度計、絕緣橡膠手套，一把切菜刀或肉爪，用途為手撕羔羊肉和把肉切成絲。

採買須知：有兩種羊肉可以選擇：一是羊肩，這裡的脂肪較多，或選第二種：羊腿，這種部位比較容易買得到。我比較喜歡用羊肩，但這兩種都做得出最高級的暢銷三明治。

其他事項：如果已經習慣把羊肉煮到時下最常見的三分熟羊肉料理，像華氏 195 度（攝氏 91 度）這種溫度說不定會讓各位覺得很錯愕，但就是要把羊肉煮到完全熟（甚至過熟），這樣羊肉才夠軟嫩。

攤開肯塔基州的地圖，在俄亥俄河經過的歐文斯伯勒市上面釘一根大頭釘，現在假想一個半圓並圍住那支大頭釘，此半圓要大到能涵蓋該市以南、西、東方各縣。在那個圓圈外面，是我們閉著眼睛炭烤煙燻都能得心應手的燒烤天地：這裡有紅色烤肉醬（或偶爾變成以蛋黃醬為基底，加入醋、辣根和芥末醬製作而成白色烤肉醬）佐牛腩、肋排、手撕豬肉、和炭烤煙燻雞這些大家如數家珍的燒烤佳餚；但在圓圈裡面又是另一種光景，這裡的人一般在品嘗山核桃木炭烤煙燻羊肉時，會淋上人世間絕無僅有的黑色烤肉醬（當地人稱它為「蘸醬」而非「醬料」）來搭配美食。一想起烤羊就垂涎三尺那實在不足為奇；但若是你一張口咬下炭烤煙燻羊肉——它們在用山核桃木生火的磚窯裡蹲了快一天，接著用檸檬和伍斯特醬調味，然後堆在用奶油烘烤的小圓麵包上，你會跟炭烤煙燻羊肉有相見恨晚的感覺！

在肯塔基州歐文斯伯勒市這個地區以外的地方，要找到成年羊肉（mutton）像是天方夜譚，所以我把傳統的食譜內容，調整為更容易取得的羔羊／小羊肉（lamb）。

材料

黑色蘸醬（請參閱 126 頁）

1 塊帶骨的小羊肩肉或小羊腿（5 至 6 磅／2.27 至 2.72 公斤）

粗鹽（海鹽或猶太鹽）或現磨的黑胡椒

6 至 8 個漢堡的小圓麵包（上面最好有芝麻籽）或硬皮麵包捲，上菜時會用到（可用可不用）

2 湯匙（¼ 條）奶油，要熔化的，跟羊肉一起上桌（可用可不用）

蒔蘿醃菜片（可加可不加）

1. 按照製造商的說明設定炭烤煙燻爐，並預熱至華氏 225 至 250 度（攝氏 107 至 121 度），根據指示添加木材。

2. 炭烤煙燻爐正在加熱時，可以準備黑色蘸醬。一杯黑色蘸醬當拖把醬，一杯要跟炭烤煙燻好的羊肉混合，最後一杯保留到上菜時用。

3. 用鹽和胡椒調味小羊肉，下手愈重愈好，把小羊肉直接放在炭烤煙燻爐的架子上，有脂肪那面朝上。如果用了溫度計，要將溫度計的探針從小羊肩的一側或小羊腿末端插進去，深入小羊肉的中心。或者在炭烤煙燻小羊肉時，用即時讀取溫度計檢查肉裡面的溫度。

4. 炭烤煙燻 2 小時後，之後的每小時都要用拖把蘸黑色蘸醬塗抹羊肉外表。根據需要補充木材，把羔羊肉炭烤煙燻到外酥內嫩，表皮顏色焦黃，肉裡面的溫度應為華氏 195 度（攝氏 91 度）。煮熟的羔羊肉非常軟嫩，用力一拉還可以拉出骨頭，全部烹飪時間是 6 至 8 小時。

5. 將羔羊肉移到砧板上，鬆鬆地在羊肉上蓋上一片鋁箔，讓它休息（靜置）15 分鐘。（鋁箔不要圍住綁死小羊肉，否則會變成了蒸羊肉，還會把肉的外殼浸濕！）戴上絕緣手套，取出骨頭並拿掉大塊脂肪，接著用切肉刀大致剁一剁，或用肉爪將羔羊肉切成大肉片，再把 1 杯黑色蘸醬拌進去，或按口味添加。

6. 如果要做成三明治端上桌，可先在小圓麵包或麵包捲上面塗奶油，再送去燒烤架或煎鍋上烘烤，然後將羔羊肉和蒔蘿醃菜片堆在烤麵包上，上菜時，把剩下的黑色蘸醬放在一邊。

黑色蘸醬 BLACK DIP

完成分量：約可製作出 3 杯

混搭伍斯特醬、檸檬汁和番茄醬汁（tomato sauce，多用於當作義大利麵的紅醬，是未經調味，最稀薄的番茄醬加工品），加上最少量的紅糖去締造出甜味，還有乾辣椒末帶來辛辣口感——這道黑色蘸醬，可以用來當作幫燒烤料理焗油的綜合醬和烤肉醬。

材料

1 杯伍斯特醬
1 杯番茄醬汁（tomato sauce）
1 杯水
3 湯匙新鮮檸檬汁

⅓ 杯用力壓實的暗紅糖，或按口味添加
2 湯匙（¼ 條）奶油
1 到 2 茶匙乾辣椒末
粗鹽（海鹽或猶太鹽）和現磨的黑胡椒

將伍斯特醬、番茄醬汁、水、檸檬汁、紅糖、奶油和乾辣椒末放在大型平底深鍋裡攪拌，用中火煮沸，不停攪拌。把火關小，慢慢煨醬到香味變濃郁，需 5 分鐘，要不時攪拌。按口味加入鹽和胡椒粉調味，如果喜歡偏甜醬汁，可以再加一點紅糖。完成後放置一旁，冷卻至室溫。

各種羊肉部位	分量	炭烤煙燻爐溫度	時間	烤好的羊肉裡面溫度／判斷羊肉烤熟了沒
一表在手，炭烤煙燻羊肉真輕鬆				
羊肩肉（帶骨）	5 至 6 磅（2.27 至 2.72 公斤）	華氏 225 至 250 度（攝氏 107 至 121 度）	6 到 8 小時	華氏 195 度（攝氏 91 度）
羊小腿（腿肉）	1¼ 至 1½ 磅（每個）（0.57 至 0.68 公斤）	華氏 225 至 250 度（攝氏 107 至 121 度）	4 到 6 小時	華氏 195 度（攝氏 91 度）
羊肋排	一段 1½ 磅（0.68 公斤）	華氏 225 至 250 度（攝氏 107 至 121 度）	2 到 3 小時	肉從骨頭的末端縮回 ½ 吋（1.3 公分）
羊腩	2½ 至 3 磅（1.13 至 1.36 公斤）	華氏 225 至 250 度（攝氏 107 至 121 度）	3 到 4 小時	華氏 195 度（攝氏 91 度）

認識煙環與它的由來

煙環是燒烤料理的榮譽紅色徽章，是指出現在烤肉表皮下方，略帶桃紅的色帶。煙環是怎麼來的？該怎麼做，才能屢試不爽烤出漂亮的煙環？

肉因為有稱為肌紅蛋白的蛋白質，因此能呈現出鮮紅色的色澤，這種顏色會受空氣或熱氣影響而變暗與發生變化。燃燒的木材會釋放出許多化合物，包括二氧化氮，該氣體溶入肉中時，會轉化為亞硝酸，接著一氧化氮會跟肌紅蛋白結合在一起，形成穩定的粉紅色分子，它能抵抗熱氣。因此，木頭燻煙就會鎖在這種珍貴、略帶桃紅的色澤裡。

由於二氧化氮會從外面被吸收進去肉裡，所以煙環只會發生在肉的外側邊緣。標準的煙環深度為 至 ½ 吋（0.3 至 1.3 公分），想把煙環擴張到最大程度嗎？秘訣是水分濕氣：

- 在前胸肉牛腩表面塗抹拖把醬、或噴蘋果汁之類的液體，讓肉的表面更潮濕，有助於把更多二氧化氮推入前胸肉牛腩中。

- 還有一種方法能創造煙環：即先浸泡碎木片之後，再把它加入木炭中。浸過水的木材在燃燒時，會比乾木材產生更多的二氧化氮。

- 第三種方法是在煙霧室裡擺一盆水或其他液體。

如果天然的木頭燻煙催生不出各位要的煙環，可以用這個方法以假亂真：在炭烤煙燻之前，先用亞硝酸鈉製成的醃製鹽——喜馬拉雅鹽來稍微揉搓肉，就會變出有醃火腿鮮艷顏色的煙環，但煙環已不是贏得比賽無往不利的門票了，堪薩斯城燒烤協會已經不再把烤出煙環列為職業評分的標準之一；而且要小心：大量亞硝酸鈉有毒。

炭烤煙燻燉燴羊膝 SMOKE-BRAISED LAMB SHANKS
亞洲風味 WITH ASIAN SEASONINGS

完成分量： 可製作出 2 份羔羊膝，可根據需要倍增分量

製作方法： 熱燻

準備時間： 20 分鐘

煙燻時間： 4 至 6 小時

生火燃料： 任何硬木都可以，但為了展現出亞洲風味，我偏愛櫻桃木或蘋果木／可完成 10 小時的燻烤過程（6 頁圖表）。

工具裝置： 一個包了鋁箔的滴油盤、一個即時讀取溫度計

採買須知： 大多數超市都會賣羔羊小腿肉，或是跟當地的肉販訂購也可以；米酒則是由發酵米製成的酒精飲料，萬一找不到也可以用日本酒（sake）或雪利酒來代替；亞洲（黑）芝麻油是用烤過的芝麻籽榨出來的香油。

其他事項： 八角是具有煙燻甘草香味的星形香料，在亞洲市場和天然食品店都能找到，也可用五香粉取代。

就像紅燒肉，羔羊膝耐得住重覆加熱，甚至燉越久會愈好吃。

羔羊膝（小羊小腿）美味登峰造極，但就像所有四肢部位的肉一樣，得長時間低溫烹調，才可以把羊膝堅韌難搞的結締組織煮到軟嫩，還需要潮濕的環境防止羊肉愈煮愈乾。這時可以用我稱之為炭烤煙燻燉燴（smoke-braising）的技術。傳統上燉燴是指在緊閉的鑄鐵鍋裡加一點點汁液去烹調肉類，而且鍋上下都有炭火。在炭烤煙燻燉燴羊膝時，可以在打開的鍋裡加入 1 吋（2.5 公分）深的汁液來炭烤煙燻羊膝，這樣羊膝不僅能擁抱對它有利的燉燴潮濕環境，還能幫助它煨出一身的純正炭烤煙燻香氣。這道料理靈感來自中國的紅燒（又稱滷）烹調法，醬油和調味料會讓羊肉燒成紅色，甜、鹹且香味四散，滋味鮮美至極，這個亞洲燒烤料理令人不禁想謳歌稱頌！

材料

- 2 塊羔羊膝（每塊 1¼ 到 1½ 磅）（0.57 至 0.68 公斤）
- 1 到 2 杯水
- ½ 杯醬油
- ½ 杯米酒（紹興酒）、日本酒（清酒）或雪利酒（甜雪利酒或乾雪利酒）
- ½ 杯用力壓實的暗或淺紅糖
- 3 湯匙亞洲（黑）芝麻油
- 4 條橘子或甌柑（tangerine）皮（每條 ½ 吋 ×1½ 吋／1.3 公分 ×3.8 公分）
- 3 個完整的八角，或 1½ 茶匙中國五香粉
- 2 支肉桂棒（每支約 3 吋／7.6 公分長）

1. 使用尖銳細長的工具，像即時讀取溫度計的探針，在每塊羔羊膝到處戳戳刺刺，大約扎 20 次。（這樣會促使肉充分吸收調味料。）再將羔羊膝放在大的鋁箔平底鍋中。

2. 將水、醬油、米酒、紅糖和芝麻油放入碗中攪拌，直至紅糖溶解，加入橘子皮、八角和肉桂棒，倒在羔羊膝上。

3. 按照製造商的說明設定炭烤煙燻爐，並預熱至華氏 225 至 250 度（攝氏 107 至 121 度），根據指示添加木材。

4. 在鋁箔平底鍋裡放入羔羊膝和滷汁，炭烤煙燻直到變成深褐色，肉質軟嫩，需 8 至 10 小時。每隔 30 分鐘用鉗子翻轉一次羔羊膝，讓每吋地方都能均勻滷成深褐色。按照需要加水（1 到 2 杯），使滷汁高度保持在 1/2 吋（1.3 公分）以上。（最後 30 分鐘盡量不要加水，以免滷汁變太稀。）按照需要添加燃料。直到羔羊膝的肉會從骨頭的末端縮回去，軟嫩滑口，用手指就能撕得開。將即時讀取溫度計從羔羊膝最厚的地方插進去、而且

不碰到骨頭，顯示溫度為華氏195 度（攝氏 91 度）。

5. 將羔羊膝移到橢圓形大淺盤或一般盤子上，把滷汁中過多的羊肉脂肪撈掉，再把滷汁淋在羔羊膝上。

炭烤煙燻小羊腩 BARBECUED LAMB BELLY

完成分量：4 人份

製作方法：熱燻

準備時間：10 分鐘

煙燻時間：3 到 4 個小時

休息（靜置）時間：30 分鐘

生火燃料：德尼使用橡木，但任何硬木都行／可完成 4 小時的燻烤過程（6 頁圖表）。

工具裝置：即時讀取溫度計、無襯裡的屠夫紙、一個絕緣保溫保冷袋

採買須知：小羊腩是羊下腹部含脂肪的部位，特色在於骨頭細、和有條紋狀的肉與脂肪層。

其他事項：找不到小羊腩？也可以做一樣美味的炭烤煙燻豬腹脇肉（五花肉）越式法國麵包。

牛腹肉（套句肉販的話，叫「牛中間肉」）除了可以製作猶太煙燻醃肉，對我們的生活也貢獻良多，它曾經是在芝加哥商品交易所（Chicago Mercantile Exchange）進行交易的期貨與期權產品。另一種肚子肉同樣也被美食饕客列為必吃名單，就是小羊腩（lamb belly，又名小羊胸肉 lamb breast）。只要去問問比利・德尼（Billy Durney）就知道了，因為這位前保鏢出身的炭烤煙燻天王開在布魯克林紅鉤社區的家鄉燒烤餐廳（Hometown Bar-B-Que）也賣這道料理，而且還是秒殺商品！「我們炭烤煙燻小羊腩的時間比大家想像的還久，事實上，我們會把它烤過頭到骨頭都蹦出來掉旁邊的地步！就為了把小羊腩所有油脂都逼出來。」以下將呈現德尼的這道食譜，可以搭配越式法國麵包，做成炭烤煙燻小羊腩越式法國麵包（132 頁）。

材料

1 塊前胸肉小羊腩（2½ 至 3 磅／1.13 至 1.36 公斤）

3 湯匙略磨過的黑胡椒

1 湯匙粗鹽（海鹽或猶太鹽）

1 湯匙外表裹糖蜜的紅糖

摻了萊姆的是拉差香甜辣椒醬（食譜在後面），上菜時可加

1. 按照製造商的說明設定炭烤煙燻爐，並預熱至華氏 225 至 250 度（攝氏 107 至 121 度），根據指示添加木材。

2. 把小羊腩上的任何紙膜或血塊修剪掉，修好後放在有邊緣的烤盤上。

3. 製作揉搓粉：把胡椒、鹽和糖放在小碗裡，用手指們混在一起。將混合粉撒遍小羊腩的每個地方，用指尖把揉搓粉揉進肉裡。將剩餘的揉搓粉貯存在密封罐裡，可保存幾個星期。

4. 把小羊腩放在炭烤煙燻爐的架子上，有脂肪那面朝上（它的羊肋排圓形面應朝上）。炭烤煙燻直到軟嫩的肉能在嘴裡融化的程度，需 3 至 4 小時。（取決於羊肉的大小和部位而定，可能會多需要 1 到 2 小時。）將即時讀取溫度計插進肉裡、而且不碰到骨頭，溫度應該是華氏 195 度（攝氏 91 度），肉能軟爛到一拉，骨頭就抽出來了。

5. 將小羊腩用無襯裡的屠夫紙包裹兩層，擺進絕緣保溫保冷袋中。讓肉休息（靜置）30 分鐘。端上桌時，將小羊腩切成一根根羊肋排，或將骨頭挑掉，大致剁一剁，再配上摻了萊姆汁的是拉差香甜辣椒醬，即可上桌！

萊姆汁口味的是拉差香甜辣椒醬
SRIRACHA-LIME HOT SAUCE

完成分量：可製作出約 1 杯，還會剩下一些之後可用。

把 這道摻了萊姆的是拉差香甜辣椒醬，想成是辣到炸的罐頭番茄醬就對了——如果沒有它，小羊腩也會索然無味！

材料

¾ 杯是拉差香甜辣椒醬

1 茶匙現磨萊姆皮

2 湯匙新鮮萊姆汁

2 湯匙醬油

2 湯匙蜂蜜

3 湯匙切碎的新鮮香菜

將是拉差香甜辣椒醬、萊姆皮和萊姆汁、醬油、蜂蜜和香菜放入小碗中攪拌。完成後可收在冰箱裡，可保存好幾個星期。

小羊腩越式法國麵包 LAMB BELLY BANH MI

完成分量：4人份

煞費苦心製作布魯克林紅鉤社區家鄉燒烤餐廳賣的小羊腩，其實最重要是完成小羊腩越式法國麵包。各位會迷上用這種爽脆、酸度適中的沙拉，去「油切」小羊肉身上的脂肪，徹底阻斷肥油造反的機會。在製作料理的前幾個小時，就要先把沙拉準備好。

材料

醋溜沙拉的材料

2 根胡蘿蔔，去皮

1 個中等大小（約 8 盎司／ 0.23 公斤）的白蘿蔔，去皮

1 個醃漬酸黃瓜（可選用柯比黃瓜 Kirby）或小黃瓜

1 茶匙粗鹽（海鹽或猶太鹽）

¼ 杯糖

¾ 杯米醋

2 個完整的丁香

2 顆黑胡椒子

越式三明治的材料

1 大條或 2 小條硬皮法式長棍麵包（baguette）

2 湯匙（¼ 條）奶油，溫度等於室溫（可用可不用）

1 個炭烤煙燻前胸肉小羊腩，去骨並切塊（請參閱 130 頁）

萊姆汁口味的（131 頁）或普通的是拉差香甜辣椒醬

1 把新鮮的香菜，洗淨後甩乾，折成小枝

1. 製作醋溜沙拉：將胡蘿蔔、白蘿蔔和黃瓜縱切成像火柴棒的細長條狀，放入中等大小的碗中，加入鹽和糖攪拌，醃 5 分鐘，加入米醋、丁香及胡椒子，攪拌至糖溶解。醃製至少 1 小時，或在冰箱裡過夜。上菜前先撈掉丁香和胡椒子。

2. 將法式長棍橫切成 7 吋（17.8 公分）長，把每段麵包從邊緣切開到將近一半，假如覺得法國麵包就該花功夫這樣烤，啃起來才過癮，那就把每段麵包張開的切面都塗上奶油，再拿去燒烤架或煎鍋上烘烤。（這不是絕對必要的步驟，但口感會更香更酥。）把切成塊的小羊腩、沙拉（用底部有開孔的勺子去舀，可以把沙拉多餘的醋瀝掉）、還有萊姆汁口味的或普通的是拉差香甜辣椒醬，舖在每塊法國麵包下半截切面上，再往上堆香菜，就可以把這道越式三明治合起來盡情享用了！

炭烤小羊肉肋排 BARBECUED LAMB RIBS
田園香草風味 WITH FRESH HERB WET RUB

小羊肉肋排比牛肉還軟嫩，比豬肉更美味，不論用什麼香料調味、或怎麼炭烤煙燻，它的滋味幾乎無可挑剔！在替這道小羊肉肋排調味時，我使用的是我在燒烤大學電視節目內容中，提到的新鮮草本植物濕揉法。辛辣口感刺激味蕾、加上彌漫著炭烤煙燻香，炭烤小羊肉肋排就該這樣！

材料

- 4 段丹佛肩胛肉小羊肋排（份量相當於豬腩排，每個約 1.5 磅／0.68 公斤）
- 2 杯用力壓實的切段綜合草本植物，包括巴西利（parsley）、鼠尾草（sage）、迷迭香和／或百里香。
- 5 個大蒜瓣，簡單剁一下
- 1 湯匙粗鹽（海鹽或猶太鹽）

- 1 湯匙甜紅椒粉
- 2 茶匙現磨的黑胡椒
- 2 茶匙糖
- 1 茶匙乾辣椒末，或按口味添加
- ½ 茶匙磨碎的肉豆蔻皮
- ⅓ 到 ½ 杯植物油，需要時再多加一些

完成分量：4 段肋排，4 人份

製作方法：熱燻

準備時間：30 分鐘

滷製時間：3 小時

煙燻時間：2 到 3 小時

生火燃料：硬木皆可／可完成 3 小時的燻烤過程（6 頁圖表）。

工具裝置：一台食物處理機

採買須知：丹佛肩胛肉小羊肋排可能要在超市的肉類販賣部或當地肉店預訂才行，或可以到希臘、中東或清真（halal）肉類市場試試運氣！還有個地方也有賣——美國賈米森羊肉公司網站 jamisonfarm.com。

其他事項：沒找到小羊肋排嗎？也可以用這裡提到的濕揉搓粉，改成去炭烤煙燻豬嫩背肋排。

1. 準備小羊肋排：將小羊肋排放在有邊緣的烤盤上，肉要朝下貼著烤盤，把小羊肋排背後的薄紙膜取下，翻過來在肉上用刀劃下象徵烤肉的十字交叉線，刻痕各約 ½ 吋（1.23 公分）長與 ¼ 吋（0.6 公分）深。全部的小羊肋排放在烤盤裡剛好擺成一層。

2. 將草本植物、大蒜、鹽、甜紅椒粉、胡椒粉、糖、乾辣椒末和肉豆蔻皮放入食物處理機中切碎，植物油要倒得夠多，才能製作出濃稠的醬。

3. 用橡皮抹刀將濕揉搓粉抹在小羊肋排兩側，可馬上炭烤煙燻，或在冰箱裡醃 3 小時或過夜，能醃得更入味。

4. 按照製造商的說明設定炭烤煙燻爐，並預熱至華氏 225 至 250 度（攝氏 107 至 121 度），根據指示添加木材。

5. 將小羊肋排直接放在炭烤煙燻爐的架子上，並炭烤煙燻到肉變軟嫩，而且肉還會從骨頭末端縮回來約 ½ 吋（1.3 公分），需 2 至 3 小時。

6. 把小羊肋排挪到砧板，切分肋排並端上桌。

BURGERS, SAUSAGES, AND MORE
漢堡、香腸等等

絞肉，比方香腸，炭烤煙燻已有數千年歷史了。而現在該是時候，我們要去拓展觸角、求新求變了！在本章中，將可以體驗到在陣陣馨香流洩的乾草燻煙輔助下，製作冷燻漢堡的方法，並直擊如何製作用楓糖芥末烤肉醬當佐料的楓木炭烤煙燻法式小肉丸（boulettes）（法式加拿大肉丸），而且能學會香氣與味道大升級的炭烤煙燻德國油煎香腸（bratwurst），而且火苗還不會猛地突然竄上來——這道菜的炭烤煙燻技巧比烤香腸習慣上用的直火燒烤要容易得多。還有塔爾薩魚雷（Tulsa Torpedo），這道菜把早餐香腸、波蘭蒜味燻腸（kielbasa）、和一節節的辣味小香腸（hot links），全部卷在炭烤煙燻培根織籃裡，變成一道用料澎湃、餡多味美的超豐盛香腸料理。絞肉後再炭烤煙燻，驚喜美味立刻出籠！下面是每道炭烤煙燻絞肉料理的示範作法。

乾草炭烤煙燻漢堡 HAY-SMOKED HAMBURGERS

完成分量：4 個漢堡

製作方法：乾草炭烤煙燻

準備時間：15 分鐘

炭烤時間：3 分鐘

烹調時間：8 分鐘

生火燃料：木炭和約 2 夸脫（43.5 公斤）的乾草／可完成 3 分鐘的燻烤過程（6 頁圖表）。

工具裝置：一個大型（9×13 吋／22.9×33 公分）且包了鋁箔的滴油盤，還有一個金屬絲網架，要放在滴油盤上；一個即時讀取溫度計

採買須知：盡可能購買有機或草飼牛肉（我喜歡用脂肪含量 18% 的牛肉），2 磅（0.91 公斤）牛絞肉可以製作 8 盎司（0.23 公斤）的漢堡。假如要做小一點的漢堡，可用 1½ 磅（0.68 公斤）的牛絞肉。另外，可以去零售一般家庭花園植物的花園中心或馬術用品商店、或上亞馬遜網站選購乾草。

其他事項：根據食品安全規定，烹飪漢堡的溫度至少為華氏 160 度（攝氏 71 度）。在這個溫度規範下，有種可以保持肉類濕潤的方法，就是將大致上磨一磨的起司，如炭烤煙燻波羅伏洛起司（provolone）或切達起司去包住碎牛肉，一旦烤漢堡時，起司會一起熔化，產生出牛絞肉水分飽滿的口感，這道料理我稱之為「起司霸漢堡」。

炭烤煙燻漢堡作起來比看起來更難。傳統炭烤煙燻的低溫慢煮，很適合前胸肉牛腩這種堅韌難搞的肉質，但炭烤煙燻漢堡時依樣畫葫蘆，會害漢堡變得像橡膠一樣而且乾乾的。可以參考義大利中部的炭烤煙燻起司技術：乾草炭烤煙燻（42 頁）。點燃的乾草會製造出香氣馥郁的濃濃燻煙，並持續好幾分鐘，足夠來炭烤煙燻漢堡，也不致於久到影響生肉的鮮度，所以炭烤煙燻之後，還可以再用傳統燒烤架去烤生肉。此外尚有另一個好處：在瓦斯燒烤架上炭烤煙燻乾草，效果會更好。

材料

材料	撒料用的推薦食材及調味料
2 磅（0.91 公斤）絞過的牛肩胛肉（chuck）或沙朗牛排或兩種肉雙拼	萵苣葉
8 盎司（0.23 公斤）炭烤煙燻波羅伏洛起司（provolone）或切達起司，約略磨一磨即可（2 杯，可加可不加）	切片的熟番茄
	切片酪梨
	切片的蒔蘿醃菜片或甜醃菜
植物油，用途是幫網架上油	烤培根
粗鹽（海鹽或猶太鹽）和現磨的黑胡椒	切片或焦糖洋蔥
4 個漢堡小圓麵包	罐頭番茄醬
2 湯匙（¼ 條）奶油，要熔化的	芥末醬
	蛋黃醬

1. 把牛絞肉放在大碗裡，如果用了磨碎的起司，要把碎起司跟牛絞肉倒在一起用木勺攪拌。用冷水稍微沾濕自己雙手，接著動作敏捷、手勢要輕，將碎起司牛絞肉拍成 4 個直徑 4 吋（10.2 公分）、厚 1 吋（2.5 公分）的肉餅。

2. 把剛做好的起司肉餅，也就是漢堡肉，放在金屬絲網架上，漢堡肉之間要留好間隔，使用前先送進冰箱冷藏。

3. 先把冰塊裝到大型鋁箔平底鍋裡（約三分之二滿），然後將漢堡肉放在金屬絲網架上，再整個擺在平底鍋的上方，漢堡肉不可碰到冰塊。

4. **在木炭式炭烤煙燻爐或燒烤架上，炭烤煙燻漢堡肉**：在木炭式炭烤煙燻爐或燒烤架的爐膛上（或鍋式燒烤架的一邊），放一小塊木炭並點燃，等木炭紅光一出，就把乾草扔在木炭上；假如用的是鍋式燒烤架，要將乾草放在木炭上，讓爐膛燃燒這些燃料。這時漢堡肉要擺放在金屬絲網架上，下方是冰塊，而漢堡肉要盡可能遠離

火源。把木炭式炭烤煙燻爐或燒烤架的蓋子蓋起來，讓漢堡肉籠罩在淡淡的燻煙下，約需3分鐘。可以提前幾個小時炭烤煙燻，但漢堡肉炭烤煙燻後，要用保鮮膜蓋好並冷藏。

在瓦斯燒烤架上，炭烤煙燻漢堡肉：把瓦斯燒烤架某一邊開大火變高溫，在該燒烤架的另一邊，把漢堡肉放在燒烤架的架子上，下面是冰塊。將乾草放在點燃的瓦斯燒烤架燃燒器上，並把燒烤架的蓋子蓋起來。讓淡淡的燻煙輕撫漢堡肉，過程約3分鐘。可以提前幾個小時炭烤煙燻，然後用保鮮膜蓋好並冷藏。

5. 將燒烤架設定為直接燒烤模式並預熱到高溫狀態，（在木炭燒烤架上，把木炭往中間耙成一堆），並替燒烤架的網架刷油，將漢堡肉兩面抹上愈厚愈好的鹽和胡椒來調味，然後直接燒烤，烤到漢堡肉外表因炙熱高溫發出滋滋聲並轉成焦黃色，燒烤溫度至少為華氏160度（攝氏71度），每面燒烤約4分鐘。（要檢查肉熟的程度時，在漢堡肉側面插入即時讀取溫度計即可。）把漢堡肉挪到橢圓形大淺盤上，休息（靜置）一下，同時去燒烤小圓麵包。

6. 用奶油刷小圓麵包，在燒烤架上烘烤，切面朝下，約烘烤1分鐘。

7. 把漢堡肉放在小圓麵包上，加上自己喜歡的撒料和調味料。小技巧：在漢堡肉下面鋪萵苣葉，小圓麵包就不會受潮濕掉了。

炭烤煙燻絞肉按表操課

各式絞肉料理	分量	炭烤煙燻爐溫度	時間	烤好的絞肉裡面溫度／判斷絞肉烤熟了沒
漢堡肉（乾草炭烤煙燻）	每塊 ½ 磅（0.22 公斤）	華氏 225 至 250 度（攝氏 107 至 121 度）＋高溫燒烤	每面漢堡肉要炭烤煙燻 3 到 4 分鐘	華氏 160 度（攝氏 71 度）
肉丸	1½ 吋（3.8 公分）／每個 1 盎司（0.03 公斤）	華氏 225 至 250 度（攝氏 107 至 121 度）	1 到 1.5 小時	華氏 160 度（攝氏 71 度）
培根香腸胖胖卷（培根包香腸卷）	3 磅（1.36 公斤）	華氏 225 至 250 度（攝氏 107 至 121 度）	2.5 到 3 小時	華氏 160 度（攝氏 71 度）
德國油煎香腸	2 磅（0.91 公斤）	華氏 300 度（攝氏 149 度）	30 到 45 分鐘	華氏 160 度（攝氏 71 度）

炭烤煙燻爐的功能與食品安全常識

炭烤煙燻食物的主要原因，是為了讓食物沾染炭烤煙燻的香味，但以前（歷史上大多是如此）炭烤煙燻最重要的目的在於防止食物腐爛。除此之外，我們炭烤煙燻的同時，也要確保公共安全。

設定自己的炭烤煙燻地盤

- 將自己的炭烤煙燻爐，擺在準備作業與開飯地點的下風處，在空曠戶外且遠離房屋、垂下來或突出的樹木或屋簷，萬萬不可設在車庫、有屋頂無牆壁的車棚、或有屋頂或遮篷的庭院裡。

- 假如要在木製板上炭烤煙燻食物，請在爐膛下方放一塊耐熱燒烤墊（如美國暖通空調與冰箱設備供應商 DiversiTech 推出的產品）。

- 隨身準備一個滅火器和一桶沙子，萬一發生火災，可以立即撲滅。

食物處理標準作業流程

- 易腐爛的食物包括肉類、海鮮、蛋黃醬都要低溫保存，使用前務必放入冰箱冷藏、或泡在一鍋冰裡。這些食物應該貯藏在華氏 41 度（攝氏 24 度）或更低溫狀態中。

- 避免交叉汙染：砧板要按照用途分開使用，像修整生肉專用一塊砧板，切沙拉、蔬菜和水果時改用另一塊砧板。一定用不同的砧板處理生肉和熟肉。（餐廳和作生意的廚房通常替用不同顏色區分砧板，以免出差錯。）切勿讓熟肉碰到生肉會接觸的表面，好比橢圓形大淺盤、平底鍋、抹刀等等。

- 在處理食物之前和每一次料理食物前後，尤其是摸到生肉之後，一律要用熱肥皂水洗手。（或用壓嘴式或噴式洗手乳）不少人也會戴一次性乳膠或塑膠手套。

- 在戶外或靠近戶外作業時，要調製塑膠和木製砧板專用消毒液，製作方法為每 1 加侖水（3.79 公升）加 1 湯匙家用漂白劑，混合後去擦拭砧板、刀具、餐具和工作檯面。消毒後用清水沖乾淨，以去除漂白劑氣味。

- 除非在刷之前把滷汁至少煮過 3 分鐘，否則千萬不要把生肉的滷汁拿去刷在煮熟或炭烤煙燻的肉上。切勿在生肉上塗抹焗油或烤肉醬，一定要等到肉的外表煮熟。

- 用即時讀取溫度計來測試肉熟了沒，特別是在炭烤煙燻家禽和絞肉時更要如此。家禽要煮到肉裡面的溫度至少為華氏 165 度（攝氏 74 度），肉末則至少達到華氏 160 度（攝氏 71 度）。

- 熱食溫度要保持在華氏 140 度（攝氏 60 度）或更高，冷食溫度則維持在華氏 41 度（攝氏 5 度）或更低。

- 在炭烤煙燻冷食料理（像煙燻鮭魚、火腿等）時，在室溫下不可超過 2 小時，然後立即冷藏。

楓糖芥末烤肉醬 MONTREAL MEATBALLS
佐蒙特利爾肉丸 WITH MAPLE-MUSTARD BARBECUE SAUCE

若你從來沒想過炭烤煙燻肉丸，那是因為還沒有遇到蒙特婁（Montreal）的布康炭烤煙燻屋（Le Boucan Smokehouse）的負責人強納森‧阮（Jonathan Nguyen）的緣故（阮侃侃而談：「這個店名是法國－加勒比海地區的字，意思是炭烤煙燻，對了，也音近海盜『buccaneer』這個字。」）阮從堪薩斯城和孟菲斯市得到這道菜的靈感，但他也加入了強烈的魁北克風格，阮跟我分享：「我們故鄉每戶人家的祖母，是用蘋果與像是肉桂和肉豆蔻這些甜香料來烹飪，我們店裡則會把這些材料，加到這道菜的醬料和揉搓粉裡。」阮這家餐廳把手撕豬肉和蘋果烤肉醬堆在肉丸上，再淋上挑逗你味蕾的楓糖漿芥末烤肉醬，辣中帶甜的新奇滋味，令人驚豔！

材料

1 個漢堡小圓麵包或 2 片白麵包，撕成每塊 ½ 吋（1.3 公分）大小

⅓ 杯白脫鮮乳（buttermilk）或牛奶

1 湯匙奶油或橄欖油

1 片手工培根，切碎

1 個小洋蔥，去皮切塊（約¾杯）

1 個大蒜瓣，去皮並切碎

1 到 2 個墨西哥小辣椒罐頭，切碎

3 湯匙切碎的新鮮香菜或平扁葉荷蘭芹

2 磅（0.91 公斤）豬絞肉

粗鹽（海鹽或猶太鹽）和現磨的黑胡椒

楓糖芥末烤肉醬（食譜在後面）

1. 將撕碎的小圓麵包或白麵包放在大碗裡，跟白脫鮮乳一起攪拌，浸泡到麵包變柔軟，需 5 分鐘。

2. 同時，在中等大小的煎鍋裡熔化奶油，開中火加入培根、洋蔥和大蒜，煮 1 到 2 分鐘，要常常攪拌，再放入墨西哥小辣椒一起攪拌，然後煮到洋蔥呈金黃色，需再多煮 2 分鐘。讓這鍋綜合總匯冷卻到室溫。

3. 將這鍋培根總匯、豬肉、2 茶匙鹽和 1 茶匙胡椒，加入浸泡在白脫鮮乳的小圓麵包或白麵包中，攪拌拌勻。為了嘗一下味道來決定調味，所以要把一小球豬肉總匯拿去煎鍋中煎、或在燒得正旺的燒烤架上燒烤。根據需要添加鹽和／或胡椒。

完成分量：24 個肉丸（1½ 吋／3.81 公分），當開胃菜為 6 至 8 人份，主菜為 3 到 4 人份

製作方法：熱燻

準備時間：30 分鐘

冷藏時間：30 分鐘

煙燻時間：1 到 1½ 小時

生火燃料：就像所有魁北克燒烤愛好者一樣，布康炭烤煙燻屋採用的是當地楓樹木和蘋果木／可完成 1½ 小時的燻烤過程（6 頁圖表）。

工具裝置：一個金屬絲網架或肉丸籃，可炭烤煙燻肉丸。

採買須知：布康炭烤煙燻屋會把修掉脂肪和雜質的精瘦豬腩排拿去絞好，當作製作肉丸的材料，但不管是哪個部位的豬絞肉，只要肉裡含二至三成脂肪都合格，最好能挑選土種豬！一定要用純楓糖漿來調製楓糖漿芥末烤肉醬，A 級深琥珀色（dark amber）的楓糖物美價不高，味道更好。

其他事項：為了增加煙燻香，布康炭烤煙燻屋會炭烤煙燻楓糖漿芥末烤肉醬。可以把楓糖漿芥末烤肉醬和肉丸同一時間一起拿去炭烤煙燻，或單獨處理。

4. 用鋁箔或烘焙紙／烤盤紙把有邊緣的烤盤包起來（以利清理），將肉丸總匯分成四份，並把每份都滾成一個圓筒。將每個圓筒切成 6 等分，然後滾成 1½ 吋（3.8 公分）的肉丸，共計 24 個肉丸。每隔一會兒就用冷水沾濕一次雙手，這樣滾肉丸會更順利。做好的肉丸放在烤盤上，放入冰箱冷藏至少 30 分鐘。

5. 按照製造商的説明設定炭烤煙燻爐，並預熱至華氏 225 至 250 度（攝氏 107 至 121 度），根據指示添加木材。

6. 將肉丸排在肉丸籃或金屬絲網架上，送進炭烤煙燻室內。炭烤煙燻到變成古銅色，肉丸也熟透了（肉會變得緊實），需 1 至 1½ 小時。在某些炭烤煙燻爐裡，最靠近火的肉丸會烤熟得更快，可視情況轉動肉丸，讓肉丸平均受熱，每個地方都炭烤煙燻得到。

7. 上桌時，把肉丸放在橢圓形大淺盤上，將楓糖漿芥末烤肉醬淋在肉丸上；或用牙籤刺肉丸排在橢圓形大淺盤上，用碗裝楓糖漿芥末烤肉醬當蘸醬。

楓糖芥末烤肉醬 MAPLE-MUSTARD BARBECUE SAUCE

完成分量：可製作出大約 1½ 杯

布康炭烤煙燻屋採用卡羅萊納州風格芥末醬，再加上楓糖漿和加拿大黑啤酒來增添風味。

材料

½ 杯第戎芥末醬

½ 杯蘋果醋

½ 杯黑啤酒（最好是加拿大黑啤酒）

¼ 杯純楓糖漿（深琥珀色的最理想）

¼ 杯用力壓實的紅糖，或按口味添加

粗鹽（海鹽或猶太鹽）和現磨的黑胡椒

將第戎芥末醬、醋、黑啤酒、楓糖漿和紅糖放在小平底深鍋裡，用中高溫加熱，接著再降溫到中低溫，用小火煨醬汁，鍋子不要蓋起來，煨到醬汁變濃稠濃郁為止，約 10 分鐘，要經常攪拌。加入鹽、胡椒，另外可按口味再多放一些紅糖進去，在上菜前讓醬汁先冷卻到室溫，倒進有蓋的容器並收進冰箱，可存放好幾個星期。

注意事項：想讓肉丸的煙燻香氣香到沁人心脾嗎？把楓糖芥末烤肉醬不加蓋，然後跟肉丸一起炭烤煙燻，需 1 至 1½ 小時。

塔爾薩魚雷 TULSA TORPEDO
培根香腸胖胖卷 BACON AND SAUSAGE FATTY

有時候少就是多，有時候多就變無比豐盛！說起「滿到快爆了」，很難想像還有什麼料理，會比奧克拉荷馬州塔爾薩市（Tulsa）伯恩坊（Burn Co.）推出的培根香腸胖胖卷內容還豐富的佳餚、裡面已經塞不下了還拼命加料！它是用三種豬肉香腸（早餐香腸、波蘭香腸和一節節的辣味小香腸）製成的烘肉卷，肉卷最外層是用炭烤煙燻培根編成的織籃，在奧克拉荷馬州特有的木炭炊具：速烤（Hasty-Bake）裡慢煮炭烤煙燻而成。這道料理有豬肉、香料和木頭燻煙的明顯味道，一口咬下滿嘴芳香，所有香味一起湧上來爭先恐後征服你的味蕾，這是一道一生必動手一試、錯過可惜的料理！

材料

16 條厚切手工培根（約 1 磅／0.45 公斤），大小一致，要妥善冷藏過的

2½ 磅（1.13 公斤）散裝早餐香腸，要妥善冷藏過的

6 盎司（0.17 公斤）辣椒傑克起司，簡單磨一下（約 1½ 杯）

1 根波蘭香腸（kielbasa）或 2 根熟的波蘭蒜味香腸（Polish garlic sausage）（總共 12 至 16 盎司／0.34 至 0.45 公斤）

8 盎司（0.23 公斤）熟的辣味小香腸，切成薄片

1. 用水沾濕廚房擦巾，放在流理台上，（這樣可以防止鋁箔滑落。）在擦巾上面擺一張薄鋁箔（至少 18×24 吋／45.7×61 公分），窄的那端與流理台邊緣平行。

2. 製作培根織籃：在鋁箔上，往水平方向放 8 條培根，擺的位置要正確，它們才能碰在一起。再拿剩餘的 8 條培根以垂直方向開始編織第一條培根，用交替方式，在其他 8 條水平方向的培根身上一上一下地穿梭，接著第二條垂直方向的培根，則以先在底下再蓋在上面的一下一上方式，穿過其他 8 條水平方向的培根。這樣以交替編織方式製作的 8 根培根織籃，可以打造出緊密的編織正方形，約 12×12 吋（30.5×30.5 公分）。

3. 在培根織籃上，鋪一大片保鮮膜（可能需要兩張），然後用擀麵棍輕輕壓扁培根織籃，將培根織籃收緊並放大。先注意培根織籃的尺寸有多大，再來決定早餐香腸那一層的大概尺寸要多大：我們現在要的是 12 吋大小的正方形。不必取下鋁箔或保鮮膜，只須將鋪好的培根織籃滑到烤盤上即可，滑的時候要小心一點。把培根織籃冷藏 1 小時，讓培根肉變緊實。

4. 同時，把早餐香腸放在超大可重複密封的塑膠袋裡，用擀麵棍或雙手，將早餐香腸捲或壓成長方形，而且比已經完成的培根織籃略小一點。如果密封袋子並冷藏至少 30 分鐘，捲壓會更方便。

完成分量：8 人份

製作方法：熱燻

準備時間：30 分鐘，再加上冷藏時間

煙燻時間：2½ 到 3 個小時

生火燃料：伯恩坊指定用山核桃木和橡木／可完成 3 小時的燻烤過程（6 頁圖表）。

工具裝置：一個超大堅固耐用可重複密封的塑膠袋、一個即時讀取溫度計

採買須知：這裡用的都是很平常的材料，不過伯恩坊專挑奧克拉荷馬州的 J.C. 波特香腸公司（J.C. Potter Sausage Company）出品的辣味小香腸，當他們的壓箱寶食材。

5. 製作這顆魚雷時，要將培根織籃放在流理台上，並取下保鮮膜。撕開裝有早餐香腸的袋子側邊，將袋子某一側向下折，把早餐香腸露出來，將袋子放在培根籃上，有早餐香腸的那面朝下，把早餐香腸壓在培根織籃上，再將袋子還沒往下折的其他地方繼續剝開，讓早餐香腸能降落在培根織籃上。

6. 把辣椒傑克起司均勻撒在早餐香腸上面。

7. 將波蘭香腸的兩端切45度角，然後把這些切掉頭尾的波蘭香腸的末端相接在一起，鋪在用早餐香腸作成的長方形肉上面，擺波蘭香腸的位置，要距離早餐香腸長方形的邊緣約2吋（5.1公分）以上，讓波蘭香腸窄的那一端彼此平行，接起來作成一根長香腸。假如用的是波蘭蒜味燻腸，要把它切成4吋（10.2公分）長，一樣用對角線斜切的方式，切掉它的末端，即可把每根燻腸對接在一起，形成一條相連的燻腸。在早餐香腸長方形剩下的地方放辣味小香腸切片，排的時候，要在早餐香腸長方形邊緣留下1吋（2.5公分）邊界。

8. 把離自己最近的鋁箔邊緣抬起來，將這個邊緣往前推到離自己愈來愈遠，利用這個手勢，把培根織籃和圍著波蘭香腸周圍的早餐香腸長方形，這兩層一起捲，（這個動作跟用竹簾捲壽司差不多，）將它完整捲一圈，捲出來的肉捲頂端不應該有鋁箔。再輕輕拍打這捲培根香腸肉，讓它變平平的。

9. 繼續把這捲培根香腸肉捲下去，將辣味小香腸一起包進去，抬起鋁箔並一樣把鋁箔

離自己往前愈推愈遠，最後肉捲應該變成一段壓緊結實的「原木」。重新用鋁箔包裹「原木」，扭轉鋁箔末端包紮起來，現在可以鬆一口氣了：難的地方已經告一段落了！把鋁箔裡的「原木」冷藏至少1小時或最多24小時。

10. 按照製造商的說明設定炭烤煙燻爐，並預熱至華氏225至250度（攝氏107至121度），根據指示添加木材。

11. 輕輕解開這一大包魚雷的鋁箔，並將魚雷的接縫面朝下（即培根織籃重疊的地方）放在炭烤煙燻爐的架子上，炭烤煙燻到它的外表變焦黃，然後熟透為止，要測試肉是否已經熟了時，可從魚雷的一端往中間插入即時讀取溫度計，肉熟了時的溫度應該是華氏160度（攝氏71度），得視炭烤煙燻爐的功能和天氣型態而定，需要約2.5個小時，肉才會熟。如果魚雷會大量釋出油脂，而且體積縮小約四成，這些都是正常的。

12. 炭烤煙燻中的魚雷要能滾來滾去，注意別讓魚雷沾粘在炭烤煙燻爐的架子上（要是魚雷沾粘住的話，用抹刀的邊緣輕輕把魚雷往前往後鏟一鏟晃一下）。將魚雷搬到砧板上。讓它休息（靜置）5分鐘，然後橫切成1吋（2.5公分）的切片，操作時最好選用鋸齒刀或電動刀，即可美味上桌！

其他事項：伯恩坊拿培根織籃來炭烤煙燻他們的培根香腸胖胖卷，聽起來好像很複雜，實際上並不會：也許在國小一年級你曾經是個編織高手，類似製作隔熱墊（或後來還會幫餡餅或者派，打造出格子圖案的硬皮）。所以培根織籃之所以會讓人覺得複雜，只是因為（在步驟2中）用較長的篇幅來形容製作方法。

下面有不少可以拿來換個花樣的理想食材：例如改用甜或辣的義大利香腸，而不用早餐香腸；把辣味小香腸換成西班牙喬利佐香腸（Chorizo）或葡萄牙蒜香煙燻豬肉香腸（linguiça），還可以試試看用炭烤煙燻起司替代辣椒傑克起司並加入墨西哥辣椒（jalapeño pepper）。現在你知道如何應用了！還可以將剩下的菜餚搭配雞蛋和比司吉（biscuit），作成絕世無雙的美味早餐三明治。

炭烤煙燻德國油煎香腸 SMOKED BRATWURSTS

完成分量：10 根香腸

製作方法：熱燻

準備時間：5 分鐘

煙燻時間：30 到 45 分鐘

生火燃料：可自己選適合的硬木／可完成 45 分鐘的燻烤過程（6 頁圖表）。

工具裝置：一個即時讀取溫度計

採買須知：講到美國的德國油煎香腸代表，那就不能不提 Johnsonville 這家美國第一大香腸品牌，行銷全世界、到處買得到是它的另一項優點。如果附近的肉販或德國香腸店還會賣自製德國油煎香腸，那買這種香腸就對了！

其他事項：可用相同的技法來燻烤任何新鮮香腸，如義大利香腸或西班牙喬利佐香腸。

大家都看過那個人吧（通常是位單槍匹馬的仁兄）：他手裡拿著鉗子，烈焰從他的燒烤架裡張牙舞爪向外示威，燒烤架旋即陷入一片火海：架子上的德國油煎香腸二話不說馬上變成焦炭。但容我稍微戳破那個迷思吧：烤德國油煎香腸最好的方法，並不是上述那種直接燒烤方式，而是炭烤煙燻，燻烤出來的香腸味道棒透了，把它想成「辣腸」（hot guts）——德州炭烤煙燻牛肉香腸版的德國油煎香腸就對了）。完全不會流掉任何一滴汁——我再說一遍：完全不會！如果炭烤煙燻技術達標，還會烤出煙環！重點是這樣我們就能避免一個不小心香腸遭火吻變焦炭、或燒烤架還被火吞沒。

材料

- 10 個德國油煎香腸或其他新鮮香腸（2 至 3 磅／ 0.91 至 1.36 公斤）
- 1 湯匙特級初榨橄欖油，需要時可再多加
- 熱狗麵包或奧地利特產凱薩麵包（kaiser roll 或稱 semmel roll）（可用可不用）

推薦當上面撒料用的食材

德國酸菜（Sauerkraut），請參閱注意事項

洋蔥，去皮，切丁或切成薄片

芥末醬

辣根醬或辣根芥末醬更好

1. 按照製造商的說明設定炭烤煙燻爐，並預熱至華氏 275 至 300 度（攝氏 135 至 149 度），（這溫度比低溫慢煮的方法稍微熱一點，但熱氣能幫德國油煎香腸的腸衣變脆。）根據指示添加木材。

2. 用橄欖油稍微刷一刷德國油煎香腸的每吋腸衣，把香腸排在炭烤煙燻爐的架子上，炭烤煙燻到腸衣變古銅色、而且香腸肉熟透為止（烤熟的腸衣下面還會有洶湧澎湃的肉汁泡泡），需 30 至 45 分鐘。另外有種測試肉熟了沒的方法：將即時讀取溫度計的探針，穿過德國油煎香腸的一端，朝中心插進去，裡面溫度應至少為華氏 160 度（攝氏 71 度）。

3. 把燻烤德國油煎香腸搬到熱狗麵包上，或排在橢圓形大淺盤上，搭配選好的配料撒在上面，就可以端上桌了！

注意事項：把 1 磅（0.45 公斤）德國酸菜和德國酸菜汁放在一次性鋁箔平底鍋裡，並在炭烤煙燻德國油煎香腸的時候，一起炭烤煙燻——這主意真該得美食界的諾貝爾獎！

傑克・克萊（JAKE KLEIN）的烤香腸必勝十招

傑克・克萊恩在布魯克林南坡（South Slope）開了傑克經典手作香腸專賣店（Jake's Handcrafted），他是北美數一數二最有創意的香腸王製造商，我並非因為他是我的繼子而這樣誇他，而是傑克早已把西班牙海鮮燉飯、紐奧良茛菜焗蠔（New Orleans oysters Rockefeller）、邁阿密的古巴三明治（Miami's cubano sandwich）和紐約熟食店魯賓三明治（New York deli Reuben）當作餡料，灌進香腸的腸衣裡；美食餐廳評論家彼特・韋爾斯（Pete Wells）在《紐約時報》上寫道：「傑克的二次炭烤煙燻前胸肉牛腩香腸是『極品中的極品』，他把更多燻煙塞進香腸裡，多到跌破我的眼鏡！」傑克在這道料理採用的對策，是把自製手作炭烤煙燻過的烤熟食材，包進新鮮的碎前胸肉牛腩裡，然後他又炭烤煙燻了一次這些材料：大家可以將它想像成基督再臨一樣，現在是燒烤料理帶着榮耀，第二次降臨凡間。

我求教傑克他製作及燻烤香腸的十大私房撇步，結論是：

1. 用一整塊肉像前胸肉牛腩、上肩肉、羊腿、火雞胸肉開始製作和烤香腸，肉裡的膠原蛋白對形成香腸的滑順質感大有助益。

2. 在絞肉之前，要確定肉已經冷到不能再冷——幾乎呈現冷凍狀態，這樣的絞肉質地更好，絞起來更容易，並能幫助進行乳化作用。

3. 使用大量的液體，如水、啤酒和葡萄酒。傑克把自己加入多少容量液體的限制無條件放寬，這樣對製作多汁而不油膩的香腸大有幫助。

4. 用正確的黏結劑，要製作出上等香腸，得把肉和脂肪綁在一起，這樣它們才不會油膩和容易碎掉。傑克發現脫脂奶粉和紅肉聯手出擊效果一級棒，而玉米澱粉最適合和家禽送作堆。

5. 讓香腸泡個熱水浴美白一下（水溫不得超過華氏 150 度／攝氏 66 度），然後用冰水猛沖香腸，如此一來對提升香腸質感、和改善貯藏條件及縮短烹飪時間都頗具成效。

6. 烹調前，先將香腸放在風扇前面吹風 10 分鐘，或把它們擺在冰箱裡，鋪成剛好一層，然後過一夜，不要蓋起來，這樣製作出來的香腸，它們的腸衣咬起來口感會脆到可以得金牌。

7. 烹煮新鮮（生）香腸時，請在燒烤前讓這些香腸達到室溫狀態，這招能防止香腸在燒烤時爆裂。

8. 在明火或燒烤架上烤香腸時，傑克偏好用鐵板燒專用鐵板（plancha）或鑄鐵板去烤，這個方法能把突然冒出烈焰火舌的風險降到最低，同時能讓香腸的腸衣烤到咬起來時，會發出喀滋的悅耳清脆聲。

9. 不用急，慢慢來。開中火烤香腸，並讓提煉出來的脂肪，把香腸的外皮變脆皮腸衣。

10. 若要加快烤香腸的速度，並確保香腸整根都熟透，在烤香腸時，要放一個倒置的不銹鋼碗在香腸上，這樣就能讓香腸每吋角落都烤熟！

下次各位到布魯克林時，來逛逛傑克經典手作香腸專賣店吧！就跟裡面的人說是聽我史蒂文講的，所以特地來見識一下囉！

POULTRY

家禽

牙買加香辣煙燻雞、燒烤雞、中國茶燻鴨，這幾道家禽料理都在木頭燻煙的薰陶下，躍升為揚名國際的大菜！接下來各位會學到炭烤煙燻家禽的基本原理包括鹽漬和浸鹽、還有熱燻與燻烤，以及充滿各式香料的慢火串烤炭烤煙燻雞，還有為了感恩節特別精心烹調的壓軸主角──進行二次炭烤的威士忌炭烤煙燻火雞大餐，各式炭烤煙燻家禽就要在本章粉墨登場！

大火串烤炭烤煙燻雞 ROTISSERIE-SMOKED CHICKEN

據我所知，烹調一整隻雞最好的方法是用大火串烤，但或者，也可以炭烤煙燻？現在這道菜集合了這兩種方法精華於一身，包括大火串烤帶來的這些優點：好比雞肉裡面會自己烘烤，肉質能保持濕潤，還有可以烤到雞皮脆脆的，加上木頭燻煙一發威，雞肉會立刻浸潤在濃濃的煙燻香氣裡。要像這樣左右開弓烤雞肉，最簡單的方法就是使用有慢火串烤圈裝置的鍋式木炭燒烤架（這類產品的最佳供應商就是美國韋伯燒烤架公司，請參閱 262 頁），第二種辦法則是扛出直接燃燒木材式大火串烤架（straight wood-burning rotisserie）或瓦斯燒烤式大火串烤架（gas grill rotisserie），以及 22 頁上面其中一種炭烤煙燻箱。

材料

- 1 隻全雞（3½ 至 4 磅／ 1.59 至 1.81 公斤）
- 3 湯匙燒烤揉搓粉（請參閱採買須知），或按口味添加
- 1 湯匙特級初榨橄欖油

1. 按照製造商說明，把燒烤架設定成慢火串烤模式，並預熱至中高溫（華氏 375 度／攝氏 191 度）──沒錯，這比傳統低溫慢煮的炭烤煙燻溫度要高，但溫度愈高，雞皮愈脆。

2. 挖出雞內臟和大塊的雞肥油，把 1 湯匙揉搓粉抹在雞脖子和雞的身軀骨架裡面，用粗棉線將雞腿綁在一起，或用竹籤把雞腿扎在一起，將雞翅膀尖端折回雞身下方，把其餘的揉搓粉抹在雞的外表，在雞身上淋橄欖油，將它當按摩油，用它擦遍每吋雞皮。把旋轉式烤肉串（rotisserie spit）從雞身的某一邊穿到另一邊，這樣雞就會平均倒栽蔥旋轉，（為什麼要倒栽蔥？如此一來雞肉就會噴出滿滿的雞汁，雞皮還會更酥更脆；我對解釋物理學一竅不通，但世上大多數燒烤料理都是用這種方式製作出慢火串烤雞的。）再擰緊烤肉叉上的螺帽。

3. 把旋轉式烤肉串和雞肉一起放在串烤架上，將包了鋁箔的滴油盤放在雞的下面，把碎木片投擲到木炭上，或按照燒烤架製造商規定加入木材，並開啟燒烤架馬達。

4. 燻烤雞肉，直到雞皮變成焦黃酥脆，雞腿肉的即時讀取溫度達到了華氏 165 度（攝氏 74 度）。測量溫度時，要將即時讀取溫度計深深插入雞腿最裡面的地方，但不要碰到雞骨頭。這個過程會花 1¼ 到 1½ 個小時完成。

完成分量：可製作出 1 隻雞，2 至 4 人份

製作方法：慢火串烤

準備時間：15 分鐘

炭烤時間：1¼ 到 1½ 個小時

生火燃料：果樹類木材皆可，例如蘋果木或櫻桃木的碎木片／可完成 1.5 小時的燻烤過程（6 頁圖表）。

工具裝置：在瓦斯燒烤架上炭烤煙燻雞時，需要用到的有金屬網袋或穿孔管這類網架上層式炭烤煙燻箱（請參閱 22 頁）、或在網架下層式炭烤煙燻箱、或用了滿滿的碎木片去生火和點燃木炭起火的鑄鐵煎鍋去炭烤煙燻也可以；還有粗棉線、一個即時讀取溫度計。

採買須知：盡可能購買有機或當地農場養的雞。挑選喜歡的市售揉搓粉來揉搓雞，若喜歡中式口味的炭烤煙燻雞，不妨體驗看看第 100 頁的 5 － 4 － 3 － 2 － 1 揉搓粉。

其他事項：想要一頓超級容易完成的晚餐嗎？將馬鈴薯、地瓜或其他根莖類蔬菜（縱向分成四份）放入尺寸為 9×13 吋（22.9×33 公分）、包了鋁箔的滴油盤中，並加進幾支每一根都切成四段的蔥或一些大蒜瓣（要留著蒜皮），所有食材要鋪成一層，再添入 1 湯匙橄欖油，並按口味添加鹽及胡椒，把包了鋁箔的滴油盤放在慢火串烤中的雞肉下面，蔬菜會在滴下來的雞肥油裡烤著，要不時攪拌，使蔬菜每吋地方都均勻地烤成焦焦的金黃色，這頓晚餐會大飽你的口腹之慾！

5. 將雞肉挪到砧板上，讓雞肉休息（靜置）5 到 10 分鐘，然後切開雞肉，快來享用這汁多皮脆的烤雞吧！

再變個花樣

沒有串烤架嗎？別擔心，把燒烤架設定為間接燒烤模式並預熱到華氏 375 度（攝氏 191 度），將碎木片扔到木炭上，或用 20 頁的在瓦斯燒烤架上炭烤煙燻的其中一種方法。需要 1¼ 到 1½ 個小時去完成炭烤煙燻。

缺燒烤架嗎？那就按照製造商說明去設定炭烤煙燻爐，預熱到華氏 375 度（攝氏 191 度，若炭烤煙燻爐溫度不夠高，就設定成最高溫即可），將雞肉炭烤煙燻 1¼ 到 1½ 個小時，或如上所述，用溫度測量法煮到雞肉熟為止。

炭烤煙燻家禽白皮書

各種家禽部位	分量	炭烤煙燻爐溫度	時間	烤好的家禽裡面溫度／判斷家禽烤熟了沒
一整隻雞（大火串烤）	3.5 至 4 磅（1.59 至 1.81 公斤）	華氏 375 度（攝氏 191 度）	1.25 至 1.5 小時	華氏 165 至 170 度（攝氏 74 至 77 度）
去骨（有時胸骨也要去掉）切開攤平雞肉	3.5 至 4 磅（1.59 至 1.81 公斤）	華氏 275 度（攝氏 135 度）	2 至 2.5 個小時	溫度同上
半隻雞	每個 1 至 1.5 磅（0.45 至 0.68 公斤）	華氏 225 至 250 度（攝氏 107 至 121 度）	2 至 2.5 個小時	溫度同上
雞腿	5 至 6 盎司（0.14 至 0.17 公斤）	華氏 300 度（攝氏 149 度）	1 至 1.5 個小時	溫度同上
雞翅膀（請參閱第 51 頁）	3 磅（1.36 公斤）	華氏 375 度（攝氏 191 度）或華氏 200 度（攝氏 94 度）	30 至 50 分鐘或 1½ 至 2 小時	溫度同上
雞肝（請參閱第 46 頁）	1 磅（0.45 公斤）	華氏 300 度（攝氏 149 度）	30 至 40 分鐘	外表呈焦黃色，中間是粉紅色的
一整隻火雞	12 至 14 磅（5.44 至 6.35 公斤）	華氏 275 度（攝氏 135 度）	5 至 6 小時	華氏 165 至 170 度（攝氏 74 至 77 度）
半個火雞胸	5 至 6 磅（2.27 至 2.72 公斤）	華氏 225 至 250 度（攝氏 107 至 121 度）	2 至 3 小時	華氏 165 至 170 度（攝氏 74 至 77 度）
火雞棒棒腿	1 至 1.5 磅（0.45 至 0.68 公斤）	華氏 225 至 250 度（攝氏 107 至 121 度）	3 至 4 小時	華氏 170 度（攝氏 77 度）
鴨	5 至 6 磅（2.27 至 2.72 公斤）	華氏 225 至 250 度（攝氏 107 至 121 度）	3.5 至 4 小時	華氏 175 度（攝氏 79 度）

炭烤煙燻雞 SMOKED CHICKEN
佐辣根蘸醬 WITH HORSERADISH DIP

從1925 年構思的那一天開始，這道炭烤煙燻雞就成了一道別出心裁的出色料理，在美國燒烤文化裡「鶴立雞群」（odd bird）（不好意思，我用了雙關語）！孕育它的搖籃是阿拉巴馬州迪凱特市（Decatur）的大鮑伯吉布森餐廳（Big Bob Gibson），發明這道料理的人從鐵路人身分轉換跑道，後來以高深的炭烤煙燻功夫立足天下，他的點子是將炭烤煙燻雞（不用任何特殊的揉搓粉或調味料來妝點它）搭配蘋果醋加蛋黃醬製成的醬料。以下是我的版本——我要用辣椒和辣根來讓你辣到噴火！

完成分量：2 隻雞，4 到 6 人份

製作方法：熱燻

準備時間：20 分鐘

煙燻時間：2 到 2 個半小時

生火燃料：山核桃木或胡桃木（長山核桃木）／可完成 2.5 個小時的燻烤過程（6 頁圖表）。

工具裝置：一個即時讀取溫度計

採買須知：採購有機或本地農場養的雞，假如希望製作偏辣的辣根蘸醬，用現磨的辣根最夠力，不然也可以拿白色偏乳白米色磨好的辣根磨碎根；購買優質的蛋黃醬，例如康寶美玉白汁（Hellmann's）或最棒食物（Best Foods）牌的蛋黃醬。

其他事項：可以在任何炭烤煙燻爐裡炭烤煙燻雞，一台直立式炭烤煙燻桶（請參閱第 263 頁）就很不錯。

材料

2 隻雞（每隻 3½ 到 4 磅／ 1.59 到 1.81 公斤）

粗鹽（海鹽或猶太鹽）和現磨的黑胡椒

2 杯蛋黃醬，最好是康寶美玉白汁（Hellmann's）或最棒食物（Best Foods）牌的蛋黃醬

1 杯蘋果醋

¼ 杯現磨辣根，或廚師口中的烹飪專有名詞：「磨好的辣根的根」（prepared white horseradish），即與醋混合的辣根磨碎根，磨好的辣根顏色是白色偏乳白米色

1 到 2 茶匙你喜歡的辣醬

1 茶匙磨得細細的檸檬皮

¼ 杯培根油脂或 4 湯匙（½ 條）熔化的奶油

1. 拿剪刀分割禽肉，將雞剪成兩半：首先剪掉骨架，然後從胸骨把每隻雞的肉剪下來。用冷水沖洗雞肉，再拿紙巾擦乾雞肉，然後用大量鹽和胡椒幫雞肉每一面調味。

2. 製作辣根蘸醬：將蛋黃醬、蘋果醋、現磨辣根或磨好的辣根的根、辣醬、檸檬皮、2 茶匙鹽和 2 茶匙胡椒放在深碗裡，攪拌至調勻為止，並冷藏到要食用炭烤煙燻雞時再取出。

3. 按照製造商的說明設定炭烤煙燻爐，並預熱至華氏 225 至 250 度（攝氏 107 至 121 度），根據指示添加木材。

4. 把所有半隻雞都放在炭烤煙燻爐裡，雞皮朝上，炭烤煙燻 1 小時，用培根油脂或奶油刷雞肉，繼續炭烤煙燻到雞皮鍍上古銅色，雞肉熟透軟嫩，插進雞腿裡的即時讀取溫度計顯示肉裡面的溫度為華氏 165 至 170 度（攝氏 74 至 77 度），需 1 到 1.5 個小時以上。

5. 把一半蘸醬倒在深的橢圓形大淺盤上，再將所有半隻雞放在醬汁上，並讓雞肉浸在蘸醬裡 3 分鐘，雞皮要朝上，接著把剩下的蘸醬放在一邊。

牙買加香辣煙燻雞 JAMAICAN JERK CHICKEN

完成分量：2 隻雞，4 至 6 人份

製作方法：熱燻

準備時間：30 分鐘

滷製時間：12 至 24 小時

煙燻時間：2 到 2.5 小時

生火燃料：2 杯牙買加胡椒木或其他硬木的碎木片，加 3 湯匙多香果莓果／可完成 2.5 個小時的燻烤過程（6 頁圖表）。

工具裝置：一台香料碾碎器或乾淨的咖啡豆磨豆機、一個有耐熱把手的小鍋子、超大堅固耐用可重複密封的塑膠袋、一個即時讀取溫度計

採買須知：採購有機或本地農場養的雞，還需要一些特殊材料——主要有牙買加胡椒木（多香果）樹的各個部位，包括莓果（約 25 顆）、葉子（也可以選聞起來像多香果的月桂葉）、和牙買加胡椒木條與碎木片，以上所有材料都可以在異國情調碎木片公司（eXotic Wood Chips）訂得到（網站 pimentowood. com）。

艾美獎得主攝影師蓋瑞·費布洛威茲（Gary Feblowitz）以過來人的口吻告訴我：「吃牙買加香辣煙燻雞就是要吃到汗流浹背！」想必大家都看過他在紐約美食頻道 *Food Network* 和我的美國公共電視網電視節目《史蒂芬·雷奇藍的炭烤煙燻大全》（*Project Smoke*）節目中的作品。他意外被困在牙買加幾個星期（我相信當事人會被整得很慘），因緣際會迷上當地的燒烤料理牙買加香辣煙燻雞，因而創立了一家公司，專門進口牙買加胡椒木、葉子和漿果。

「牙買加胡椒木」是牙買加人所謂的五香粉，這種氣味芳香的熱帶樹，是牙買加香辣煙燻雞香味的主要來源，我們可以用牙買加胡椒木漿果和葉子來幫牙買加香辣煙燻雞調味，拿牙買加胡椒木條來搭成燒烤架的網架，然後把牙買加胡椒木的碎木片搬來製造炭烤燻煙，打造從頭到尾道純正的風味。

至於會吃到讓你全身冒汗的又是什麼材料？我們現在講的「它」就是蘇格蘭圓帽辣椒（scotch bonnet chiles）。若以度量辣椒素（Capsaicin）含量的史高維爾指標（Scoville）來衡量，這玩意兒辣到你舌頭發麻的程度達 20 萬個辣度單位。假如邀一位牙買加人來製作下面這道食譜，搞不好會耗掉多達一百多個蘇格蘭圓帽辣椒；我建議從三到四個開始，為了使味道更溫和，可以去掉辣椒的籽。

牙買加人就愛把他們這道雞肉料理煮到極熟，甚至熟到像皮革一樣粗糙堅韌，讓人回想起源自美洲的另一道炭烤煙燻菜：炭烤煙燻是拉差香甜辣椒醬牛肉乾（52 頁），有學者認為這兩道菜名裡的 jerk 這個字，以字詞來源來說它們是表兄弟。我建議別把牙買加香辣煙燻雞煮到那麼熟才上菜，要讓雞汁多一點，而且因為調味料帶來的味道相當強烈，所以這是適合在瓦斯燒烤架上煙燻的好菜。這道菜賣相頗優，唯一比這個特色更酷的一點是它實在太美味！

材料

2 隻全雞（每隻 3½ 到 4 磅／ 1.59 到 1.81 公斤）

3 杯牙買加香辣煙燻雞調味料（157 頁），或自己喜歡的市售品牌

25 片牙買加胡椒木葉子或月桂葉

1 杯水

1. 用分割禽肉剪刀，去骨（有時胸骨也要去掉）切開攤平雞肉：切下脊骨的兩側並將脊骨取下，拿掉胸骨和軟骨，像打開書一樣張開雞肉。

2. 把一半的牙買加香辣煙燻雞調味料，鋪在烤肉平底鍋子裡的

其他事項：這道食譜還有幕後製作花絮，就是模仿牙買加香辣煙燻雞窯的樣子，把實際操作現場搬到瓦斯燒烤架上。作法是無論我們用的是炭烤煙燻爐或瓦斯燒烤架還是木炭燒烤架，都要在網架裡面鋪牙買加胡椒木葉子當內襯，再將牙買加胡椒木條蓋在葉子上，然後把雞肉堆在上面熱燻，牙買加胡椒木的碎木片和莓果則裝在鋁箔炭烤煙燻袋裡，再把袋子排在其中一個點燃的燃燒器上方，藉此製造出燻煙。接著在炭烤煙燻爐或燒烤架上面放一盆水，裡面再另外加進更多牙買加胡椒葉子，目的是讓雞肉持續爆發誘人香味，且 24 小時濕潤、肉汁飽滿！這道牙買加香辣煙燻雞，絕對會是賣相首屈一指最傲人的美食大作！

底部，這個鍋子要大到能容納得下兩隻切開攤平的雞，將這些雞放在調味料上面，再把剩下的牙買加香辣煙燻雞調味料撒遍雞肉全身，然後用保鮮膜蓋住烤肉平底鍋，將雞肉擱在冰箱中醃製 12 到 24 小時，過程中要把雞肉翻轉幾次，使雞肉能均勻醃製，或將切開攤平的雞肉塞進超大可重複密封的塑膠袋中醃製。

3. 要是使用瓦斯燒烤架或木炭燒烤架，就將多香果碎木片和多香果莓果浸泡在水中 30 分鐘，水要蓋過這些燃料，然後瀝乾。假若使用瓦斯燒烤架，則要製作鋁箔炭烤煙燻袋：將瀝乾的碎木片和漿果，放在一大張堅固耐用鋁箔的中間，把鋁箔兩角拉高互疊折起來作成袋子，再將鋁箔四周邊緣統統折好封住此袋子，然後用叉子在袋子頂部戳幾個洞。

4. 製作蒸鍋：將 5 片多香果葉子和水放入有耐熱把手的小鍋之中。

5. **使用瓦斯燒烤架**：將瓦斯燒烤架設定為間接燒烤模式，並預熱至中低溫（華氏 275 度／攝氏 135 度），把鋁箔炭烤煙燻袋放在瓦斯燒烤架點燃木材的那一側上方，幾分鐘內，鋁箔炭烤煙燻袋就會開始進行炭烤煙燻，再將剩下的牙買加胡椒木葉子放在網架上，需要多少就要擺多少，而這些牙買加胡椒木葉子涵蓋的範圍，要等於切開攤平的雞的大小，同時放葉子的位置要遠離火源才行，並在葉子上排 4 支牙買加胡椒木條，方向與網架垂直，且木條之間相互平行。把切開攤平的雞放在木條上，雞皮朝上，將蒸鍋放在它們旁邊，蓋上瓦斯燒烤架，間接燒烤雞肉到雞肉烤成深焦黃色，而即時讀取溫度計顯示的雞肉裡面溫度則達到華氏 165 至 170 度（攝氏 74 至 77 度），需 2 到 2.5 小時。（測量溫度時，要將溫度計深深插入雞腿最裡面的地方，但不要碰到雞骨頭。）

使用木炭燒烤架：設定為間接燒烤模式，把剩下的牙買加胡椒木葉子放在網架上，需要多少就要擺多少，而牙買加胡椒木葉子涵蓋的範圍，要等於切開攤平的雞的大小，同時葉子的位置要遠離火源，然後在網架上排 4 支牙買加胡椒木條，木條要跟火源保持距離，而且網架和牙買加胡椒木條的位置要在滴油盤上方，接著把切開攤平的雞放在木條上面，將蒸鍋擱在它們旁邊。蓋上木炭燒烤架，如前面所述去間接燒烤雞肉。

使用炭烤煙燻爐：按照製造商的說明設定炭烤煙燻爐，並預熱至華氏 275 度（攝氏 135 度），如上所述，在炭烤煙燻爐架子上擺設牙買加胡椒木葉子和木條。把切開攤平的雞放在木條的上面，將蒸鍋擱在它們旁邊，依照指示添加牙買加胡椒木碎木片和莓果，如前所述去炭烤煙燻雞肉。

6. 將雞肉挪到橢圓形大淺盤或砧板上，讓雞肉休息（靜置）5 分鐘，然後切碎或切塊食用。

牙買加香辣煙燻雞調味料 JERK SEASONING

完成分量：可製作出約3杯

這種味道濃烈的調味料是牙買加香辣煙燻雞的命脈，它是把辛辣的蘇格蘭圓帽辣椒、和飄香的五香粉與黑蘭姆酒（rum）混合在一起的嗆辣刺激辣椒醬，將牙買加香辣煙燻雞調味料保存在冰箱裡的密封罐子裡，可以放好幾個星期不變質。（用雙層保鮮膜幫罐子的蓋子加內襯，這樣蘇格蘭圓帽辣椒冒出來的霧氣就不會腐蝕金屬）

材料

- 3 湯匙牙買加的牙買加胡椒木莓果或多香果莓果
- 3 湯匙黑胡椒子
- 1 支肉桂棒（3吋／7.6公分長），要打成碎片，或2茶匙肉桂粉
- 1 整粒肉豆蔻，或2茶匙肉豆蔻粉
- 6 片乾燥的牙買加胡椒木葉子或2片月桂葉，要碎碎的
- 2 至 8 個蘇格蘭圓帽辣椒或它的表兄弟——哈瓦那辣椒（habanero chiles），去莖（請參閱注意事項）
- 2 根青蔥，修剪後把蔥白和蔥綠都大致上切一下

- 4 個大蒜瓣，去皮並簡單切一切
- 1 片（2吋／5.08公分）鮮薑，搓洗乾淨並大略切一切
- 2 湯匙新鮮的百里香葉（要現摘樹枝上的）或1茶匙乾燥的百里香
- ½ 杯醬油
- ½ 杯植物油
- ½ 杯蒸餾白醋
- ½ 杯黑蘭姆酒
- 5 湯匙現榨萊姆汁
- 2 湯匙糖蜜（molasses）或紅糖
- 粗鹽（海鹽或猶太鹽）和現磨的黑胡椒

1. 在香料碾碎器中放入牙買加胡椒木莓果、胡椒子、肉桂、肉豆蔻和牙買加胡椒木葉子，並研磨成細粉，做成碎香料。可能需要分批研磨。

2. 將蘇格蘭圓帽辣椒切成兩半，假如要吃不辣的牙買加香辣煙燻雞，就要把蘇格蘭圓帽辣椒去籽；要是希望愈辣愈好，可以把籽留下。將蘇格蘭圓帽辣椒、青蔥、大蒜、薑、百里香和碎香料放入食物處理機中並切得細細碎碎的，加入醬油、植物油、醋、黑蘭姆酒、萊

姆汁、糖蜜並打成厚厚的糊狀物，按口味加入鹽和胡椒調味。

注意事項：雖然已經從世上最辣食物的冠軍寶座隱退，但蘇格蘭圓帽辣椒還是相當嗆辣，兩個蘇格蘭圓帽辣椒味道算是中辣，加八個就會火力全開，讓人見識到原來牙買加當地的香辣煙燻雞料理是如此辣到翻！在處理蘇格蘭圓帽辣椒時，請務必戴上手套，因為誰也不希望辣油沾到自己的手，然後一路碰到連眼睛和／或其他敏感的地方。

培根、火腿和起司雞腿
BACON, HAM, AND CHEESE CHICKEN THIGHS

完成分量：8 隻雞腿，4 人份

製作方法：熱燻

準備時間：30 分鐘

炭烤時間：1 到 1.5 小時

生火燃料：山核桃木或蘋果木／可完成 1 小時的燻烤過程（6 頁圖表）。

工具裝置：粗棉線、一個即時讀取溫度計

採買須知：要專挑有皮去骨的雞腿，如果沒找到，可以用尖銳的水果刀（削皮刀）（paring knife），在雞腿內側劃一道縱向縫隙，把骨頭挑出來。

其他事項：有些人看到黑漆漆的炭烤煙燻肉就有怨言，而雞胸肉通常不是炭烤煙燻的好對象（因為肉都被烤乾了）；但是一層雞胸肉一層火腿和起司這樣堆起來，再用培根包住雞胸肉，就能幫雞胸肉鎖水保濕。

這些用培根包起來的炭烤煙燻雞腿，聽起來像純美式料理，但靈感卻是來自塞爾維亞的首都貝爾格勒市，那裡的烤雞和烤豬裡面通常會塞滿煙燻火腿和辣到讓人眼淚鼻涕齊飛的起司，而雞大腿則是雞肉中最有肉、最多汁的部分，因此對大多數美國人卻老選雞胸肉這件事顯得格外令人不解！不過別把我們 barbecuebible.com 社區算進去，我們多愛雞腿香死人不償命的味道，我們喜歡它物超所值，並迷戀這些雞腿上的炭烤煙燻味、鹽、濃郁的起士味，和咬起來嘎吱作響的醃菜！

材料

- 8 大塊連皮無骨雞腿（每塊 6 盎司／0.17 公斤，帶骨雞腿肉每個 8 盎司／0.23 公斤）
- 8 湯匙第戎芥末醬
- 8 盎司 0.23 公斤）格呂耶爾芝士（Gruyère cheese，成洞熟成的 cave-aged 最佳），簡單磨一下或切成像火柴棒那樣的細長條狀
- 8 盎司（0.23 公斤）切片炭烤煙燻火腿，切成像火柴棒那樣的細長條狀
- 16 片蒔蘿醃菜片
- 粗鹽（海鹽或猶太鹽）和現磨的黑胡椒
- 16 片切得薄薄的手工培根片（1 磅／0.45 公斤）

1. 把雞腿放在砧板上，並打開雞腿肉，也就是先去掉雞骨頭再將雞腿攤開。將芥末醬（每隻雞腿要用到 1 湯匙）塗遍雞腿上上下下。每隻雞腿上面再各鋪等量的起司和火腿及 2 片蒔蘿醃菜片。接著再把雞腿闔起來，將剛剛鋪的雞腿肉內餡封住，並用鹽和胡椒調味雞腿。然後拿培根包雞腿，一隻腿一條培根，接下來再抓另一條培根，方向與第一條培根垂直，緊接著祭出粗棉線，把培根拴在剛剛擺好的正確位置上。

2. 按照製造商的說明設定炭烤煙燻爐，並預熱至華氏 300 度／攝氏 149 度（在比正常溫度高的溫度下炭烤煙燻，培根會變得脆脆的），根據指示添加木材。

3. 將雞腿皮朝上，雞腿擺在炭烤煙燻爐的架子上，炭烤煙燻雞腿到雞腿外表和培根都變成焦黃色，而且起司熔化，即時讀取溫度計則顯示雞腿中心的溫度達到華氏 165 到 170 度（攝氏 74 至 77 度），需 1 到 1.5 小時。將雞腿端上桌之前，要先剪掉並移開粗棉線。

進行二次炭烤的威士忌炭烤煙燻火雞
DOUBLE WHISKEY-SMOKED TURKEY

我的人生（成年後）泰半都花在負責製作我們家的火雞料理上，而且我覺得我在作法上從沒老調重彈過，多年來，我試過間接燒烤、大火串烤、把雞肉切開攤平、作成啤酒罐烤雞等等，但如果我只能挑一種方法來作，我會選浸威士忌和威士忌桶碎木片炭烤煙燻。浸威士忌能增添風味同時讓雞肉爆汁，特別是對雞胸肉而言，這裡的肉會乾澀早就不是什麼新聞了，威士忌酒桶碎木片則會帶來甜美的麝香煙味，為了讓雞胸肉持續濕潤多汁，我還在雞胸肉裡注射熔化的奶油和雞湯。把這隻火雞送到炭烤煙燻爐上後，接下來要作的差不多就只要把它丟在那裡，然後等它烤好即可。

材料

火雞要用到的材料
1 隻火雞（12 到 14 磅／5.44 到 6.35 公斤）

4 片月桂葉

1 個中等大小的洋蔥，去皮切成四等分

4 個完整丁香

1½ 杯粗鹽（海鹽或猶太鹽）

½ 杯純楓糖漿

2 夸脫（1.89 公升）沸水

6 夸脫（5.68 公升）冷水（水總共 2 加侖／7.57 公升）

1 杯波本威士忌或裸麥威士忌（rye whiskey）

1 湯匙完整的黑胡椒子

注射器醬汁要用到的材料（自由決定）
3 湯匙奶油

3 湯匙低鈉火雞原汁高湯或普通雞的原汁高湯（自製的最給力）

1 湯匙威士忌或白蘭地

炭烤煙燻和上菜時要用到的材料
4 湯匙（½ 條）奶油，要熔化的，

火雞肉汁（請參閱 162 頁），上菜時會用到

完成分量：8 到 10 人份

製作方法：熱燻

準備時間：20 分鐘

浸鹽時間：24 小時

煙燻時間：5 到 6 小時

生火燃料：威士忌酒桶碎木片，如傑克丹尼（Jack Daniel's）威士忌酒桶碎木片或金賓威士忌（Jim Beam）威士忌酒桶碎木片／可完成 5 小時的燻烤過程（6 頁圖表）。

工具裝置：一個用來浸鹵水的大湯鍋、金屬絲網架、一個注射器（請參閱 164 頁）、即時讀取溫度計

採買須知：最理想是採購有機或土種的雞，可以在美國原始品種有機產地直銷食材公司（Heritage Foods USA，heritagefoods.com）、美國達爾達尼自然生產和有機食品公司（D'Artagnan，dartagnan.com）或透過在地優質食材經銷組織（Local Harvest，localharvest.com）這些網站訂購。有機或土種的雞肉有咬感、耐咀嚼，風味更佳，很多工業化養殖的雞隻會被注射原汁高湯、水和／或奶油或植物油──這些注射物高達雞肉本身重量的 15%，（水比肉更便宜，這就是為什麼加工商要搞這套的原因。）像它們這樣灌水後，再加上我們又用鹵水去浸鹽的話，會讓雞肉變得鹹到難以入口。不過要是找不到有機雞肉，可以買從未被注射過任何物質的普通雞肉。

---

1. 倘若是冷凍火雞肉，就要解凍，拿掉脖子和內臟（肝、胗、和心）並放在一邊。一定要清空火雞肉的正面（頸部）和身軀骨架裡面，（炭烤煙燻脖子、胗、心，以製作出炭烤煙燻雞肉高湯，並用火雞肝去調配出 47 頁的炭烤煙燻雞肝醬。）再用冷自來水沖洗火雞裡裡外外，然後把雞翅折到雞身背後。

2. 製作鹵水：將月桂葉放到切成四分之一塊狀的洋蔥堆裡，另外還有丁香，再把鹽和楓糖漿放在大到能塞得進這隻火雞的湯鍋中，加入沸水，將所有材料拌在一起，攪拌至鹽溶解，再拿去跟冷水、威士忌和胡椒子一起攪拌。接著加入火雞，雞腿朝上，還有洋蔥，需要時應搖晃一下火雞，使鹵水能流進雞的身軀骨架裡，讓整隻雞都能浸泡到。再蓋上湯鍋的鍋蓋，放在冰箱中 24 小時。浸鹽過程中要把火雞身體上下翻過來，使火雞全身能均勻泡到鹵水。

3. 第二天就可以把火雞從鹵水中取出，將鹵水丟棄，把火雞放在金屬絲網架再放在有邊緣的烤盤上，將火雞瀝乾並晾乾 30 分鐘。需要時，在炭烤煙燻前先將雞翅和腳綁緊。

4. 同時，製作注射器醬汁：在平底深鍋裡熔化奶油，再加入低鈉火雞原汁高湯或普通雞的原汁高湯和威士忌一起攪拌，接著冷卻至室溫，下一步是將此道醬汁倒入注射器中裝滿，然後把醬汁注入雞胸、雞腿和棒棒腿這幾個位置裡。

5. 按照製造商的說明設定炭烤煙燻爐，並預熱至華氏 275 度（攝氏 135 度），根據指示添加木材。

6. **全套式炭烤煙燻法**：將火雞放在炭烤煙燻爐的架子上，2 小時後，開始用熔化的奶油幫火雞上上下下焗油，之後每個小時再焗油一次，炭烤煙燻火雞到雞皮烤成焦黃色，即時讀取

溫度計顯示雞腿肉溫度達到華氏 165 至 170 度／攝氏 74 至 77 度，（測量溫度時，要將即時讀取溫度計深深插入雞腿最裡面的地方，但不碰到雞骨頭），整個步驟要 5 到 6 個小時。

使用燒烤架：這樣炭烤煙燻好的火雞會充滿濃郁的煙燻香氣，還有烤火雞必備的脆脆雞皮。如上所述炭烤煙燻火雞（但不必焗油）到雞皮變成金黃色，而且在插進雞腿的即時讀取溫度計上，顯示雞腿肉目前溫度達到華氏 145 度（攝氏 63 度），需 3 至 4 小時。如果您的炭烤煙燻爐溫度較高，請調到華氏 400 度（204度），不然就要找來別的燒烤架，把它設定成間接燒烤模式並預熱到中等溫度（華氏 400度／攝氏 204 度）。將火雞搬移到燒烤架，並放在滴油盤上。用熔化的奶油幫火雞焗油。把火雞烤到雞皮變焦黃色又酥脆，雞腿肉溫度則跑到華氏 165 度（攝氏 74 度），需 1 小時以上或視實際需要而定，接著再多焗一兩次油。

7. 將火雞移到橢圓形大淺盤上，鬆鬆地蓋上一片鋁箔（不要將鋁箔纏在火雞身上）。讓火雞休息（靜置）20 分鐘，然後切開火雞並跟裝了火雞肉汁（gravy）的船形容器一起端上桌。

其他事項：應該買多大的火雞？即使各位現在要充當廚師，款待絡繹不絕的美食團，在這種情況下，我自己還是都會抱回 12 到 14 磅（5.44 到 6.35 公斤）的火雞來炭烤煙燻。要是你得餵飽一群人，那麼可為他們炭烤煙燻兩隻火雞，這個份量絕對很合理。火雞愈小，肉愈濕潤愈嫩，而且炭烤煙燻過程更容易控制。算成每個人要吃到 1.5 磅（680 公克）的火雞肉，這樣會讓各位感覺吃得好飽，但又不會太撐——就像在感恩節吃火雞大餐那樣，最後縱使有吃剩的，也不會剩到讓你發愁。大家請注意：講到吃火雞時要搭配的醬汁，我大推炭烤煙燻火雞肉汁或肉汁醬最美味（請參閱 162 頁）。

火雞肉汁 TURKEY JUS

完成分量：可製作出2.5到3杯

由於浸鹽的關係，在火雞下方的鍋裡接到的滴雞精，說不定會讓肉汁味道太鹹，而且可能還不夠用；無鹽雞肉或火雞肉原汁高湯則化解了這個問題，各位可以就在火雞肉旁邊炭烤煙燻原汁高湯；馬德拉酒還會幫火雞肉汁增加一點甜味，要是各位對火雞和木煙純正的口味比較感興趣，那就跳過馬德拉酒吧！

材料

3 杯火雞或普通雞的原汁高湯（自製的更好）

½ 杯炭烤煙燻火雞滴雞精（可加可不加）

2 茶匙玉米澱粉（可加可不加）

3 湯匙馬德拉酒（可加可不加）

粗鹽（海鹽或猶太鹽）和現磨的黑胡椒

1. 把火雞或普通雞的原汁高湯倒進炭烤煙燻爐上的一次性鋁箔平底鍋裡，該平底鍋則放在這隻要炭烤煙燻的火雞旁邊，把火雞或普通雞的原汁高湯炭烤煙燻 2 小時。

2. 一旦炭烤煙燻的火雞已經熟透並送去休息（靜置）時，要再把炭烤煙燻過程中產生的火雞滴雞精裝進大量杯裡，根據這些滴雞精的多寡和鹹度，各位會用到最多 ½ 杯這些剔除掉油脂的滴雞精。再加入炭烤煙燻火雞或普通雞的原汁高湯，去湊足並製作出 3 杯火雞肉汁。

3. 把火雞滴雞精加原汁高湯放在平底深鍋燒開煮沸，如果要這些肉汁高湯稍微濃稠一點，可以把玉米澱粉加在 1 湯匙馬德拉酒中溶解，然後倒進沸騰的滴雞精加原汁高湯中一起攪拌勾芡，這些肉汁高湯就會稍微變成濃稠狀；要是希望滴雞精加原汁高湯不要稠稠粘粘的，可加入馬德拉酒並煮滾 2 分鐘，然後按口味撒上鹽和胡椒攪拌調味。

解析浸鹵水技術

要怎樣才能讓炭烤煙燻爐或燒烤架上的食物保持濕潤多汁？說起來能跟浸鹽這個妙計匹敵的技術屈指可數，浸泡在鹵水溶液（這樣就是浸鹽），能使火雞肉變得既柔嫩又多汁、豬排肉質不僅飽滿還噴汁！使用鹽漬用鹽──喜馬拉雅鹽（如亞硝酸鈉，請參閱第 16 頁），會把炭烤煙燻（牛）肉染成粉紅色，而家禽或火腿及豬後腿肉則會顯得鮮味十足。

浸鹵水是怎麼發揮它的功效的？

肌肉是由長而且捆在一起的纖維所組成，炭烤煙燻或燒烤肉類時，肉的水分流失是不可避免的事，熱氣會導致肌肉纖維收縮，擠出水分──多達肉原始重量的三成。

浸鹽的目的是讓更多的水進入肉中，但實際上是鹽的變性（Denaturation）過程來完成這項任務。（浸泡在普通水中的肉類會吸收水分，但在烹調過程中無法保留水分。）將鹽加入水中，鹽水（鹵水）會進入並待在肉裡。

就像高中化學課上所教的，鹽是由兩個元素組成的：鈉和氯化物。將鹽溶解在水中時，它會分解成正電荷的鈉離子和負電荷的氯離子，鈉會讓肉有鹹味但不死鹹。

氯離子從肉裡面的蛋白質這個通道擴散時，負離子會相互排斥，就很像反向磁鐵一樣，會將肉纖維推開，產生被水填滿的間隙，正是這個現象（而非滲透），導致水能進入肉裡並待下來。

鹵水的鹽與水理想比例是多少？食品科學家建議每加侖水（3.79 公升）加 7 盎司（198 公克）的鹽（大約 ¾ 杯），這樣會得到的鹽濃度為 6 到 7%。

但是，製作鹵水並非純粹將鹽倒入一碗水中這樣打發過去就行。首先要考量的是鹽：我是海鹽的愛用者，它含有微量的鎂、鹵化鈣、藻類和其他化合物，有的人則偏愛猶太鹽的純度。鹽在冷水中溶解得慢，所以我一般都會把一部分水先煮沸，跟鹽一起攪拌，然後加入剩餘的冷水，讓鹵水溫度回到室溫。切勿加食物進去把鹵水弄溫。

製作基本的鹵水只要鹽和水就好，也可以添加鹽漬用鹽──喜馬拉雅鹽（如亞硝酸鈉）和其他調味品，包括甜味劑好比糖、蜂蜜或楓糖漿，還有像洋蔥或大蒜等芳香劑，與香草及香料如月桂葉、杜松子、或黑胡椒子。

這樣一來，一種稱為平衡鹵水（equilibrium brining）的技術遂應運而生。提倡它的是食品科學家暨現代主義美食先知納森 · 麥沃爾德（Nathan Myhrvold）。鹽漬的最終目的是讓食物擁有 0.5 到 1% 的鹽度（鹽含量），傳統的鹵水會用更鹹來達到鹽度，然後用清水浸泡及沖洗已經浸過鹵水的肉塊，以去除肉裡多餘的鹽分；而平衡鹵水則是用最後在肉中所需的全部鹽量，去製作鹵水。平衡鹵水的優點是：鹵水擴散及提供的鹽度會剛剛好，肉絕對不會過鹹；缺點則是：這個過程講究精密複雜的計算與測量，而且耗費的時間更可觀。

注射大小事

你聞針色變嗎？別誤了大事、該注射烤肉卻打退堂鼓！注射是最有效的一劑強心針！它能幫炭烤煙燻、燒烤或火烤肉類添加風味並保持濕潤，這件事舉凡任何燒烤家無人不知！可把注射想成是從肉裡面往外面醃製肉，注射就是這套原理。

讓我來解釋一下：揉搓粉、香料醬和澆糖汁都是停留在肉的表面上，醃料也只能滲入到肉表面以下幾公釐而已，而浸鹽這個策略（請參閱163頁）確實能讓鹵水蔓延到肉中心，但它需要幾天甚至幾週才能真正完成，最後還會演變成滿山滿谷浸鹽中的食物，紛紛在冰箱裡劃地為王；但注射則是只要你推一推針筒柱塞，幾秒鐘內味道就會直搗食物中心。

注射是加速火雞、火腿及豬後腿肉、或加拿大培根浸鹽過程的推手，作法是每間隔2吋（5.08公分），就將鹵水一點一點深深注入到肉的最裡面，其他也可以進行注射的選擇，包括雞肉和合法狩獵到的母雞、全豬和豬肩胛肉，還有肉質天生就又乾又柴，好比火雞胸肉和雙倍厚豬排這些肉品。

大部分注射器看起來都很像超大型的皮下注射針頭，注射器（採用塑膠或不銹鋼材質）容量通常為2到4盎司（57至113公克），足以用在大多數燒烤料理上，我們可以用它來把肉湯、熔化的奶油或其他液體調味料注射到食物內。假如要注射較濃的香料總匯，例如義大利青醬或牙買加煙燻香料，可以買寬口注射器；通常這類商品在販售時，上面就會附帶金屬釘，可用它在肉上面鑿出深深的孔洞，並從這裡把香料醬注射進去。

使用注射器時，請把柱塞壓到底，並將針插入注射器醬汁裡，有些針末端沒開口，但有沿著邊緣的孔洞，要確定這些孔洞會完全浸沒在醬汁中。再拉回柱塞，把注射器填滿汁液，然後將針深深地插入肉中，接著緩慢平穩地把柱塞往下壓，（要是用迅雷不及掩耳的速度插入針，說不定會讓整管注射器醬汁往相反的方向噴射。）跟著再慢慢地抽出針。

為了把戳在肉中的孔洞數量降到最低（這樣就不會有注射後，醬汁又漏出來的問題），要透過同一個注射洞口，再往兩到三個方向去改變及調整針的注射角度，繼續注射到汁液開始從孔洞漏出來為止，這就代表肉再也承受不了任何注射量。

應該用注射器注射什麼？來簡單列個口袋名單吧：包括肉湯或原汁高湯、熔化的奶油、干邑白蘭地或威士忌、辣醬、魚露或醬油，或更常用的是組合這些材料的汁液，假如要嘗點甜頭，就要在注射器裡加入果汁或糖蜜還是蜂蜜都可以。（可以加溫糖蜜或蜂蜜，這樣會更容易流動。）在159頁上，可以查到我最喜歡的那種注射器醬汁。

以下補充注射建議事項：

- 把注射器醬汁混合調製完成後，要將它移到深且細長的容器裡，這樣有利於把醬汁抽入注射器裡。

- 注射器第一次開工前，我們要先取少量植物油，去潤滑注射器柱塞末端的橡膠或矽膠墊片。每次清洗注射器後，都要重複此程序，防止橡膠變乾。

- 調製注射醬汁時，要用低鈉或無鈉肉湯，這招能讓我們控制住醬汁的鹽含量。

- 除非有寬口的針，否則應避免使用磨得不夠細的香料或類似材料，才不會堵住針和注射器。要用細網過濾器或咖啡過濾器，來過濾注射器醬汁中任何固體。

- 為了使注射器醬汁能充分擴散，在注射和炭烤煙燻肉這兩件事之間，要讓肉休息（靜置）一小時。

- 每次使用注射器後，都要用手清洗注射器，特別注意針的情況，並用拉直的迴紋針清潔針頭，再用熱水沖洗整支針。用洗碗機洗可能會讓注射器出現裂紋（注射器裡面會產生細細的裂痕）使針變鈍。某些款式的注射器在功能上會設計成未使用時，能將注射針存放在注射器內。若非使用此類款式，請更換隨注射器附上的針頭防護器，或在每次使用後與下次使用前，將針尖推入一小塊軟木塞中好好保護。

柑橘茴香火雞胸肉 CITRUS-FENNEL TURKEY BREAST

大多數炭烤煙燻的火雞胸肉，都會經過像醃漬豬後腿肉一樣的待遇（浸在用鹽、糖和鹽漬用鹽——喜馬拉雅鹽製成的鹵水裡），或烤出比照猶太煙燻醃肉的香菜籽和黑胡椒焦酥外衣（請參閱 72 頁）。但現在這道炭烤煙燻火雞胸肉料理外表因為柑橘（檸檬、萊姆、橘子、和葡萄柚，外皮及果肉都煮成糊狀濃湯）幫襯而顯得鮮艷亮麗，再加上茴香花粉（或茴香籽）釋放出甘草甜味，外觀口感包你耳目一新！這個食譜是我從亞利桑那州斯科茨代爾市（Scottsdale）豬肉和醃菜餐廳（Pig & Pickle）的火雞胸肉名菜得來的靈感。

材料

- 1 個一半的火雞胸肉（帶骨的最好，重 5 到 6 磅／2.27 至 2.72 公斤）
- 1 個萊姆，切成 4 等分
- 1 個檸檬，切成 4 等分並去籽
- 1 個橘子，切成 4 等分並去籽
- ¼ 個葡萄柚連皮，去籽並切成 1 吋（2.5 公分）塊狀
- ¼ 杯粗鹽（海鹽或猶太鹽）
- ¼ 杯用力壓實的淺或暗紅糖
- 2 湯匙搗碎的黑胡椒子
- 1 湯匙茴香花粉或茴香籽
- 6 湯匙特級初榨橄欖油，需要時可再多加
- ¼ 杯水，或根據需要取用

1. 沖洗火雞胸肉，再用紙巾擦乾，如果用帶骨的火雞胸肉，要循著蛛絲馬跡把所有肋骨統統揪出來後修掉。將火雞胸肉放在超大堅固耐用可重複密封的塑膠袋裡。

2. 製作桔醬：將萊姆、檸檬、柑橘、葡萄柚、鹽、糖、胡椒和茴香花粉放入食物處理機中，磨成粗略的糊狀物。加入 4 湯匙橄欖油和 ¼ 到 ½ 杯的水後一起研磨成濃稠但又可倒出來的糊狀桔醬。把桔醬倒在塑膠袋裡的火雞上，搓一搓塑膠袋，讓桔醬能均勻附著在火雞胸肉上，將塑膠袋密封起來，擺在大型鋁箔鍋裡，防止桔醬

漏出來。把火雞胸肉泡在桔醬中，送進冰箱裡滷製 24 小時，過程中再將塑膠袋翻轉數次，使火雞胸肉能醃製均勻。

3. 將火雞胸肉放在金屬絲網架上瀝乾，該架子要放在有邊緣的烤盤上。假如對視覺和美觀特別講究，就要把火雞胸肉上面的滷汁撥掉；要是覺得火雞胸肉以真面目示人也很好，請把滷汁留下。讓火雞胸肉待在冰箱裡乾燥 2 小時。

4. 按照製造商的說明設定炭烤煙燻爐，並預熱至華氏 225 至 250 度（攝氏 107 至 121 度）。根據製造商規定添加木材。

完成分量：10 到 12 人份

製作方法：熱燻

準備時間：20 分鐘

滷製時間：24 小時

煙燻時間：2 到 3 小時

生火燃料：硬木皆可／可完成 3 小時的燻烤過程（6 頁圖表）。

工具裝置：一個超大堅固耐用可重複密封的塑膠袋、一個大型鋁箔平底鍋、一個金屬絲網架、一個即時讀取溫度計

採買須知：我在這裡一樣不例外，推崇用有機火雞肉當我這道食譜的好料，請避開預先注射過水或鹵水的火雞。而茴香花粉是一種粗糙的黃色粉末，有甜甜的類似大茴香的香味。假如沒有茴香花粉可用，請拿茴香籽替代。

其他事項：這種柑橘茴香滷汁跟鮭魚也是唯「美」組合——美味的「美」：可滷製鮭魚 6 小時，再如 183 頁所述，沖洗後晾乾並冷燻鮭魚片。

5. 將火雞胸肉放在炭烤煙燻爐裡，1 小時後，開始用剩餘的橄欖油幫火雞胸肉焗油，每 45 分鐘繼續焗油一次。炭烤煙燻到燻成古銅色，即時讀取溫度計顯示肉裡面的溫度達到華氏 165 度（攝氏 74 度），這個過程需要花 2 到 3 小時。

6. 將火雞胸肉挪到砧板上。假如要趁熱端上桌，得讓它休息（靜置）5 分鐘，然後逆紋切成薄片；如果要冷食（我們家的人很喜歡），要讓火雞胸肉冷卻到室溫，然後切成薄片。把多煮的火雞胸肉全部存放在冰箱裡，至少可以保存 3 天。

注意事項：假如打算讓皮變得更脆，要在華氏 250 度（攝氏 121 度）下炭烤煙燻火雞胸肉，不必焗油，直到肉裡面的溫度變成華氏 130 度（攝氏 54 度），需 1.5 小時。然後把炭烤煙燻爐溫度升高到華氏 400 度（攝氏 204 度），用特級初榨橄欖油刷火雞胸肉，並炭烤煙燻到火雞胸肉皮酥酥脆脆且呈現焦黃色，同時肉裡面的溫度為華氏 165 度（攝氏 74 度），這個步驟需要再花 0.5 到 1 小時，而且要用特級初榨橄欖油再焗一到兩次油。

火雞火腿 TURKEY HAM

完成分量：6 支火雞棒棒腿，每人可享用 1 支

製作方法：熱燻

準備時間：15 分鐘

浸鹽時間：48 小時

煙燻時間：3 到 4 小時

生火燃料：自己喜歡的硬木（我是「果粉」——蘋果木的粉絲）／可完成 4 小時的燻烤過程（6 頁圖表）。

工具裝置：一個即時讀取溫度計

就喊它們霸王棒棒腿吧，或稱它們火雞火腿也對，火雞腿肉讓人愛不完：價格親民、肉質多汁鮮嫩（但不會太軟爛）、濃濃香味繚繞不散；就像大啖那一大票燒烤名菜一樣，各位也可以把火雞腿肉抓在手裡大吃特吃。這個食譜裡會以醃漬豬後腿肉為藍本，如法「泡」「製」火雞腿肉——把火雞腿肉浸「泡」在紅糖作成的鹵水裡醃漬「製」作，然後用蘋果木燒出來的火慢慢炭烤煙燻，如此烹調出來的火雞腿肉熱食或冷食兩相宜，再搭配喜歡的燒烤醬或印度甜酸醬（Chutney）一起享用。

材料

- 4 夸脫（3,785 毫升）（1 加侖）的水
- ¾ 杯粗鹽（海鹽或猶太鹽）
- ¾ 杯用力壓實的淺紅糖
- 1 湯匙喜馬拉雅鹽（普德粉 1 號 Prague Powder No. 1 或因世達醃肉鹽 1 號 Insta Cure No. 1）
- 5 個完整的丁香
- 5 個多香果莓果，並用大廚刀或切菜刀的一邊輕輕地壓碎
- 2 片月桂葉，弄碎成碎片
- 2 支肉桂棒（每支約 3 吋／7.6 公分長），弄碎成碎片
- 1 湯匙完整的黑胡椒子
- 6 支火雞棒棒腿翅膀（每支 1 至 1½ 磅／0.45 至 0.68 公斤）

1. 製作滷水：將 2 夸脫（1,893 毫升）的水、海鹽、淺紅糖、喜馬拉雅鹽、丁香、多香果莓果、月桂葉、肉桂棒和胡椒子擺進大湯鍋裡，用高溫煮沸，攪拌溶解鹽和糖。將鍋子離火後，加入剩餘的 2 夸脫（1,893 毫升）水，冷卻至室溫，然後送進冰箱冷藏到完全冰涼。

2. 用冷自來水沖洗裝在漏勺中的火雞棒棒腿。

3. 將火雞棒棒腿加進滷水中，並確定能完全浸泡到滷水裡，可用餐盤或裝滿冰塊的可重複密封塑膠袋，把火雞棒棒腿按住，讓肉不會在滷水裡漂過去浮起來。放入冰箱裡浸鹽 48 小時。

4. 準備好要炭烤煙燻時，請瀝乾火雞棒棒腿並丟棄鹽水，摘除附著在棒棒腿上的香料，再用紙巾吸掉多餘水份。

5. 按照製造商的説明設定炭烤煙燻爐，並預熱至華氏 225 至 250 度（攝氏 107 至 121 度），根據指示添加木材。

6. 將火雞棒棒腿擺在炭烤煙燻爐的架子上，炭烤煙燻到肉變成深深的焦黃色，而且非常軟嫩！需 3 至 4 小時，或根據需要訂定時間，這時棒棒腿裡面的溫度為華氏 170 度（攝氏 77 度）。（要確定探針沒碰到雞骨頭，否則會得到錯誤的讀取訊息。）

7. 如果雞皮下的肉是粉紅色的，可別憂心忡忡（反而要——放鞭炮慶祝啦）：這是代表棒棒腿對醃漬和炭烤煙燻產生了化學反應，大家可趁熱大啃特啃這些火雞棒棒腿！除非太陽從西邊出來，否則不太可能還會有剩！但如果真的有，把它們放在冰箱裡，這樣收好的火雞棒棒腿保鮮期可以達到至少 3 天。

採買須知：不是大支火雞棒棒腿就放生吧！這種大支火雞棒棒腿翅膀每支要重達 1 至 1½ 磅（0.45 至 0.68 公斤）。還需要一項特殊材料——稱為喜馬拉雅鹽的亞硝酸鈉醃漬鹽，也就是普德粉 1 號或因世達醃肉鹽 1 號。

其他事項：這道食譜的烹調方法，也可以複製在浸鹽並炭烤煙燻火雞胸肉上，而火雞胸肉需要炭烤煙燻 2 至 3 小時。

中國茶燻鴨 TEA-SMOKED DUCK

完成分量：2 或 3 人份

製作方法：熱燻

準備時間：20 分鐘

煙燻時間：3 到 4 小時

生火燃料：使用櫻桃木碎木片和本書公布過的其他炭烤煙燻用木材，再加上足量的木頭／可完成4小時的燻烤過程（6頁圖表）。

工具裝置：一把尖銳的叉子或尖尖的烤肉叉，可以刺穿鴨皮（對逼出多餘的油脂很有幫助），而讓我最津津樂道的工具，則是拿卡在葡萄酒軟木塞裡的大型縫紉針，有孔洞的那端要露在外面。（軟木塞可防止針一下子突然人間蒸發，要是此刻正在製作美食，遇到這種烏事總是令人很掃興）；一個即時讀取溫度計。

採買須知：在美國能買得到的大部分鴨子都是冷凍的，不過如果運氣還不錯，可以在農夫市集或附近肉販那裡，找到或訂到新鮮的鴨子。要是買到冷凍鴨，至少要歷經 48 小時，才可以在冰箱裡把冷凍鴨解凍好。而五香粉有甘草和煙燻風味，綜合了八角、茴香籽、肉桂、胡椒和其他香味。亞洲（黑）芝麻油是用烤過的芝麻去壓榨出來的香油。

大多數亞洲菜極少或根本不見炭烤煙燻料理的蹤影，原因很簡單，因為現實條件——長久以來，北美硬木森林的面積廣大、一望無垠，反觀人口密度較高的亞洲地區（特別是中國和日本）在這方面卻毫無斬獲，這或許能解釋為何中國茶燻鴨會採用單一種燃料和方法製作而成，但用的不是單一種硬碎木片：將鴨子（通常會切成一片一片的）放在炒菜鍋中炭烤煙燻，鴨子下面則鋪設了紅茶、橘子皮、糖、米飯、肉桂和八角茴香等綜合材料，這些跟西方炭烤煙燻搭不上邊的材料，替鴨子增添了超凡脫俗的香味，如果各位在生意搶搶滾的中國餐館菜單上看到這道菜，豈有不點它的道理！

我假設大家對在戶外用棒式炭烤煙燻爐（偏位式炭烤煙燻桶）或加水式炭烤煙燻爐，會比搬炒菜鍋來燻鴨的興緻更高昂，所以我重新設計了這個炭烤煙燻全鴨食譜。傳統中國煙燻鴨的材料都細細小小的，可能會在大型炭烤煙燻爐裡搞失蹤，所以我加了一些櫻桃木進去為燻煙造勢；用炭烤煙燻爐這個方法製作茶燻鴨還有個好處：在室內烤時，鴨子是大夥兒集體用膳的伙食，一旦跑到戶外用戶外式炭烤煙燻爐，這時出來見客的鴨子脂肪，並不會比前胸肉牛腩冒出來的油脂還多，芳香的茶燻煙與燻到黝黑又肉多美味的鴨子，兩者相得益彰。

材料

準備炭烤煙燻用的總匯燻料

2 杯櫻桃木或其他硬木碎木片或木塊（未經浸泡過的）

½ 杯白米

½ 杯散形（loose，指未經緊壓、未壓制成片、團的茶葉）紅茶（中國茶更好）

½ 杯用力壓實的淺或暗紅糖

3 支肉桂棒（每支約 3 吋／7.6 公分）

3 個完整的八角

3 條（每條 ½ 吋 ×1½ 吋／1.3 公分 ×3.8 公分）甌柑或橘子皮

準備鴨子及揉搓粉

1 隻鴨子（5 至 6 磅／2.27 至 2.72 公斤），如果是冷凍的需解凍，去除內臟

1 湯匙砂糖

1 茶匙粗鹽（海鹽或猶太鹽）

1 茶匙現磨的黑胡椒

½ 茶匙中國五香粉

½ 茶匙磨碎的香菜

¼ 茶匙肉桂粉

大約 1 湯匙亞洲（黑）芝麻油，可視需要再另外多加一些

海鮮烤肉醬（食譜在後面；可加可不加），上菜時可使用

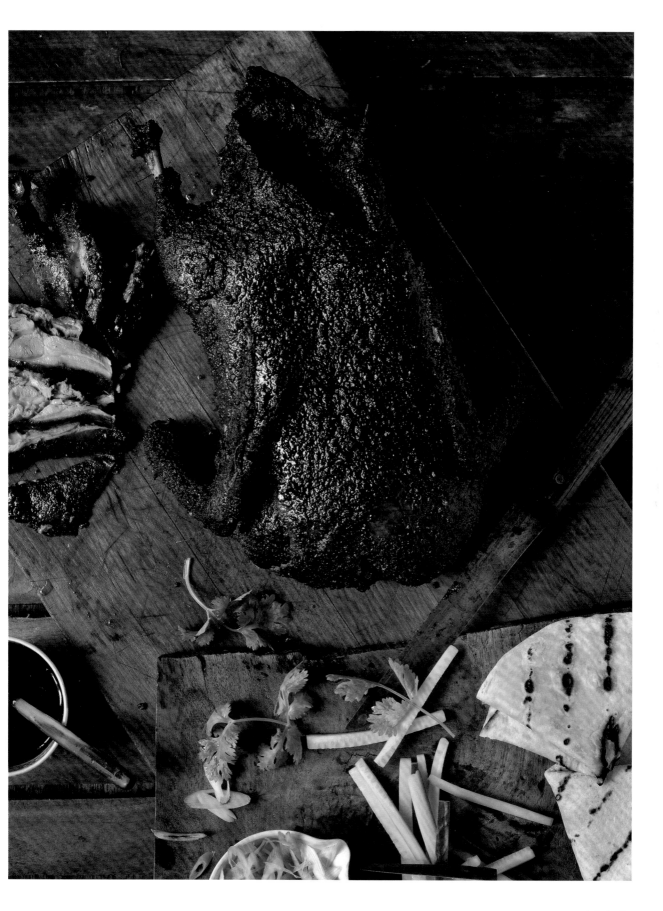

其他事項：這道中國茶燻鴨用到的揉搓粉，是第 100 頁的 5 － 4 － 3 － 2 － 1 揉搓粉的變化版本，但假如各位手上有多出來的原始 5 － 4 － 3 － 2 － 1 揉搓粉（一次製造出來的搓揉粉分量，比實際需要用到的更多），也非常推薦用在這道中國茶燻鴨上。中國茶燻鴨的炭烤煙燻香氣濃郁，不需要再蘸醬，不過要是喜歡醬汁，可嘗試下面這道海鮮烤肉醬。

1. 製作炭烤煙燻百匯：把木頭、白米、散茶、砂糖、肉桂棒、八角、和甌柑皮放在碗裡攪拌混合，擱置在一旁，用冷的自來水沖洗鴨子裡裡外外，拿紙巾擦乾鴨子，取出並丟棄鴨子身體裡多餘的肥油塊。修掉鴨脖子的皮，留下 2 吋（5.1 公分）的皮瓣（flap），將它折疊起來並釘在鴨子的背上。把鴨翅尖端折回去藏在鴨子身體下面。用針刺穿鴨皮，要刺破鴨皮但不刺到皮下面的鴨肉（能增進排油去脂效果）。

2. 製作揉搓用的揉搓粉：將砂糖、鹽、胡椒、五香粉、香菜和肉桂棒放入小碗中攪拌混合。用一半揉搓粉，揉搓調味鴨子的前面身體（脖子）和主要軀幹裡層。再用 1 湯匙麻油刷遍鴨子外表，把剩下的揉搓粉撒在鴨子表面每一吋地方，並揉進鴨皮裡。我不會主張將鴨子綁起來，雖然這樣看上去不太專業，然而要是把鴨子開膛剖肚，接觸到的炭烤煙燻香氣肯定比較多。

3. 按照製造商的說明設定炭烤煙燻爐，並預熱至華氏 225 至 250 度（攝氏 107 至 121 度），依據製造商規定，去添加一半的木材和一半的炭烤煙燻總匯燻料。

4. 把鴨子放在炭烤煙燻爐架子上，下面再放滴油盤。炭烤煙燻到肉裡面的溫度達到華氏 145 度（攝氏 63 度），即時讀取溫度計需插入鴨腿最厚的地方，但不能碰到骨頭。炭烤煙燻過程需 2 到 2.5 個小時。

5. 將炭烤煙燻爐的溫度升高到華氏 350 度（攝氏 177 度）（如果炭烤煙燻爐可達到這個溫度）。用滴油盤接到的鴨油、或倒更多黑麻油來刷鴨子全身，加進剩下的櫻桃木和炭烤煙燻總匯燻料，繼續炭烤煙燻到鴨皮轉成深黑色又酥脆，此時鴨肉已經熟透，這些步驟要另外花 1 至 1.5 個小時。（中國人都吃全熟的鴨肉。）有兩種方法可以測試鴨肉煮熟了沒：扳一扳其中一支棒棒腿鴨翅：煮熟的鴨腿應該怎麼搖都很容易；或是用即時讀取溫度計去檢查鴨腿肉裡面的溫度，應該是華氏 175 度（攝氏 79 度）。

6. 將鴨子搬到砧板上，讓它休息（靜置）5 分鐘，然後切肉，需要的話可以在旁邊倒點醬汁（海鮮烤肉醬）後端上桌。

注意事項：倘若各位的炭烤煙燻爐無法在高於華氏 250 度（攝氏 121 度）的情況中運作，請將烹飪時間延長 30 至 60 分鐘。

海鮮烤肉醬 HOISIN BARBECUE SAUCE

完成分量：可製作出1¼杯

就是這個醬！這是吃傳統北京烤鴨時一定要有它來提味的甜、鹹、大茴香口味烤肉醬！

材料

¾ 杯海鮮醬

2 湯匙醬油

2 湯匙米酒（紹興酒）、日本酒（sake）、或乾雪利酒

2 湯匙蜂蜜

1 湯匙亞洲（黑）芝麻油

2 湯匙切細的新鮮香菜

2 茶匙切碎的鮮薑

將海鮮醬、醬油、米酒、蜂蜜、芝麻油、香菜和生薑放入平底深鍋中，用小火的中低溫去煨，直到海鮮醬變濃稠、醬香滿溢，需5 至 8 分鐘，必須不時攪拌，以防海鮮醬燒焦。在上菜前，要先讓這道海鮮烤肉醬冷卻到室溫。

中國茶燻鴨餅皮 SMOKED DUCK TACOS

完成分量：可製作出8塊餅皮，食量較大的為2人份，或當配菜時為4人份

大家把這些中國茶燻鴨餅皮，想成是中墨聯姻、直接用手抓著吃的食物吧——小心會好吃到差點連你自己的手指都一起吞掉！

材料

1隻中國茶燻鴨（請參閱168頁）

8 個小型麵粉製墨西哥玉米餅

海鮮烤肉醬（食譜如上）

醋溜沙拉（請參閱 132 頁）

2 根青蔥，修剪後把蔥白和蔥綠斜切成薄片

2 湯匙烘烤過的芝麻

取下鴨子上的鴨皮，割掉並丟棄鴨皮上的油，將鴨皮切得薄薄的。把鴨骨頭上的肉拿下來，切成薄片或碎片，在燒熱的燒烤架上加熱玉米餅（每面用高溫熱個10 秒）或在低溫烤箱裡烤。每片玉米餅上面再加一些海鮮烤肉醬、鴨肉、鴨皮、醋溜沙拉，青蔥和芝麻籽，再將玉米餅對折，或把鴨肉用卷的卷在玉米餅裡，這樣就能開吃啦！

採買須知：提醒大家一下，海鮮醬是一種由大豆製成的濃稠調味品，米酒則是用發酵米製成的酒精飲料。萬一大家沒門路可買到中國紹興酒，請用日本酒（sake）或雪利酒代替。

SEAFOOD

海鮮

炭烤煙燻海鮮從極簡約的製作概念（魚加鹽再加木頭燻煙）開始，而結果也不外乎是簡簡單單的。好幾十項因素決定了煙燻海鮮的命運：從魚的品種到醃製期間，再到乾燥、包裹和炭烤煙燻，甚至還有炭烤煙燻爐本身的狀態——包括爐具的結構和年紀，以及燃燒的是何種類型木材。在本章中，可以學到如何炭烤煙燻貝類，如丹麥和紐爾良式炭烤煙燻蝦，我們會悶燒赤楊或山核桃木去炭烤煙燻剛去殼的生蠔，時間夠長到能令食物散發出香味（但又不會久到煮過頭），最後完成的雙殼貝香氣勃發，海洋鮮味不可思議的濃郁！還能學習如何製作冷燻鮭魚、熱燻扁鰺（又名藍魚或藍鯥），和利用厚木板去烹調的炭烤煙燻厚板燒鱒魚鑲培根。凡學會製作炭烤煙燻海鮮，這等非凡美味會深深抓住你的胃，保證往後一輩子你想戒都戒不掉！

炭烤煙燻半殼生蠔 OYSTERS SMOKED ON THE HALF SHELL

完成分量：24 個生蠔，當輕食開胃菜為 4 人份，前菜為 2 人份

製作方法：熱燻或間接燒烤

準備時間：30 分鐘

煙燻時間：使用炭烤煙燻爐需 15 至 20 分鐘；使用燒烤架需 5 到 8 分鐘

生火燃料：可自選「良『硬木』而棲」／可完成 20 分鐘的燻烤過程（6 頁圖表）。

工具裝置：一把剝生蠔用的剖蚵刀、貝類燒烤架或金屬絲網架

採買須知：全世界有逾 1000 種不同品種的食用級生蠔——僅在北美就達到數百種，大家要選擇自己所在地尚青的最新鮮生蠔，例如緬因州的佩馬奎德點（Pemaquid Point）生蠔、麻薩諸塞州的卡塔瑪灣（或譯：卡托瑪海灣，Katama Bays）生蠔、紐約州的藍點（Blue Points）生蠔、太平洋西北地區的熊本（Kumamotos）生蠔。

其他事項：也可以用同樣方法炭烤煙燻躺在一半殼裡面的蛤蜊和貽貝（淡菜），最特選的蛤蜊就是柔軟的短頸蜆（littlenecks）或小圓蛤（cherrystones）最好搭配冰鎮的紐西蘭白蘇維濃葡萄酒（sauvignon blanc）。

炭烤煙燻生蠔過去常給人一種印象：它像沙丁魚一樣，是又鹹又油的雙殼貝罐頭食品，我們可能會用培根把它們包起來以後拿去烤（這道菜的正式菜名叫作馬背天使 angels on horseback）或將它們和奶油起司一起打成泥糊狀變蘸醬。現代的烹調方法則會用到新鮮生蠔，在這個食譜裡只用一小塊簡單的奶油就可以炭烤煙燻生蠔。這種幸福的滋味，將推翻你的既有認知——不論是新鮮還是炭烤煙燻生蠔的味道，讓你從此對生蠔改觀，重新體驗生蠔的美好！

材料

24 個有殼新鮮生蠔

4 湯匙（½ 條）無鹽奶油，切成 24 等分（每份大約 ½ 茶匙）

炭烤煙燻麵包（請參閱 56 頁），搭配生蠔一起亮相

1. 按照製造商的說明設定炭烤煙燻爐，並預熱至華氏 225 至 250 度（攝氏 107 至 121 度），根據指示添加木材。

2. 炭烤煙燻爐正在加熱時，可別讓自己閒著，大家要小心地剝生蠔，丟棄頂殼，用剖蚵刀剷生蠔，把每個生蠔從底殼上挖下來，再將生蠔留在底殼裡。把生蠔放在貝類燒烤架或金屬絲網架上，注意不要把生蠔原汁濺出來，每個生蠔上面再放一塊奶油。

3. 將上面有生蠔的貝類燒烤架或金屬絲網架送進炭烤煙燻爐裡，炭烤煙燻到奶油熔化，而且生蠔溫熱、但未完全煮熟，需 15 至 20 分鐘，或根據需要自訂時間。把炭烤煙燻半殼生蠔端上餐桌時，可搭配炭烤煙燻麵包。

再變個花樣

也可以在木炭燒烤架上炭烤煙燻生蠔，作法是把木炭燒烤架設定為間接燒烤模式，並預熱到華氏 400 度（攝氏 204 度），將生蠔排在網架上，投進 1½ 杯未經浸泡的碎木片或 2 塊木塊。如上所述炭烤煙燻生蠔，需 5 至 8 分鐘，或根據需要自訂時間。

炭烤煙燻鮮蝦雞尾酒 SMOKED SHRIMP COCKTAIL
佐墨西哥小辣椒橘子雞尾酒醬 WITH CHIPOTLE-ORANGE COCKTAIL SAUCE

這道菜用墨西哥小辣椒這個小傢伙，把傳統的雞尾酒鮮蝦料理改頭換面，而其中裡裡外外所有食材無不炭烤煙燻過，各位會徹底感受到四面八方來自炭烤煙燻的威力！首先從蝦開始，我們用辛辣紅辣椒片和孜然來幫蝦調味，再搬出冒煙的牧豆樹木去炭烤煙燻鮮蝦。接著是炭烤煙燻雞尾酒醬，內容有口感甜蜜蜜又飄出炭烤煙燻味的新鮮橘子汁、和墨西哥小辣椒──加一個變成微辣的雞尾酒鮮蝦，加兩個讓你辣到全身　火！這道進化版的新菜，美味程度比把一尾尾鮮蝦掛在酒杯邊緣，變成山谷樣貌的雞尾酒造型傳統冷開胃菜更勝一籌！

材料

墨西哥小辣椒橘子雞尾酒醬的材料

1 杯罐頭番茄醬

1 茶匙磨得細細的橘子皮

¼ 杯新鮮橘子汁

1 湯匙伍斯特醬

1 或 2 個墨西哥小辣椒，切細，再加 2 茶匙菲律賓式醬醋肉調味醬（或譯：阿斗波醬，adobo sauce）

2 湯匙細細小小的切丁白洋蔥

2 湯匙切得細細碎碎的新鮮香菜，外加 4 枝香菜

蝦子的材料

1½ 磅（0.68 公斤）的超大蝦，去蝦殼而且尾巴又完好無缺

3 湯匙切細的新鮮香菜

2 根青蔥，修剪後把蔥白和蔥綠切成薄片

1 到 2 茶匙紅辣椒片

1 茶匙研磨過的孜然

粗鹽（海鹽或猶太鹽）和現搗碎的黑胡椒

4 湯匙特級初榨橄欖油，再加一些拿去替炭烤煙燻爐上油

1. 製作墨西哥小辣椒橘子雞尾酒醬：將罐頭番茄醬、橘子皮和橘子汁、伍斯特醬、墨西哥小辣椒、菲律賓式醬醋肉調味醬、洋蔥和切碎的香菜投入碗中攪拌，把雞尾酒醬分成四個小碗，蓋起來並冷藏到要端上桌享用。在上菜之前，每個碗中央都要點綴一根香菜枝當裝飾。

2. 沖洗蝦後瀝乾，並用紙巾擦乾蝦，將蝦、香菜、青蔥、紅辣椒片、孜然、和鹽及胡椒各半茶匙粉放在大碗裡，把它們拌均勻，再加進 2 湯匙的特級初榨橄欖油一起攪和，然後將碗蓋起來，滷製蝦子 15 分鐘，接著用竹籤把蝦子穿成一串串，2 隻蝦串在同一根竹籤上，在有尖頭的那端竹籤上，留 ¼ 吋（0.64 公分）的空間露在外面，竹籤下半截也不要串蝦。炭烤煙燻時，要將串了蝦的竹籤，擱在稍微塗過油的金屬絲網架上。

完成分量：當開胃菜時為 4 人份

製作方法：煙燻烘烤或燒烤

準備時間：30 分鐘

炭烤時間：在傳統炭烤煙燻爐中需 30 至 60 分鐘，或在燒烤架上燒烤 4 到 6 分鐘

生火燃料：用牧豆樹木去炭烤煙燻蝦，這是我不變的選擇，但其實搬來任何硬木效果都不錯／可完成 1 小時的燻烤過程（6 頁圖表）。

工具裝置：中型竹籤（8 到 10 吋／20.3 到 25.4 公分）

採買須知：如果可能，要用新鮮的當地蝦：例如佛羅里達州的招牌蝦是基韋斯特島（Key West）上的基韋斯特粉紅色蝦（Key West pinks）、西海岸的名產則是斑點蝦（spot prawn）、路易斯安那州的蝦霸是海灣蝦（Gulf shrimp）或新英格蘭的狀元蝦是緬因蝦（Maine shrimp）。蝦的大小不及新鮮度重要。

其他事項：炭烤煙燻鮮蝦雞尾酒有兩種炭烤煙燻法：一是傳統的低溫慢煮炭烤煙燻法，這樣烹調出來的蝦子香氣風味老少通殺，但蝦子會有點橡膠質感。另一種則是在燒烤架上，用高溫大火煙燻烘烤，如此一來會讓人更加感受得到蝦子正在爐子上烤得滋滋作響，還附贈酥脆的硬殼外皮。

3. **使用炭烤煙燻爐：** 按照製造商的說明設定炭烤煙燻爐，並預熱至華氏 225 至 250 度（攝氏 107 至 121 度），根據規定添加木材。將盛了蝦子的金屬絲網架整個放進炭烤煙燻爐，炭烤煙燻到至蝦子呈現古銅色，而且蝦肉摸起來硬硬的很緊實，需 30 至 60 分鐘，或根據需要自訂時間。20 分鐘後，拿剩下的 2 湯匙特級初榨橄欖油去幫蝦子焗油。

使用燒烤架： 將燒烤架設定為直接燒烤模式，並預熱到高溫狀態（華氏 450 度／攝氏 232 度），把木塊或碎木片放在木炭上，直接燒烤蝦，將牠們翻面翻一次，直到蝦的外表因為高溫發出嘶嘶聲，還烤出一身的焦黃色，而且煮熟為止，每面需 2 到 3 分鐘。竹籤有些地方會因為沒串到蝦子而露在外面，這時各位可以拿一片鋁箔折疊起來，去墊在此處下方，以免竹籤燒起來。幫蝦翻身後，再用剩下的特級初榨橄欖油去幫蝦焗油。

4. 串在竹籤上的炭烤煙燻鮮蝦雞尾酒端上桌時，各位要祭出墨西哥小辣椒橘子雞尾酒醬當蘸醬。

炭烤煙燻海鮮時間				
魚類和其他海鮮種類	重量	炭烤煙燻爐溫度	時間	烤好的海鮮裡面溫度／判斷海鮮烤熟了沒
冷燻鮭魚片	1½ 磅（0.68 公斤）	冷燻（低於華氏 100 度／攝氏 38 度）	12 至 18 小時	已經炭烤煙燻成古銅色
熱燻鮭魚片	1½ 磅（0.68 公斤）	華氏 225 至 250 度（攝氏 107 至 121 度）	30 至 60 分鐘	華氏 140 度（攝氏 60 度）
鱒魚	每條魚 12 至 16 盎司（0.34 至 0.45 公斤）	華氏 350 度（攝氏 177 度）	在燒烤架上需 15 至 25 分鐘（如果是直接燒烤，要烤 10 分鐘）；在炭烤煙燻爐上需 40 至 60 分鐘	華氏 140 度（攝氏 60 度）
扁鰺（又名藍魚或藍鰺）	1½ 磅（0.68 公斤）	華氏 225 至 250 度（攝氏 107 至 121 度）	30 至 60 分鐘	華氏 140 度（攝氏 60 度）
北極紅點鮭	1½ 磅（0.68 公斤）	溫度同上	30 至 60 分鐘	華氏 140 度（攝氏 60 度）
黑鱈魚	2 磅（0.91 公斤）	溫度同上	30 至 60 分鐘	華氏 140 度（攝氏 60 度）
蝦	1½ 磅（0.68 公斤）	溫度同上	30 至 60 分鐘	要一直炭烤煙燻到蝦肉硬硬的很結實
生蠔	1 打	溫度同上	15 至 20 分鐘	要一直炭烤煙燻剛好熟為止

蓋出你的炭烤煙燻坊！

加水式炭烤煙燻爐用起來很方便，而棒式炭烤煙燻爐（偏位式炭烤煙燻桶）威猛強大、火力十足自然不在話下，一旦深入研究起炭烤煙燻，大家説不定會想把炭烤煙燻這門學問當作自己的終生志業。假如是這樣，不妨來蓋自己的炭烤煙燻坊吧！

蓋炭烤煙燻坊並不複雜，而且無庸置疑能為各位驗明正身，證實自己對炭烤煙燻一腔熱血！炭烤煙燻坊裡可以熱燻，不過它其實特別適合完成冷燻作業。

為了蓋我自己的炭烤煙燻坊，我聘請了我的木匠朋友暨鄰居羅傑・貝克爾來當我的軍師。針對牆壁，我們用了一種天然的防水和防腐木材：雪松；而底座，我們專程跑去買了一塊 3×3 呎（0.91×0.91 公尺）的青石板，（大家也可以用五金行販售的混凝土厚板，來墊在戶外空調冷凝器下方。）還要再使用防火底座，以盡量降低炭烤煙燻坊火燒厝的風險。為了進一步提升防火功能，我們用 WonderBoard 奇蹟板（指重量減輕二成的玻璃纖維網狀增強式高抗彎強度及防潮水泥背板），排在裡面牆壁較低的 12 吋處，這種背板就像用水泥製成的石膏板一樣。

這座炭烤煙燻坊的牆壁有 6 呎（1.83 公尺）高，斜坡造型的屋頂蓋上木瓦並貼了牆面板（shingled），可排掉雨水，我買了地鐵貨架品牌（Metro shelving）的架子來當食物架，這種貨架有很多單一架子，每個架子的水平板條之間相隔 15 吋（38 公分）。這樣一來，如果我想炭烤煙燻一個像豬後腿肉這樣的大件懸掛物體，要移除架子會有如探囊取物。（我把豬後腿肉掛在天花板上的吊鉤上。）

我在前面的壁板加上鉸鏈，在最下面的舊木爐上面安裝門，打開門即可加燃料。舊木

爐門正面和背面的頂部，還鑽了一對 2 吋（5.1 公分）的孔洞，即可用可調式木頭風門（節氣閥，damper）來遮住一部分孔，以控制氣流。

為了用炭烤煙燻坊來冷燻食物（這是我搭建炭烤煙燻坊的主要用途），我在後面鑽了一些小孔，可放置燻煙產生器，如美國「煙老爹」股份有限公司（Smoke Daddy Inc. LLC）的產品「煙老爸」或美國炭烤煙燻坊產品股份有限公司〔Smokehouse Products〕出品的「煙老大」（請參閱 278 頁）。前面的壁板上鑽了一個洞來安裝溫度計，我裝的是單坡屋頂，它會往一邊傾斜，能使我的木材保持乾燥。材料成本不到一千美元，讓我引以為傲，那份自豪感無價！

炭烤煙燻鮮蝦 SMOKED SHRIMP
佐丹麥蒔蘿醬 WITH TWO DANISH DILL SAUCES

完成分量：可製作出 2 磅（0.91 公斤）的量，當開胃菜時為 6 至 8 人份，主菜則為 4 人份

製作方法：熱燻

準備時間：花 10 分鐘清潔整理蝦（假如要做的話）

煙燻時間：30 到 60 分鐘

生火燃料：山毛櫸木或赤楊／可完成 1 小時的燻烤過程（6 頁圖表）。

採買須知：博恩霍爾姆島居民（Bornholmers）會用波羅的海的小甜蝦來料理這道菜，可惜在北美難以尋覓，但端出新鮮的緬因蝦、佛羅里達州的基韋斯特粉紅色蝦、或西海岸和夏威夷（Hawaii）的斑點蝦一樣很棒。

其他事項：各位是怎麼清洗帶殼的蝦呢？可以拿廚房剪刀，順著每隻蝦的背面，縱向剪出狹長的口子，再用叉子的尖叉或竹籤的尖端，拉出或刮出蝦子的黑色靜脈即可。

羅傑瑞古德漢（Røgerie Gudhjem）是丹麥博恩霍爾姆島（Bornholm Island in Denmark）上星羅棋布的二十幾家炭烤煙燻餐廳中，數一數二自己設有炭烤煙燻坊的一家。1912 年創立的羅傑瑞古德漢餐廳，夏天每天要為一千位嗷嗷待哺的客人供應餐點，這些來賓因炭烤煙燻坊特製煙燻鮭魚和鯡魚慕名而來——後者最上面的配料有生洋蔥和生雞蛋的蛋黃，並獲賜美麗如畫的名字：即 Sol over Gudhjem（字面意思是「太陽高掛在上帝的家之上」）。 對我來說，羅傑瑞古德漢餐廳巨星一般耀眼的魅力，是因為它使用了連殼炭烤煙燻的超甜波羅的海蝦（Baltic Sea shrimp），燃燒當地山毛櫸木炭烤煙燻出來的味道，甚至連加鹽或胡椒都省了。這道菜的爆點是原汁原味的蝦，還有最佳拍檔辛辣丹麥醬在一旁隨時待命。

材料

- 2 磅（0.91 公斤）大蝦（用新鮮的為妙，如果可能的話，帶殼完好無損而且蝦頭還在）
- 植物油，用途是幫炭烤煙燻爐架上油
- 檸檬蒔蘿醬（食譜在後面），搭配上桌的炭烤煙燻鮮蝦一起食用
- 甜芥末蒔蘿醬（請參閱 182 頁），炭烤煙燻鮮蝦上菜時，可以當佐料

1. 按照製造商的說明設定炭烤煙燻爐，並預熱至華氏 225 至 250 度（攝氏 107 至 121 度），根據指示添加木材。

2. 沖洗蝦後瀝乾，並用紙巾把蝦的水分吸乾。將蝦擺在稍微塗過植物油的金屬絲網架上，連同架子帶著蝦一起送進炭烤煙燻爐中，炭烤煙燻到蝦子變成金黃色，而且煮熟為止（這時去捏蝦，會覺得蝦肉硬硬的很緊實），需 30 到 60 分鐘，或根據需要自訂時間（得視蝦的大小而定）。

3. 把蝦和金屬絲網架，搬到有邊緣的烤盤上，冷卻到室溫，或把牠們從燒燙的炭烤煙燻爐裡拿出來直接食用；也可以冷藏起來，第二天再來享受鮮蝦大餐。各位可以「按自己的習慣剝蝦殼」（好比扭一扭把蝦頭拔掉，吸裡面的蝦膏，吮指回味樂無窮！）再同時搭配兩種蘸醬：檸檬蒔蘿醬和甜芥末蒔蘿醬，或光挑其中一種！

檸檬蒔蘿醬 LEMON-DILL SAUCE

完成分量：可製作出1杯

在檸檬皮、檸檬汁和新鮮蒔蘿的烘托下，顏色鮮艷亮麗的這道簡單的醬汁，不僅和蝦琴瑟和鳴，還很百搭：它是任何炭烤煙燻海鮮的好朋友。

材料

½ 杯康寶百事福美玉白汁（Hellmann's）蛋黃醬或最棒食物（Best Foods）牌蛋黃醬抑或炭烤煙燻蛋黃醬（204頁）

½ 杯酸奶油或炭烤煙燻酸奶油（203頁）

2 湯匙切細的新鮮蒔蘿

1 湯匙新鮮檸檬汁

1 茶匙磨得細細碎碎的檸檬皮

粗鹽（海鹽或猶太鹽）和現磨的黑胡椒

將蛋黃醬、酸奶油、蒔蘿、檸檬汁和檸檬皮集中在碗裡攪拌混合，按口味添加鹽和胡椒調味，再把這些材料倒到大碗裡，冷藏到要吃再拿出來。

甜芥末蒔蘿醬 SWEET MUSTARD-DILL SAUCE

完成分量：可製作出一杯

它是適合搭配炭烤煙燻海鮮的另一種新鮮蒔蘿醬，裡面有第戎芥末醬的辣和紅糖的甜，它們會在你的嘴裡演出雙重奏！

材料

⅔ 杯第戎芥末醬

¼ 杯用力壓實的淺或暗紅糖

2 湯匙植物油

1 湯匙切細的新鮮蒔蘿

粗鹽（海鹽或猶太鹽）和現磨的黑胡椒

將芥末醬、淺或暗紅糖、植物油和蒔蘿裝進碗中攪拌混合，按口味添加鹽和胡椒調味，再把這些材料改放在大碗裡，冷藏起來，想吃的時候再從冰箱拿出來。

丹麥博恩霍爾姆島式煙燻鮭魚排 BORNHOLM LAX

這道冷燻鮭魚就像丹麥原產的一樣！

COLD-SMOKED SALMON LIKE THEY MAKE IT IN DENMARK

冷燻鮭魚料理，如新斯科細亞省或斯堪地那維亞煙燻鮭魚，都需要經過一到兩天醃製和一或兩天炭烤煙燻處理，而且並不會出現我們一般常跟炭烤煙燻過程一同出現的：熱火，所以也許會嚇到各位，但升火煮鮭魚是我的拿手菜，我幾十年來一直都在熱燻鮭魚。我還有個好消息：在家裡要自製餐廳品質的冷燻鮭魚非常簡單，而且幾乎用任何一種款式的炭烤煙燻爐都能駕輕就熟，有一種特殊設備會讓你更如魚得水，它就是燻煙產生器（請參閱 14 頁）。若沒有這項設備，也有其他變通的辦法，關鍵在於要用鹽去醃漬鮭魚至少一天（這樣能既增添風味、又幫鮭魚甩開水分）、然後沖洗、乾燥，並用木頭卯足勁炭烤煙燻鮭魚，但是──這個「但是」的重要程度凌駕一切，炭烤煙燻時萬萬不可有熱度，需保持低溫（華氏 80 度／攝氏 27 度左右），因為我們的目標是炭烤煙燻鮭魚，而不必把鮭魚煮熟。只要照著這個黃金法則，就能做出真正世界級冷煙燻鮭魚該有的半透明光澤、天鵝絨般的質感、鮮明的炭烤煙燻味、和海洋特有的鹹鹹鹽味（帶有一絲碘）。

材料

1 片（2 磅／0.91 公斤）新鮮帶皮去骨去肥的鮭魚（最好是取頭那一段的部位）	1½ 杯粗鹽（海鹽或猶太鹽） 植物油，用於幫金屬絲網架上油

1. 沖洗鮭魚片後，再用紙巾擦乾。用手指去檢查鮭魚片，感覺一下是否有鮭魚側骨或針狀骨（pin bone）尖尖利利的尾端。使用廚房專用鑷子，挑出所有魚骨。

2. 將半杯鹽鋪在不會出現化學反應的烤盆底部，該烤盆的大小要夠容納得了鮭魚排，並把魚皮朝下，將鮭魚排擱在鋪好的鹽的上面。（鹽占的面積，應該要超過鮭魚排每一面的邊緣，且再往外延伸出去 ½ 吋／1.3 公分。）把剩下的 1 杯鹽撒在鮭魚排上面，使鹽能完全覆蓋住鮭魚排。

3. 用保鮮膜蓋住鮭魚排，在冰箱冷藏層中最冷的地方醃製鮭魚排 24 小時。（鮭魚排會在醃製時釋放出汁液，這是正常的）

完成分量：可製作成 2 磅（0.91 公斤）煙燻鮭魚排，當開胃菜或加入貝果時為 10 到 12 人份

製作方法：冷燻

準備時間：20 分鐘

醃製時間：24 小時

去鹽與乾燥時間：大約 2¼ 小時

煙燻時間：12 到 18 小時

休息（靜置）時間：4 小時

生火燃料：丹麥人選用的是山毛櫸木，而一講到太平洋西北地區，就讓人自然想起的赤楊木，它才是在烹調這道菜時，我的理想選擇，但也可以選自己喜歡的硬木來用／可完成 18 小時的燻烤過程（6 頁圖表）。

工具裝置：廚房鑷子或尖嘴鉗，用途為去除所有魚骨頭；一個燻煙生成器（請參閱 14 頁）；一個金屬絲網架，裝在一個大型鋁箔平底鍋或其他烤肉平底鍋（用來裝冰塊）上，要是天氣暖和，可以把鮭魚排放在這套裝備上面炭烤煙燻；還要有無襯裡屠夫紙（無塑膠內襯）。

採買須知：假如數來數去總共只動用到兩種食材時，這兩種最好都要擁有最高級的品質！我是阿拉斯加新鮮野生鮭魚永遠的鐵粉；而差不多所有的大西洋鮭魚都是養殖的（這種鮭魚一般在北美東海岸和歐洲都會銷售）。傳統上會要求炭烤煙燻一整片鮭魚，每片鮭魚片重量可達 6 或 8 磅（約 2.72 或 3.63 公斤），但我已經把這道食譜的標準放寬，因地制宜，選擇現實生活中在魚市場普遍能買到的 2 磅重（0.91 公斤）鮭魚片。選擇頭部那一段或鮭魚片的中間，這些地方的油脂更多而且肉質較軟嫩！

其他事項：我偏愛有魚皮的鮭魚排，魚皮能讓魚的結構完整、還能保護魚排。雖然不少善於炭烤煙燻鮭魚的通人，都會把魚骨留在上面，我自己則都會在炭烤煙燻前把魚骨拿掉。

4. 用冷的自來水輕輕沖洗把鮭魚排上面的鹽沖掉，將鮭魚排放在大碗裡，加 3 吋（7.6 公分）高的冷水蓋過鮭魚排，浸泡 15 分鐘（這樣可以去除多餘的鹽分），然後用漏勺把鮭魚排瀝乾。

5. 用紙巾將鮭魚排兩面擦乾，把魚皮那面朝下，將鮭魚排放在稍微塗過油的金屬絲網架上，該架子則放在有邊緣的烤盤上。把鮭魚排送進冰箱中風乾，直到感覺上鮭魚排粘粘的，過程約 2 小時。

6. 按照製造商的說明，把炭烤煙燻爐的冷燻模式設定好，溫度不得超過華氏 80 度（攝氏 27 度），將熱燻變成冷燻的作法，請參閱 203 頁，用燻煙生成器來製造燻煙則是最理想的情況。

7. 假如炭烤煙燻鮭魚排那天是個大熱天，就像我們佛羅里達州老是碰到的那樣（溫度飆破華氏 80 度／攝氏 27 度），請在一次性鋁箔鍋或平底鍋裡放滿冰塊，然後將擺在金屬絲網架上的鮭魚放在冰塊上方，金屬絲網架和冰塊之間相隔至少 0.5 吋（1.3 公分）遠，否則就要將裝了魚的金屬絲網架，擺在有邊緣的烤盤上。

8. 冷燻鮭魚到魚的外表在燻煙環繞下，泛起古銅色，鮭魚排質感開始變得有點緊實堅硬，並且像皮革一樣又粗又韌，需 12 至 18 小時。冷燻 12 個小時會產生出令人難以忘懷的煙燻鮭魚（讓各位晚上也睡得香香甜甜的作好夢），要是希望煙燻香味更醇厚濃郁，就要冷燻 18 個小時（請參閱注意事項）。

要怎麼知道鮭魚已經冷燻好了？從比較寬的一端切下一片魚，鮭魚的紋路會很滑，吃起來就像⋯⋯該怎麼形容呢？就是百分之兩百的煙燻鮭魚——是醃製過而且是經過炭烤煙燻過的，不是生的。

9. 用無襯裡的屠夫紙將鮭魚排包起來，把魚排放入冰箱中至少休息（靜置）4 小時，或最久可以過夜，再取出食用。放在冰箱裡至少可以保存 3 天，冰凍則可貯藏好幾個月。

10. 要把鮭魚端上桌時，用細細長長而且非常鋒利的刀子，把刀拿得斜斜地，跟魚排的對角線同一個方向，用片魚的方法，將鮭魚從魚皮上片下來，把鮭魚切成一片片變成像紙一般的薄片。

注意事項：想品嘗世界五十大餐廳才辦得到的美食界奧斯卡等級美味煙燻鮭魚嗎？把你的鮭魚排拿去炭烤煙燻 24 小時吧。先確定你的生火燃料足夠挺得住！

煙燻鮭魚的最佳良伴

冷燻鮭魚要怎麼出菜最讚？要走俄式風格，放在布利尼（blinis）上一起亮相？還是偏法式路線，跟烤三角形麵包（toast points，一種已經去麵包皮的麵包，並常作為配菜或開胃菜抑或零食，它可以是一道菜的一部分，或跟其他料理同時上桌，也可用於裝飾）同台走秀？（冷燻鮭魚跟布莉歐也是一拍即合）要不要體驗猶太文化，和奶油起司口味的貝果聯手出擊？或者考慮丹麥創意，與黑麥麵包作成的外餡單片三明治（open-face sandwiches）？以上每道料理的美味指數平分秋色！你應該也會贊同下面某些或所有食材，它們的口感真的跟冷燻鮭魚非常登對！出菜時，要把冷燻鮭魚放在有湯匙的小碗裡，或放在橢圓形大淺盤上。

若把冷燻鮭魚當早餐或開胃菜時，一人份為 2 至 3 盎司（57 至 85 公克）。

- 酸奶油
- 切碎的紅洋蔥
- 切碎的水煮蛋蛋白
- 切碎的水煮蛋蛋黃
- 切碎的新鮮扁葉荷蘭芹或蒔蘿
- 薄片檸檬或切瓣檸檬
- 浸過鹵水的續隨子（要把鹵水濾掉）
- 去皮去籽切碎的黃瓜或切成薄片的黃瓜

熱燻鮭魚 KIPPERED SALMON

熱燻鮭魚剛開始就像製作冷燻鮭魚一樣，會用到鹽（以及常會用到糖）來醃製。但烹調並熱燻魚後，會出現完全不同的質感和味道。我已經熱燻鮭魚幾十年了，最初是用炒菜鍋，然後在爐灶型炭烤煙燻爐（請參閱 275 頁），現在則是在燒烤大學和我家後院的幾十個炭烤煙燻爐的其中一個。不少熱燻煙燻鮭魚食譜都從浸鹵水開始，但我更期待各位讀者能體驗乾醃鮭魚的質感；拿蘭姆酒洗滌鮭魚會為鮭魚增添風味，層次更豐富。

大家或許很好奇「煙燻鮭魚」（kipper）這個字是怎麼來的：有一派認為這個字是盎格撒克遜（Anglo-Saxon）語的字「cypera」，該字會用來形容銅（我們來發揮一點想像力吧，煙燻鮭魚看起來倒真的就是銅的顏色。）其他人的論點則是它跟古英語「kippian」（產卵）、「kip」（雄性鮭魚的鉤狀下頜）或「kippen」（「拉」──就像拉釣魚線）是同胞。

完成分量：可製作出 1½ 磅（680 公克）熱燻煙燻鮭魚，當開胃菜為 8 至 10 人份

製作方法：熱燻

準備時間：15 分鐘

滷製與醃製時間：4.5 個小時

乾燥時間：2 小時

熱燻時間：30 到 60 分鐘

生火燃料：我偏好櫻桃木和赤楊，但任何硬木皆可／可完成 1 小時的燻烤過程（6 頁圖表）。

工具裝置：廚房專用鑷子或尖嘴鉗，可去除任何魚骨；一個金屬絲網架、一個即時讀取溫度計

採買須知：跟平常一樣，要是能買到，永遠都要採購新鮮的野生鮭魚，銀鮭（coho salmon）或帝王鮭（king salmon）更棒。

其他事項：假如在基本成分上求新求變，這時我們還可以洋洋灑灑創作出十幾種不同版本的熱燻煙燻鮭魚，好比用威士忌、伏特加酒、阿夸維特烈酒（aquavit）或琴酒去涮一涮鮭魚排，使用楓糖、糖蜜或蜂蜜來代替紅糖都可以；照著斯堪地那維亞醃製鮭魚（gravlax）的方式去添加香菜和蒔蘿，像這樣去發揮構想，各位就是點子王！

材料

1 片（1.5 磅／0.68 公斤）新鮮帶皮去骨去肥切片鮭魚片（中間部位尤佳）

1 杯蘭姆酒

1 杯用力壓實的暗紅糖

½ 杯粗鹽（海鹽或猶太鹽）

1 湯匙現磨的黑胡椒

植物油，用途是幫炭烤煙燻爐架上油

1. 用冷的自來水沖一沖鮭魚排，再拿紙巾把魚擦乾，接著在鮭魚排的肉上面按來按去，檢查是否有側骨或針狀骨殘留，再用廚房鑷子剔除。

2. 魚皮朝下，將鮭魚放進不會出現化學反應的烤盆中，烤盆要大到能把魚擺進去。加入蘭姆酒，把鮭魚排蓋起來，並送進冰箱中讓魚排泡在酒裡 30 分鐘進行滷製，將鮭魚排翻面兩次。再用漏勺把鮭魚排充分瀝乾，倒掉泡魚的蘭姆酒，用紙巾將鮭魚拭乾。把烤盆裡裡外外擦洗乾淨。

3. 將暗紅糖、鹽和胡椒放入碗中，把它們充分混合在一起，用手指將任何結塊的暗紅糖捏碎。在烤盆底部鋪半杯剛剛混合完成的醃料，將鮭魚排擺上去，魚皮那面朝下，把剩下 1 杯醃料倒在鮭魚排上面，用指尖將醃料輕輕拍打進去魚肉裡。再拿保鮮膜將鮭魚排蓋起來，送進冰箱中醃製 4 小時。

4. 打開冷自來水，將鮭魚排上面的醃料沖掉，再拿紙巾擦乾。將魚皮那一面朝下放在刷了油的金屬絲網架上，該架子要擺在有邊緣的烤盤上，將鮭魚排放在冰箱中風乾，不要把魚蓋起來，一直風乾到魚摸起來粘粘的為止，約 2 小時。

5. 按照製造商的說明設定炭烤煙燻爐，並預熱至華氏 225 至 250 度（攝氏 107 至 121 度），根據指示添加木材。

6. 把上面放了鮭魚排的架子搬到炭烤煙燻爐上，炭烤煙燻到鮭魚閃耀金黃咖啡色澤，邊緣緊實堅硬，剛剛好煮熟，需經過 30 到 60 分鐘，或根據需要自訂時間。要測試鮭魚排的熟度時，可以用手指按下去，熟透的魚肉應該完全破成明顯的小薄片；或可將即時讀取溫度計的探針，從鮭魚某一側插進去魚排中央，鮭魚排裡面的溫度應約為華氏 140 度（攝氏 60 度）。

7. 將裝了鮭魚排的架子挪到有邊緣的烤盤上，讓魚冷卻至室溫，然後冷藏，用保鮮膜或鋁箔包裹起來，要食用時再取出，把鮭魚切片或切大塊即可烹用。鮭魚排放在冰箱可以保存至少 3 天，放在冷凍庫可貯藏好幾個月。

鮭魚糖果 SALMON CANDY

它身上有炭烤煙燻資深師傅巧妙手藝產生的綠鏽，這個景象通常是由於它受到赤楊炭烤煙燻的洗禮；它的甜鹹口感，需要用鹽與糖醃製後，再加上一桶又一桶的楓糖漿或蜂蜜幫它澆糖汁。這些線索能讓各位認出它，它的名字也道盡它的身世背景：它叫鮭魚糖果。

傳統上習慣鮭魚糖果要低溫燻製或冷燻處理，以打造出有嚼勁的質感，讓人聯想到肉乾；我則選擇用較高的溫度，去打理出它像硬皮一般的邊緣和一整片濕潤水嫩的質地，即使有人是煙燻鮭魚絕緣體，這道菜對他們也有致命的吸引力！配上伏特加酒或阿夸維特烈酒一起享用（鮭魚糖果能馴服最濃的烈酒，一起乾最順口！）大家別一看到整個準備時間就驚慌失措，實際上作業大約需要 30 分鐘。

材料

1 片（1½ 磅／680 公克）新鮮去皮去骨去肥鮭魚排（特別推薦採用鮭魚中間的部位）
1 杯暗紅糖或楓糖
¼ 杯粗鹽（海鹽或猶太鹽）
¾ 杯純楓糖漿（要以 A 級深琥珀色或 B 級楓糖漿為主）
1 夸脫（946 毫升）水
植物油，用於幫金屬絲網架上油

1. 開冷自來水沖一沖鮭魚排後，再用紙巾擦乾。先用手指敏銳的觸覺，檢查是否有任何側骨或針狀骨尖銳的尾端，再用廚房專用鑷子剔除。

2. 用鋒利的刀，將鮭魚排橫向切成一條條 1 吋（2.5 公分）寬、4 至 5 吋（10.2 至 12.7 公分）長的魚肉。把魚條搬到大型、堅固耐用且可重複密封的塑膠袋中，並將塑膠袋放在鋁箔平底鍋或烤盆中，以防食材從袋子裡漏出來。

3. 將暗紅糖、鹽和半杯楓糖漿放進碗中混在一起，加水攪拌至糖和鹽溶解，把這道醃料倒在鮭魚條上，然後封緊袋子，讓鮭魚條在冰箱中醃製 8 小時，過程中要翻動袋子數次，讓鹵水能重新澆灑在鮭魚條上。

4. 用漏勺瀝乾鮭魚條並把鹵水倒乾淨，再開冷的自來水幫鮭魚條沐浴淨身，用紙巾擦乾。將魚肉朝上，放在塗了油的金屬絲網架上，該架子要放在有邊緣的烤盤上，再放進冰箱裡風乾，直到鮭魚變得粘粘的，需 2 小時。

完成分量：可製作出 1.5 磅（680 公克）的鮭魚糖果，6 至 8 人份的點心。

製作方法：熱燻

準備時間：30 分鐘

浸鹽時間：8 小時

乾燥時間：2 小時

煙燻時間：30 到 60 分鐘

生火燃料：赤楊／可完成 1 小時的燻烤過程（6 頁圖表）。

工具裝置：廚房鑷子或尖嘴鉗，用途為去除所有魚骨頭；一個大型、堅固耐用且可重複密封的塑膠袋；一個鋁箔平底鍋；一個金屬絲網架；一個即時讀取溫度計

採買須知：跟本書裡所有煙燻鮭魚料理一樣，最理想的情況是採用新鮮的野生鮭魚，最好的是阿拉斯加州或華盛頓州（Washington State）的銀鮭或帝王鮭。

其他事項：想嘗鮮開發新菜色嗎？改用蜂蜜幫鮭魚塊澆糖汁吧；用有一點點溫熱的蜂蜜，刷在鮭魚身上會更省力！

5. 按照製造商的說明設定炭烤煙燻爐，並預熱至華氏 225 至 250 度（攝氏 107 至 121 度），根據指示添加木材。

6. 將鮭魚放在炭烤煙燻爐的架子上，炭烤煙燻到鮭魚條外表呈現古銅色，而且肉質緊實堅硬，需 30 到 60 分鐘。15 分鐘後，再開始用剩餘的 ¼ 杯楓糖漿刷鮭魚條，多刷幾次，刷到魚肉烤熟為止（即時讀取溫度計會顯示這時魚裡面的溫度約華氏 140 度／攝氏 60 度）。將上面放著鮭魚糖果的架子，搬進有邊緣的烤盤中，讓鮭魚冷卻，接下來最後一次拿楓糖漿刷鮭魚條，等鮭魚溫度等同於室溫或變冷時，即可出菜！

7. 雖然這種事百年難得一見，但如果真的沒吃完，把剩下的鮭魚糖果裝在堅固且可重複密封的塑膠袋裡，收進去冰箱中保存，這樣可以貯藏至少 3 天。

再變個花樣

想做像肉乾一樣嚼勁十足的傳統炭烤煙燻的鮭魚糖果嗎？先按照製造商說明設定炭烤煙燻爐或燒烤架，並預熱至華氏 175 度（攝氏 79 度）或依據炭烤煙燻爐抑或燒烤架本身的功能，來決定溫度應該設定成多低，再根據指示添加木材。把放在架子上的鮭魚糖果連同架子一起送進炭烤煙燻爐裡，炭烤煙燻到鮭魚糖果外表呈現古銅色，而且魚肉摸起來硬硬的很緊實，需 4 小時，或根據需要自訂時間。2 小時後，再用剩餘的 ¼ 杯楓糖漿開始刷鮭魚糖果，並多塗幾次到魚肉烤熟為止。把盛裝鮭魚糖果的架子挪到有邊緣的烤盤上等鮭魚冷卻，接著最後一次將楓糖漿裹滿鮭魚糖果表面。一旦鮭魚糖果溫度跟室溫一樣後再端上餐桌。

炭烤煙燻厚板燒鱒魚鑲培根
SMOKED PLANKED TROUT

鱒魚溫和的泥土大自然味道，使鱒魚成為全世界炭烤煙燻魚類料理中最時興採用的食材。要炭烤煙燻鱒魚時，我會採用當紅的燒烤技術：厚板燒。厚木板材質包括雪松、赤楊、山胡桃木、或任一種木材，會增添令人難以忘懷的木材味道，比炭烤煙燻味更淡，而且兩者也截然不同；要是用了厚木板上菜，畫面超炫也超方便；此外更多了一個優點：厚板燒這種烹調鱒魚的方法，跟在燒烤架或炭烤煙燻爐上炭烤煙燻的品質一樣好。注意：我用厚板燒的溫度，會比傳統上低溫慢煮炭烤煙燻製作酥脆培根的溫度更高。

完成分量：當主菜時為 4 人份

製作方法：燻烤

準備時間：15 分鐘

炭烤時間：在燒烤架上燻烤需 15 到 25 分鐘（如果直接燒烤則為 10 分鐘）或在炭烤煙燻爐上需 40 到 60 分鐘

材料

- 4 條完整鱒魚（每尾 12 至 16 盎司／0.34 至 0.45 公斤），要處理清洗乾淨
- 粗鹽（海鹽或猶太鹽）和現磨的黑胡椒
- 8 至 12 蒔蘿嫩枝
- 3 個檸檬，1 個切成薄片並去籽，另 2 個則斜切成兩半
- 2 湯匙（¼ 條）冷的無鹽奶油，切成薄片
- 8 條薄切手工培根（例如美國紐斯克牌〔Nueske's〕培根，或自己動手作培根，製作方法請參閱 113 頁）

1. 把燒烤架定為直接燒烤模式，並預熱到高溫狀態（華氏 450 度／攝氏 232 度），將厚木板鋪在燒烤架上燒烤，烤到厚木板底部燒焦，約 2 到 4 分鐘，再讓厚木板變涼，如果在偏位式炭烤煙燻桶炭烤煙燻，要用鉗子夾住厚木板，擺在爐膛裡熊熊火光的上面燒烤。

2. 用冷自來水沖洗鱒魚裡裡外外，然後拿紙巾把鱒魚身上的水分吸乾。搬來只有一個刀刃的剃刀或刀片鋒利的削皮刀，在鱒魚的每一面劃出三條對角斜線，（這樣切花不僅美觀，而且在烹調時，還有利鱒魚能平均受熱。）在鱒魚裡裡外外灑一大缸又一大缸的鹽和胡椒，幫鱒魚調味，並將蒔蘿小枝、檸檬片和奶油切片放在每隻鱒魚的身軀中。

3. 在每條鱒魚上綁 2 條培根，一條在上，一條在下，用 4 條粗棉線把培根固定住，把鱒魚放在燒烤厚木板燒焦的那一面（把鱒魚對準厚木板的對角線排好），然後在每塊厚木板上放一半檸檬。

4. 按照製造商說明設定炭烤煙燻爐，並預熱到中等溫度（華氏 350 度／攝氏 177 度，或炭烤煙燻爐本身達得到的最高溫度），按照指示添加木材。

5. 燻烤鱒魚直到魚上面的培根遇熱發出嘶嘶聲、而且烤得脆脆的，鱒魚又熟透了為止（這時鱒魚正中央的溫度約華氏 140 度／攝氏 60 度），假如要鱒魚正中央溫度達到華氏 350 度（攝氏 177 度），需經過 15 到 25 分鐘，倘若炭烤煙燻爐本身為偏低溫運作設計，則變成要 40 至 60 分鐘。另一種方法是在中火狀態下，直接燒烤鱒魚（此時需約 10 分鐘）。假如厚木板邊緣開始燃燒，就要用噴槍噴火烤鱒魚。

6. 把炭烤煙燻鱒魚跟半個炭烤煙燻檸檬放在厚木板上一起端上餐桌，檸檬可以拿來擠汁滴在魚上享用。

生火燃料： 可選自己想用的硬木／可完成在燒烤架燻烤 15 到 25 分鐘、在炭烤煙燻爐燻烤 40 到 60 分鐘（6 頁圖表）

工具裝置： 4 個以雪松、赤楊為材質或其他未經處理過的木材製成的厚木板，以 14×6 吋（35.6×15.2 公分）為佳，可在燒烤店和大多數超市買得到；粗棉線；一個即時讀取溫度計

採買須知： 我一向都挑魚頭完整的一整條鱒魚來用，不過當然還是可以用無頭的沒關係。嫌魚刺太麻煩嗎？去骨鱒魚簡直是為你而量身打造的！

其他事項： 有個不成文的規矩是在燒烤或炭烤煙燻之前，得先將厚木板浸泡在水中，理論上則是認為浸水能防止火燒厚木板，但各位現在要做的事卻恰恰相反：在把鱒魚擺上去之前，先直接在火上面將厚木板燒焦，引出能營造炭烤煙燻香氣的羰基和酚。

蜂蜜檸檬炭烤煙燻扁鰺
HONEY-LEMON SMOKED BLUEFISH

完成分量： 可製作出 1.5 磅（680 公克），當開胃菜時為 6 至 8 人份

製作方法： 熱燻

準備時間： 20 分鐘

浸鹽時間： 8 小時

乾燥時間： 2 小時

煙燻時間： 30 到 60 分鐘

生火燃料： 我偏愛楓木，但櫻桃木和赤揚也不錯／可完成 1 小時的燻烤過程（6 頁圖表）。

工具裝置： 廚房鑷子或尖嘴鉗，用途為去除所有魚骨頭；一個即時讀取溫度計（可用可不用）

採買須知： 最好親自上陣捕魚，直接炭烤煙燻戰利品！不然就跟信賴的魚販買當天進貨的扁鰺。

其他事項： 開小火慢慢燒滾平底鍋裡的水，來溫熱蜂蜜罐，如此一來要倒出蜂蜜就變得輕鬆多了，這種醃製方法用在鮭魚和鯖魚（king mackerel）等其他油性魚類也能見效。若想找夠味的經典新英格蘭扁鰺特調蘸醬，可參閱 45 頁。

瑪莎葡萄園雞尾酒派對的炭烤煙燻扁鰺（又名藍魚或藍鮭）打敗其他開胃菜，熱銷程度所向無敵。（請參閱 45 頁的炭烤煙燻海鮮蘸醬）原因很簡單，我們瑪莎葡萄園這裡有北美第一名的扁鰺，甚至為了抓它，整座瑪莎葡萄園島都會陷入瘋狂狀態，（這種萬人空巷只為扁鰺的奇景，在 9 月份會達到高潮，島上所有正常生活全部停擺，大家一股腦兒投入為期一個月的釣魚比賽，稱為德比 Derby。）不少人嫌棄排斥扁鰺（或自稱對扁鰺敬謝不敏），但這是因為他們沒嘗過新鮮扁鰺是什麼滋味，就是那種剛釣上來不到幾個小時的鮮魚。（上岸經過一天之後，扁鰺就會飄出令人倒足胃口的強烈魚腥味。）要延長扁鰺的保存期限和去掉它的魚腥味，就用蜂蜜檸檬水醃漬和熱燻扁鰺。

材料

1½ 磅（680 公克）新鮮去皮去骨去肥的扁鰺魚片

¼ 杯蜂蜜

¼ 杯粗鹽（海鹽或猶太鹽）

1 湯匙搗碎的黑胡椒子

2 個完整的丁香

2 個多香果莓果

1 夸脫（946 毫升）熱水

1 夸脫（946 毫升）冷水

4 條檸檬皮（每條 2×½ 吋／5.1×1.3 公分，用蔬菜去皮機去皮）

植物油，用於幫金屬絲網架上油

1. 在整片去骨去肥的扁鰺排上，啟動你的手指雷達來找出魚骨，用鑷子剔除。接著用鋒利的刀子，把魚皮那一側上面的深紅色東西統統修剪掉。（這是「魚腥」味的來源。）

2. 將蜂蜜、鹽、胡椒子、丁香、多香果莓果和熱水放在大又深的碗裡，攪拌到蜂蜜和鹽溶解，加入冷水和檸檬皮一起攪和，再把扁鰺擺進去，蓋上保鮮膜，並讓扁鰺在冰箱中浸鹽 8 小時，幫魚翻面幾次。（或將魚和鹵水放入堅固耐用且可重複密封的塑膠袋中，放在包了鋁箔的滴油盤或烤盆中，萬一有任何材料漏出來，都能剛好接住。）

3. 用漏勺瀝乾扁鰺，丟掉鹵水和檸檬皮，用冷的自來水仔細沖洗扁鰺，再把水分瀝乾淨，拿紙巾擦乾。把扁鰺放在塗了油的金屬絲網架上，該架子則擺在有邊緣的烤盤上，放入冰箱中風乾，直到魚的表面變得粘粘的，需 2 小時。

4. 按照製造商的說明設定炭烤煙燻爐，並預熱至華氏 225 至 250 度（攝氏 107 至 121 度），根據製指示添加木材。

5. 將擺在金屬絲網架上的扁鰺放進炭烤煙燻爐裡，炭烤煙燻到呈現古銅色，且魚肉煮熟為止，需 30 到 60 分鐘。要測試扁鰺熟了沒，可用手指按一按扁鰺，熟透的魚肉應該完全破成明顯的小薄片；或另一種

方法是將即時讀取溫度計的探針，從扁鰺的一端插到扁鰺正中央，熟魚肉裡面的溫度應約為華氏 140 度（攝氏 60 度）。

6. 把金屬絲網架連同放在它上面的扁鰺一起挪到有邊緣的烤盤上，將扁鰺冷卻到室溫，再用保鮮膜包起來冷藏直到食用。放進冰箱裡可以存放至少 3 天。

醃楓糖煙燻北極紅點鮭
MAPLE-CURED AND SMOKED ARCTIC CHAR

完成分量：可製作出 1½ 磅（680 公克），當開胃菜時為 6 到 8 人份，主菜時則為 3 到 4 人份

製作方法：熱燻

準備時間：10 分鐘

醃製時間：1 小時

煙燻時間：30 到 60 分鐘

生火燃料：楓木／可完成 1 小時的燻烤過程（6 頁圖表）。

工具裝置：廚房鑷子或尖嘴鉗，用途為去除所有魚骨頭；一個即時讀取溫度計（可用可不用）

北極紅點鮭在我的最佳炭烤煙燻魚排行榜上名列前茅，它有鮭魚的豔麗色彩和鱒魚的細膩質地，（風味則跟這兩種魚不相上下。）這是一道加拿大菜，為了保留原創精神，我用楓糖來醃漬北極紅點鮭，用楓樹木來煙燻北極紅點鮭。各位可以在 2 個小時內完成這道料裡，以煙燻魚類來看，這時間快，出菜的方式則可跟熱燻煙燻鮭魚（請參閱 187 頁）的方法看齊。

材料
1 杯楓糖
½ 杯粗鹽（海鹽或猶太鹽）
1 湯匙現磨黑胡椒粉
1 茶匙磨得很碎的檸檬皮

1½ 磅（680 公克）去骨去肥切片的新鮮北極紅點鮭排，帶魚皮或去魚皮都可以
植物油，用於幫金屬絲網架上油

1. 將楓糖、鹽、胡椒粉和檸檬皮放入碗中，混合均勻，用手指把所有結塊的楓糖捏碎，然後在有邊緣的烤盤上，鋪上 ½ 杯剛完成的這道醃料，而且這些以鹽為基底的醃料擺設面積，應該超過北極紅點鮭排每一邊的邊緣 ½ 吋（1.3 公

分）。將魚排蓋在醃料上面，魚皮那一面朝下，把剩下的 1 杯醃料撒在魚排上面，接著用指尖輕輕拍打魚肉，讓醃料滲入魚排裡面，隨後用保鮮膜把魚排蓋起來，並將魚排放進冰箱中醃製 1 小時。

2. 用手指定檢查魚排上是否有殘留的魚骨，使用廚房專用鑷子剔除，再將魚排放在冷的自來水下沖洗，瀝乾魚排，並用紙巾擦乾，再將魚排擺在抹了油的金屬線網架上，魚皮那一面朝下，而該架子要放在有邊緣的烤盤上面，放進冰箱風乾 30 分鐘。

3. 按照製造商的說明設定炭烤煙燻爐，並預熱至華氏 225 至 250 度（攝氏 107 至 121 度），根據指示添加木材。

4. 將魚排同架子一起放入炭烤煙燻爐，炭烤煙燻到呈現深深的金黃色，同時魚肉邊緣會酥酥焦焦的，而且肉要剛好熟，需 30 至 60 分鐘。測試魚的熟度時，用手指按一按魚肉，只要魚肉能破成明顯的小薄片，就知道了魚肉已經熟了。第二種測試熟度的方法，則是把即時讀取溫度計的探針，從魚的某一端插進魚的正中間，熟了的魚肉裡面的溫度應約為華氏 140 度（攝氏 60 度）。

5. 再把魚排同架子放在有邊緣的烤盤上，冷卻到室溫，然後用保鮮膜把魚排包裹起來拿去冷藏，直到要食用時再從冰箱取出。想吃跟室溫一樣、還是冰鎮過的魚排？這兩種上菜方式都很適合這道料理！冰在冰箱裡可以保存至少 3 天，或凍在冷凍室裡能貯藏好幾個月。

採買須知：如果在美國北方或加拿大生活，說不定當地魚販會供應北極紅點鮭。而鱒魚或小型鮭魚也可以利用同樣的方式，加以醃製及炭烤煙燻。楓糖可在天然食品店買得到、或網購也可以；要不然也可以考慮用淺紅糖。

其他事項：我下廚作這道醃楓糖煙燻北極紅點鮭犒賞自己時，我不會把魚皮去掉，但假如要服侍我的老婆大人，我就會把魚皮清得一乾二淨。

煙燻黑鱈魚 SMOKED BLACK COD
佐茴香與香菜 WITH FENNEL-CORIANDER RUB

在熟食店，大家稱它為黑貂魚（sablefish，又名裸蓋魚、銀鱈魚、裸頭魚），如果各位住在太平洋西北地區或阿拉斯加州，它就是當地街坊鄰里口中的黑鱈魚（black cod），溫和的風味和豐富的脂肪含量，使黑鱈魚成為名氣響叮噹的主廚松久信幸（Nobu Matsuhisa）的御用食材，拿味噌製作的黑鱈魚料理，是他餐廳裡的招牌菜。用鹽和糖醃漬，再搬來赤楊煙燻，最後完成的黑鱈魚料理要是夾在奶油起司貝果裡，會變成這道餐的亮點；假如鋪在以黃瓜為內餡的烤三角形麵包上，也能為這份餐點增色不少，或者直接赤手空拳，把炭烤煙燻架上的燒燙燙黑鱈魚拎起來直往嘴裡塞吧！我吃了一輩子的黑貂魚，但從來不覺得有什麼好稀奇的，等到我在阿拉斯加州荷馬市附近的卡徹馬克灣，用釣魚竿釣到一尾黑貂魚後，我也開始難掩興奮之情，（我可不是洋洋得意我抓魚的技術有多好，而是把我原本對鯡魚的喜愛，現在同樣也拿來讚頌黑鱈魚了。）在風景秀麗的卡徹馬克灣州立公園小屋酒店，主廚會端出北歐風味的茴香加香菜及紅糖揉搓粉，來醃漬黑鱈魚。

完成分量：4 人份

製作方法：熱燻

準備時間：15 分鐘

醃製時間：3 小時

乾燥時間：30 分鐘

煙燻時間：30 到 60 分鐘

生火燃料：赤揚／可完成 1 小時的燻烤過程（6 頁圖表）。

工具裝置：一台香料碾碎器或乾淨的咖啡豆磨豆機、一個金屬絲網架、一個即時讀取溫度計、廚房鑷子或尖嘴鉗，用途為去除所有魚骨頭

採買須知：黑鱈魚以美國西海岸為主要集散地，而在其他地方搞不好還得特別囑咐供應商，才搶得到黑鱈魚。假如要網購黑鱈魚，有個大好選擇則是西雅圖的純食魚市場公司（Pure Food Fish Market，官方網站為 freshseafood.com）

其他事項：興沖沖想找黑鱈魚卻總是敗興而歸嗎？用這道料理的揉搓粉去揉搓鮭魚、鱘魚、黑線鱈（haddock）或鱈魚，滋味也很不賴喔！

材料

1 湯匙茴香籽
1 湯匙香菜籽
1 湯匙白胡椒子
3 片月桂葉屑屑
⅔ 杯粗鹽（海鹽或猶太鹽）

¼ 杯砂糖
¼ 杯用力壓實的淺或暗紅糖
2 磅（0.91 公斤）去骨去肥切片的黑鱈魚排（有魚皮的最好）
植物油，用於幫金屬絲網架上油

1. 用中火加熱乾乾的鑄鐵煎鍋，加入茴香籽、香菜、胡椒子、和月桂葉一起烘烤，攪拌到飄香滿屋並呈現淡褐色澤，需 2 分鐘。再把香料移到小碗裡放涼。接著用香料碾碎器或乾淨的咖啡豆磨豆機，將上述香料研磨成細粉，然後把它們放回碗裡，倒進鹽和兩種糖（砂糖及淺或暗紅糖）一起攪拌。

2. 將這道醃料放在大盤子或橢圓形大淺盤上，接著把醃料抹在黑鱈魚排的每一面上，形成一層硬硬的外殼，用指尖將醃料揉搓進魚肉裡面，再拿保鮮膜將每片黑鱈魚排緊緊包裹起來，放在有邊緣的烤盤上，有魚皮的那一面向下，接著送去冷藏 3 小時。

3. 開冷的自來水洗一洗黑鱈魚排，用紙巾擦乾魚排，將魚排放在塗了油的金屬絲網架上，而該架子則位於烤盤上方，放入冰箱風乾 30 分鐘。

4. 按照製造商的說明設定炭烤煙燻爐，並預熱至華氏 225 至 250 度（攝氏 107 至 121 度），根據指示添加木材。

5. 將黑鱈魚排與架子一同送進炭烤煙燻爐，魚皮那一面朝下，炭烤煙燻到呈現金褐色，邊緣出現焦酥香脆的硬皮，而且魚肉剛好煮熟了，需 30 至 60 分鐘。要測試魚肉有沒有熟，可以用手指按一下魚肉，熟了魚肉會破成明顯的小薄片；另一種測試方法是將即時讀取溫度計的探針，從魚肉某一端，往魚肉的中心點插進去，假如魚煮熟了，裡面的溫度應約為華氏 140 度（攝氏 60 度）。

6. 將放在金屬絲網架上的魚排移到有邊緣的烤盤上，冷卻至室溫，用手指檢查魚排是否有骨頭刺，再使用廚房鑷子剔除（黑鱈魚煮熟時，更容易清除掉它的魚刺骨頭。）把炭烤煙燻完畢的黑鱈魚冷藏起來，要品嘗的時候再拿出來，用保鮮膜包好、收在冰箱裡，可以保存至少 3 天，或者送到冷凍室裡，則可貯藏好幾個月。

蒔蘿黃瓜醬佐炭烤煙燻黑鱈魚麵包
SMOKED BLACK COD TOASTS WITH DILLED CUCUMBER RELISH

完成分量：當開胃菜為4至6人份

簡單的麵包其實暗藏玄機，大有看頭──上面放了炭烤煙燻黑鱈魚，而佐魚醬料如奶油一般閃閃動人，還吃得到爽脆的黃瓜，並且在檸檬和蒔蘿合力妝點下，醬料會晶晶亮亮的；要讓味道層次更豐富的話，還可以把麵包送去炭烤煙燻！

材料

- 1 條中型黃瓜，去皮去籽，並切成非常工整細小的塊狀
- 2 根青蔥，修剪後把蔥白和蔥綠斜切成薄片
- 1 湯匙切碎的新鮮蒔蘿
- ½ 茶匙磨得很碎的檸檬皮
- 1 湯匙新鮮檸檬汁，視需要可再多加一些

- 1 湯匙特級初榨橄欖油
- 粗鹽（海鹽或猶太鹽）和現磨的黑胡椒
- 炭烤煙燻麵包（請參閱 56 頁），備製時不加調味料
- ½ 份的煙燻黑鱈魚佐茴香與香菜（請參閱 197 頁），切成魚片（約 2 杯）

1. 出菜前 4 小時以內，先將黃瓜、青蔥、蒔蘿、檸檬皮及檸檬汁和橄欖油放入碗中，不要混在一起。

2. 在出菜之前，先按照相關食譜說明去炭烤煙燻麵包，再將魚片排在橢圓形大淺盤上，並倒入剛剛的醬汁去跟魚片混在一起，再加入鹽、胡椒，假如需要的話，還可再另外按口味多放進一些檸檬汁。

3. 上菜時，在每片麵包上鋪炭烤煙燻黑鱈魚，用勺子舀蒔蘿黃瓜醬淋在鱈魚上，即可享用！

VEGETABLES, SIDE DISHES, AND MEATLESS SMOKING
炭烤煙燻蔬菜、小菜和素食

炭烤煙燻食物界是肉類和海鮮的地盤，那蔬菜呢？它只能算稀客，不過一旦我們炭烤煙燻涼拌高麗菜和馬鈴薯沙拉、薯餅及洋蔥和奶油玉米，這種局勢會急轉直下！如果沒有烤豆，燒烤料理就會少了點什麼，而且一旦有了烤豆，我們的燒烤料理就會在炭烤煙燻爐裡，孕育出非比尋常的奧妙風味；各位在炭烤煙燻蔬菜時，比方素食版的經典炭烤煙燻法式豆菜——燜煮乾扁豆燴肉（又名卡酥來砂鍋，cassoulet）*，也會感受到無肉料理帶來的全新能量；吃素的朋友還可以跟我一起體驗製作我的燒烤豆腐和豆腐「火腿」！素食也能炭烤煙燻？炭烤煙燻大全要讓你大開眼界！

---

* 英法百年戰爭時發明，目的是為了慰勞前線的士兵。這道菜由卡酥來（Cassoulet）這種陶土製的食器熬煮而成，烹調的時間非常費時，它的主要食材有油封鴨或羊肉、排骨、香腸、蔬菜、法國白扁豆（Lima bean）與多種香料，整道菜要烹煮一整天再焗烤過才能完成。

炭烤煙燻高麗菜沙拉 SMOKED SLAW

完成分量：可製作出 1 夸脫（21.8 公斤）炭烤煙燻高麗菜沙拉，4 至 6 人份

製作方法：熱燻

準備時間：15 分鐘

煙燻時間：10 到 15 分鐘

生火燃料：可自行挑選喜愛的硬木／可完成 15 分鐘的燻烤過程（6 頁圖表）

工具裝置：二支鋁箔平底鍋

採買須知：能料理出這道沙拉的高麗菜種類不計其數，從普通的綠色高麗菜和紫甘藍（red cabbage）到皺巴巴的野甘藍（或譯皺葉甘藍）（Savoy cabbage）或甚至大白菜（napa cabbage）都可以。盡可能購買有機或農場出產的高麗菜。

其他事項：最快速完成炭烤煙燻高麗菜的方法，是送進設定為熱燻模式的炭烤煙燻爐裡，但也可以冷燻。冷燻高麗菜時，炭烤煙燻時間要增加為 45 分鐘。希望這道菜的煙燻香味更濃嗎？可以加入炭烤煙燻蛋黃醬。

涼拌高麗菜（Coleslaw，這個字是荷蘭語裡的高麗菜和沙拉）是許多轟動美食圈的美式燒烤料理最速配的夥伴，這道菜會讓你得全神貫注，因為必須先炭烤煙燻高麗菜、胡蘿蔔、芹菜和蘋果（加不加都可）之後再把它們攪在一起，秘訣在於炭烤煙燻時間要夠長，讓蔬菜能附著炭烤煙燻香氣，但不能久到把蔬菜都煮熟了。謹向瑪莎葡萄園主廚暨食譜測試人員茱蒂．克魯米克（Judy Klumick）致敬，感謝她提供了炭烤煙燻高麗菜沙拉這個點子。

材料

- 1 個小型或半顆大型綠色高麗菜（大約 1 磅／ 454 公克），分成 4 等分並挖掉中間的菜心
- 1 個小洋蔥，去皮並切成 4 等分
- 2 根胡蘿蔔，要削掉不漂亮的地方並去皮
- 2 根西洋芹，要去掉枯黃葉子
- 1 個蘋果，去皮，切成 4 等分並拿掉果核
- ½ 杯蛋黃醬，最好是康寶百事福美玉白汁（Hellmann's）或最棒食物牌（Best Foods）蛋黃醬，或炭烤煙燻蛋黃醬（請參閱 204 頁）
- 3 湯匙蘋果醋，或按口味添加
- 3 湯匙糖
- 1 湯匙廚師口中的烹飪專有名詞：「磨好的辣根的根」（prepared white horseradish），即與醋混合的辣根磨碎根，磨好的辣根顏色是白色偏乳白米色。（不要瀝乾）
- ½ 茶匙芹菜籽，或按口味添加
- 粗鹽（海鹽或猶太鹽）和現磨的黑胡椒

1. 按照製造商的說明設定炭烤煙燻爐，並預熱至華氏 225 度（攝氏 107 度），根據指示添加木材。

2. 使用裝有切片或切絲與切條切碎盤的食物處理機，或端出大廚刀，將高麗菜、洋蔥、胡蘿蔔、西洋芹和蘋果切成薄薄的絲或條狀。把切好的蔬菜和蘋果，在 2 支鋁箔平底鍋裡攤開鋪成薄薄的一層。

3. 將裝有蔬菜的鋁箔平底鍋送進炭烤煙燻爐，炭烤煙燻到輕微上色並帶煙燻香味，但蔬菜仍然是生的，需 10 至 15 分鐘，不要過度烹飪，再讓蔬菜冷卻到室溫。

4. 蔬菜在冷卻的同時，製作沙拉醬：將蛋黃醬、蘋果醋、糖、辣根、芹菜籽、和按口味添加的鹽及胡椒，在大碗中混合攪拌直到糖溶解。

5. 把蔬菜跟沙拉醬攪拌在一起，並調整調味料用量，根據需要加入鹽或醋，這道高麗菜沙拉特點就是調味重。接著把沙拉蓋起來，冷藏到要食用再取出，攪拌後幾個小時內就要端上餐桌享用，這樣沙拉才不會走味。

哪些食物可以炭烤煙燻？
28 種最勁爆的炭烤煙燻新鮮貨報到！

到目目前為止，各位應該對燒烤肋排和前胸肉或牛腩這些食材已經胸有成竹了，而且也是炭烤煙燻鮭魚和培根的能手，說不定你連如何炭烤煙燻豬後腿肉或火雞肉也駕輕就熟。準備好要精益求精，追求更高境界的技術了嗎？這裡有 28 種反傳統的炭烤煙燻食物——來大膽創新嘗試吧！

基本炭烤煙燻程序

本節大部分食物都是冷燻菜，以下是冷燻炭烤煙燻爐、熱燻炭烤煙燻爐和手持煙燻器冷燻食物的做法。

在冷燻炭烤煙燻爐上冷燻：要將食物放在包了鋁箔的滴油淺盤中，像冷燻糊狀或液體食物時，如蜂蜜或罐頭番茄醬，盤子深度為 ¼ 吋（0.64 公分）；如果要炭烤煙燻易腐爛的食物，比方蛋黃醬或奶油，或天氣暖和，都要把淺盤放進更大而且裝滿冰的平底鍋裡，並在冰融化時補充冰。將冷燻炭烤煙燻爐的溫度維持在華氏 80 度（攝氏 27 度）或更低，把食物攪拌幾次，使食物每吋角落都能平均炭烤煙燻到，食物出現濃厚的炭烤煙燻風味才可以（優格和蛋黃醬等白色食物的表面會出現一層淡金褐色的薄膜。），這個過程短則 1.5 小時，或長達 6 小時，視爐子狀況而定，平均為 3 到 4 小時。

在熱燻炭烤煙燻爐上冷燻：跟上一段一樣，要將食物放在包了鋁箔的滴油淺盤中，再把該盤子擺在裝有冰塊的較大鋁箔滴油淺盤上方。接著將炭烤煙燻爐的溫度設為華氏 225 度（攝氏 107 度）或盡可能低到炭烤煙燻爐能適應的低溫，冰融化時要再補充冰，並炭烤煙燻食物到呈現出淡淡的古銅色和無可挑剔的炭烤煙燻香味，這個過程最短 1 小時，或長達 3 小時，視爐子狀況而定，平均為 1½ 到 2 小時。

使用手持煙燻器：將食物放在大玻璃碗中，用保鮮膜包裹蓋緊，留一角不蓋起來。再按照製造商的指示，幫煙燻器添加並點燃燃料，把煙燻器的軟管插到該大玻璃碗裡，將燻煙灌進去，再抽出管子用保鮮膜緊緊蓋住碗。讓燻煙浸透食物 4 分鐘後，攪拌食物以利食物充分吸收燻煙。重複以上過程 1 到 3 次或直到食物吸飽煙燻味為止。

手持煙燻器替代方案：煙燻乳脂狀或液體調味料，如蛋黃醬或罐頭番茄醬時，將瓶罐倒空一半，像上一段的方法用保鮮膜蓋起來，再把燻煙填滿容器，接著密封保鮮膜，靜置 4 分鐘。擰好瓶罐的蓋子並搖勻。視需要重複以上過程，讓調味料明顯散發煙燻味。

別懷疑，下面這些食材也能站上炭烤煙燻舞台！

奶油：有時候，無可比擬的好點子會超越藩籬、跨越國界，同時出現在地球兩端：基南・博斯沃思（Keenan Bosworth）在亞利桑那州斯科茨代爾市（Scottsdale, Arizona）一家叫做鹽滷醃豬肉（Pig & Pickle）的美食酒吧裡，炭烤煙燻家庭手作攪乳器攪製的奶油；巴斯克（Basque）烤肉料理天王維克多・阿奎因佐尼斯（Victor Arguinzoniz）在他位於西班牙巴斯克地區的西班牙阿特克松多餐廳（Asador Etxebarri）炭烤煙燻山羊奶。使用本書說明的任一方法來炭烤煙燻奶油吧。

鮮奶油：把炭烤煙燻鮮奶油淋在湯或甜點上？這款美味太犯規！用冷金屬碗或用內含氧化亞氮的奶油槍／奶油發泡器來攪拌，製作出應用廣泛、變化多端的打發鮮奶油，直接噴出來就是打發好的鮮奶油（請注意：如果使用內含氧化亞氮的奶油槍／奶油發泡器和手持煙燻器，可將燻煙直接打進裡面）。

使用本書説明的任一方法來炭烤煙燻鮮奶油，就從 231 頁的炭烤煙燻巧克力麵包布丁來實驗一下吧，而酸奶油（Sour cream）、半對半（half-and-half 一半全脂奶、一半鮮奶油）、和牛奶也可採用相同方法。

義大利乳清起司（Ricotta cheese）：烤麵包上抹什麼會大有看頭、味道鮮美？淋上橄欖油並攙入胡椒粉的炭烤煙燻義大利乳清起司（或譯瑞可達起司）出線！這種乳清起司還可以用來包在義大利餃（ravioli）、義大利大型通心（manicotti）、或南瓜花裡當餡料。可用本書任一方法來製作，但最棒的炭烤煙燻義大利乳清起司，要從零開始製作，還要用起司包布包起來，掛在自己炭烤煙燻坊的天花板上。

鹽：市面上雖然也有很多優良炭烤煙燻鹽，但一旦你會炭烤煙燻，就應該製作自己的炭烤煙燻鹽。讓我倚老賣老分享一些經驗：把鹽（海鹽或猶太鹽）鋪在包了鋁箔的滴油盤中，鋪好的成品要厚達 ⅛ 吋（0.32 公分），並冷燻 10 至 12 小時，或熱燻 4 至 6 小時，每半小時攪拌一次，讓鹽能煙燻得很平均。（不同的木頭會打造不一樣的煙燻味）同樣方法可炭烤煙燻一整個胡椒子，但煙燻味較不明顯。

糖、蜂蜜、楓糖漿：我第一次幫雞尾酒和水果沙拉炭烤煙燻了糖，成果相當亮眼，讓我決定要替煎餅製作炭烤煙燻蜂蜜（要搭配比司吉和火腿一起上桌）和炭烤煙燻楓糖漿。可用 203 頁的任何方法來製作，並把相同的概念，延續到炭烤煙燻甘蔗糖漿或龍舌蘭糖漿上。

炭烤煙燻單糖漿（simple syrup）時，要將等量的糖和水（例如各 1 杯）在平底鍋中混合，煮沸直到糖溶解，冷卻至室溫，然後如 203 頁所述，在包了鋁箔的滴油盤裡炭烤煙燻（假如工具是手持煙燻器時，要拿蓋了保鮮膜的碗來製作），並貯存在密封罐裡。

蛋黃醬（美乃滋）：炭烤煙燻蛋黃醬創造了一種全新的美味！塗在烤麵包片上，可製作成一道美味到讓舌頭融化的培根生菜番茄三明治，或把蛋黃醬放在續隨子、切成丁的醃菜和切好的韭菜裡攪拌，製成炭烤煙燻塔塔醬。假如要冷燻或熱燻蛋黃醬，必須隨時放在冰上；或使用手持煙燻器，將裝了蛋黃醬的碗放在冰上。

芥末：任何芥末都可炭烤煙燻，但我偏愛炭烤煙燻第戎芥末醬，而且豬肉和火腿就是要「醬」吃的！也可以跟 2 份普通抑或炭烤煙燻蛋黃醬混合在一起，調製成烤魚或海鮮專用醬。燻製時要將芥末鋪在包了鋁箔的滴油盤中，鋪成 ¼ 吋（0.64 公分）深。

罐頭番茄醬：是 136 頁的乾草炭烤煙燻漢堡的完美調味聖品；或可將 2 份炭烤煙燻罐頭番茄醬和 1 份剛磨碎或磨好的辣根的根（不要瀝乾），一起製成炭烤煙燻雞尾酒醬。可用 203 頁的任何方法來製作。

辣椒醬：炭烤煙燻像是拉差香甜辣椒醬這樣的刺激嗆鼻辣椒醬尤其帶勁！可用 203 頁的任何方法來製作。

橄欖油：炭烤煙燻橄欖油沙拉醬美味令人難忘，若淋在番茄或奶油起司上，更讓人瘋狂！從有水果味的特級初榨橄欖油開始炭烤煙燻起，可用 203 頁的任何方法來製作。

番茄糊（Tomato paste）、番茄醬汁（tomato sauce）、罐裝番茄：這些都是我最早用來製作炭烤煙燻番茄醬汁的素材，適合搭配義大利麵；或炭烤煙燻它們拿去配義大利乳清起司。作法是將番茄糊抹在、或把番茄醬汁倒入包了鋁箔的小型滴油盤中，這些番茄的量要有滴油盤的 ¼ 吋（0.64 公分）深，而罐裝番茄和罐頭裡的番茄汁要一起倒進去。可用 203 頁的任何方法來製作。

續隨子：充分濾乾水後，用少許橄欖油攪拌，在鋁箔平底鍋中鋪一層續隨子，然後用 203 頁的任何方法來製作。

橄欖：炭烤煙燻能讓橄欖變美味！綠橄欖比黑橄欖更能吸附炭烤煙燻味。用少許橄欖油翻炒一下，在鋁箔平底鍋裡把橄欖鋪成一

層，或將橄欖直接放在炭烤煙燻爐的架子上（如果橄欖大到不會掉落，可以這樣擺），然後用 203 頁的任何方法來製作。

檸檬：我經常炭烤煙燻檸檬來搭配炭烤煙燻魚或烤魚一起上菜，作法是把檸檬橫向切成兩半，用叉子取出籽，然後將切成兩半的檸檬切面朝上，擺在炭烤煙燻爐的架子上直接炭烤煙燻，可用 203 頁的任何方法來製作。

大蒜、火蔥、洋蔥：炭烤煙燻為蔥蒜類食材帶來了濃郁的炭烤煙燻坊氣息。先把大蒜瓣去皮，用少許橄欖油翻炒，然後在包了鋁箔的滴油盤中攤開一層大蒜放好（或將大蒜瓣用竹籤串起來，直接在爐子的架上炭烤煙燻。）。將火蔥去皮、切成兩半，稍微刷點油；洋蔥去皮後，切成四分之一，刷上少量的油，這兩種食材都可以放在鋁箔盤裡，或串起來直接放在爐子的架上炭烤煙燻。我偏好熱燻，讓它們在烹煮的同時也順便炭烤煙燻。大蒜要炭烤煙燻 1 小時，而火蔥和洋蔥則要 2 至 3 小時，溫度為華氏 225 度（攝氏 107 度）。

芝麻：把芝麻撒在沙拉、鷹嘴豆泥（hummus）、墨西哥玉米（捲）餅（Taco）、炭烤煙燻燉燴羊膝（128 頁）和煙燻冰淇淋（240 頁）聖代上，能為這些美食畫龍點睛！在鋁箔平底鍋中裝一層 ⅛ 吋（0.32 公分）深的芝麻，最好使用熱燻，能一邊烘烤一邊炭烤煙燻芝麻，溫度為華氏 250 度（攝氏 121 度）下，進行 30 到 45 分鐘。

堅果：我們自製的無論如何鐵定比飛機上發的「炭烤煙燻」堅果更令人心動！用 1 湯匙熔化的奶油或橄欖油，翻炒 2 杯您喜歡的堅果，再跟 1 湯匙糖，和各 1 茶匙的海鹽、現磨黑胡椒和炭烤煙燻紅椒粉，加上肉桂粉和孜然各半茶匙一起攪拌，然後將堅果撒在鋁箔平底鍋中，用華氏 275 度（攝氏 135 度）冷燻，烘烤成焦黃色的堅果，需 40 至 60 分鐘，攪拌數次。

義大利波洛尼亞大香腸（bologna）、義大利摩德代拉香腸（mortadella）：代表作為「奧克拉荷馬州豪華肉腸排」（Oklahoma prime rib），傳統上則會將奧克拉荷馬州豪華肉腸排放在小圓麵包或白麵包片上再加上烤肉醬。作法是將義大利波洛尼亞大香腸橫切成 ½ 吋（1.27 公分）的厚度，在頂端稍微畫十字交叉線（幫助吸收更多炭烤煙燻味），然後撒上燒烤揉搓粉（也可不撒），接著直接擺在炭烤煙燻爐的架子上。可用 203 頁的任何方法來製作。

義大利摩德代拉香腸也是我的最愛，它是一種大尺寸質感精緻美味的義大利香腸，裡面摻合了肥肉塊，產自波隆那市（Bologna），也是美國波隆那香腸的鼻祖。一樣先把肉腸橫切成 ½ 吋（1.27 公分）的厚度再拿去炭烤煙燻，上菜時要切成方塊狀，並用牙籤叉著。

肉桂棒、香草莢／豆：這些食材有時會用作炭烤煙燻的芳香燃料，例如中國人為了茶燻鴨而燒烤肉桂棒（168 頁），但也可以用炭烤煙燻爐處理肉桂棒和香草莢／豆，為它們甜甜的辣味增添煙燻味。可以在炭烤煙燻蘋果（239 頁）或香料蘋果酒裡加炭烤煙燻肉桂棒，還有卡士達（如 233 頁的炭烤煙燻法式焦糖布丁）和雞尾酒中放進炭烤煙燻香草莢／豆。可用 203 頁的任何方法來製作。

冰：炭烤煙燻後把冰加在炭烤煙燻雞尾酒（從 244 頁開始有一系列介紹）、或任何雞尾酒中都有不凡的效果！作法是把普通冰塊放在鋁箔平底鍋中，再用 203 頁的任何方法來製作。冰會融化是正常的，所以要再將融化的冰塊倒入冰塊托盤中，重新冷卻，這就是炭烤煙燻冰的方法。

水：你沒看錯！連水都可以炭烤煙燻！把水放在鋁箔平底鍋上或碗裡，再用 203 頁的任何方法來製作，成品還可以製作成檸檬水或炭烤煙燻冰茶。

炭烤煙燻馬鈴薯沙拉 SMOKED POTATO SALAD

完成分量：4 到 6 人份

製作方法：熱燻

準備時間：30 分鐘

煙燻時間：1 到 1.5 個小時

生火燃料：唐堤酒吧選用赤揚，但任何硬木皆可／完成 1.5 個小時的燻烤過程（6 頁圖表）

採買須知：通常會使用水高溫燙過的馬鈴薯（水煮比烤馬鈴薯的澱粉少）。煮沸後適合料理的馬鈴薯包括紅色極樂馬鈴薯（Red Bliss）、育空黃金馬鈴薯（Yukon Gold）、或像法國老鼠馬鈴薯（French rattes）和俄羅斯香蕉馬鈴薯（Russian banana potato），這類瘦長的手指馬鈴薯（特色為袖珍纖細、蠟質肉感、外皮極薄與帶有金黃色的色澤，具有獨特的堅果香氣）。

其他事項：想要更強烈的炭烤煙燻香味？請按照 35 頁的說明，炭烤煙燻煮熟的雞蛋。

沒有馬鈴薯沙拉的烤肉和燒烤料理簡直遜斃了！舊金山唐堤酒吧（Bar Tartine）用赤楊炭烤煙燻馬鈴薯，再加入新鮮蒔蘿和熊蔥（ramps，野生青蔥韭菜），這道馬鈴薯沙拉好吃到會讓你手舞足蹈。這是一般馬鈴薯沙拉裡找不到的奇妙口感，因為新鮮熊蔥的產季只有春天幾個星期而已，我都用青蔥來取代熊蔥，但假如找得到熊蔥就用。（這裡有一家網購當季熊蔥供應商：earthydelights.com。）以下是我的食譜，我有把握能成為一道馬鈴薯沙拉國民美食！

材料

- 2 磅（0.91 公斤）煮熟的馬鈴薯（有機的較佳），用硬刷子用力搓一搓弄乾淨
- 2 湯匙特級初榨橄欖油
- 粗鹽（海鹽或猶太鹽）和現磨的黑胡椒
- ½ 杯蛋黃醬，最好是康寶百事福美玉白汁（Hellmann's）或最棒食物牌（Best Foods）蛋黃醬，或炭烤煙燻蛋黃醬（204 頁）
- 3 湯匙第戎芥末醬
- 1 湯匙紅（葡萄）酒醋，或按口味追加用量
- 2 枚熟雞蛋，去殼，大略上切一切
- 2 湯匙切碎的新鮮蒔蘿
- 2 根青蔥，修剪後把蔥白和蔥綠斜切成薄片
- 8 顆無籽青橄欖或鑲了牙買加胡椒的無籽橄欖，切成薄片或大致上切一切。
- 8 條酸黃瓜（小顆法式酸泡菜）或 1 個蒔蘿醃菜，簡單切一切（約 3 湯匙）
- 1 湯匙瀝乾水分的續隨子，或按口味添加
- 西班牙煙燻紅椒粉（pimentón），要灑在沙拉上面用的

1. 把比較大的馬鈴薯切半或切成四等分，小馬鈴薯取一整個來用，讓每塊馬鈴薯都變成一口大小，大約 1 吋（2.5 公分）寬。在鋁箔平底鍋中，將馬鈴薯鋪成一層，跟橄欖油一起攪拌，並用鹽和胡椒調味。

2. 按照製造商的說明設定炭烤煙燻爐，並預熱至華氏 225 至 250 度（攝氏 107 至 121 度），根據指示添加木材。

3. 將馬鈴薯放入炭烤煙燻爐中，炭烤煙燻到馬鈴薯變軟綿綿的（竹串能一下子刺穿馬鈴薯），需 1 至 1.5 小時，或根據需要自訂時間。翻轉幾次，讓馬鈴薯每吋表皮都均勻火烤成金黃色澤。取出馬鈴薯，讓它稍微變涼（馬鈴薯溫度應該是溫溫的）。

4. 一邊炭烤煙燻馬鈴薯的同時，一邊製作沙拉醬：將蛋黃醬、芥末醬和醋全放在大碗中一起混合攪拌，再加入切碎的雞蛋、蒔蘿、青蔥、無籽青橄欖或鑲了牙買加胡椒的無籽橄欖、酸黃瓜（小顆法式酸泡菜）或蒔蘿醃菜和續隨子。把這道沙拉醬蓋起來並冷藏到馬鈴薯準備好。

5. 將溫熱的馬鈴薯跟沙拉醬攪拌在一起，按口味加入鹽、胡椒粉和醋調味，這道料理應該調味得重一些。溫熱或冷藏上桌皆可（冷藏前要先蓋上，或把沙拉放在一碗冰上快速冷卻）。在出菜之前，先裝到大碗裡，再撒上西班牙煙燻紅椒粉，即可上桌。

炭烤煙燻兩次的馬鈴薯 DOUBLE-SMOKED POTATOES

烤馬鈴薯？口口香醇！鑲馬鈴薯？非吃不可！但最令人瘋狂、一瞬間盤底朝天的，莫過於塞滿炭烤煙燻培根、青蔥、切達起司的山核桃木炭烤煙燻馬鈴薯──特別是馬鈴薯還炭烤煙燻兩次喔！炭烤煙燻馬鈴薯時，會用到比平常習慣上更高的溫度，這樣外皮會脆脆的、口感鬆軟香綿，給你一百分的烤馬鈴薯好味道！

材料

- 4 顆大型的烤馬鈴薯（每個 12 到 14 盎司／0.34 到 0.4 公斤），最好用有機的
- 1½ 湯匙熔化的培根油脂或奶油、或特級初榨橄欖油
- 粗鹽（海鹽或猶太鹽）和現磨的黑胡椒
- 4 條手工培根，例如美國紐斯克牌（Nueske's）培根，或自己動手作培根（113 頁），橫向切成 ¼ 吋（0.6 公分）的薄片
- 6 湯匙（¾ 條）冷的無鹽奶油，切成薄片
- 2 根青蔥，修剪後把蔥白和蔥綠切得細細碎碎的（約 4 湯匙）
- 2 杯簡單磨一磨的炭烤煙燻或普通白切達起司（約 8 盎司／0.23 公斤）
- ½ 杯酸奶油
- 西班牙煙燻紅椒粉（pimentón）或甜紅椒粉，要灑在沙拉上面用的

1. 按照製造商說明設定炭烤煙燻爐，並預熱至華氏 400 度（攝氏 204 度）。根據指示添加木材，且數量要能接應 1 小時炭烤煙燻所需。

2. 用蔬菜刷搓一搓用力擦拭馬鈴薯全身，再用冷的自來水把馬鈴薯沖洗乾淨，並拿紙巾擦乾，然後用叉子將每個馬鈴薯都戳幾次（這樣可以防止馬

完成分量：4 人份

製作方法：燻烤

準備時間：15 分鐘

煙燻時間：1 小時，再加上重新炭烤煙燻又要再 15 到 20 分鐘（請參閱 210 頁的其他事項說明）

生火燃料：硬木皆可／可完成 1.5 小時的燻烤過程（6 頁圖表）

採買須知：從烘烤成果讓人稱心如意的馬鈴薯開始著手採購吧！這類夥伴好比有機紅褐色馬鈴薯（organic russet）或愛達荷州馬鈴薯（idaho potato）都很值得推薦。烘烤專用的馬鈴薯都是大塊頭，身型拉長，還有粗糙的棕色外皮。

其他事項：炭烤煙燻馬鈴薯是完美的配菜，但千萬別放過炭烤煙燻奶油（203 頁）和酸奶油（203 頁），它們是陪襯馬鈴薯的最佳配角！而且完成炭烤煙燻馬鈴薯步驟 3 後，才是這道料理的重頭戲，這才是這本書存在的理由喔！沒錯，國宴級的馬鈴薯佳餚才是我們期待的——燒燙燙無懈可擊的炭烤煙燻馬鈴薯美饌，挾帶著濃濃香味！注意下面這點：有些炭烤煙燻爐運作的溫度不會高於華氏 275 度（攝氏 135 度），此時就要將炭烤煙燻時間增加 2 到 3 小時，並把第二次的炭烤煙燻時間拉長為 40 到 60 分鐘。

鈴薯爆裂，並能大量吸收燻煙），用培根油脂來刷一刷或揉一揉、搓一搓馬鈴薯，接著不停地倒鹽和胡椒來調味。

3. 將馬鈴薯放在炭烤煙燻爐的架子上，炭烤煙燻到馬鈴薯外皮變得脆脆的，中間的肉又軟又綿密（用細長的金屬串刺一下就穿透馬鈴薯了），需約 1 小時。

4. 同時，把培根放入冷的煎鍋中，用中火煎至焦黃色，酥脆可口，需 3 至 4 分鐘。接著瀝乾培根油脂（把這些油脂保留下來，以後烹調馬鈴薯料理時，就有現成的材料可用）。

5. 將馬鈴薯移到砧板上，稍微放涼，再把將每個馬鈴薯都從長的一邊縱向切成兩半，用湯匙挖掉大部分馬鈴薯，留下 ¼ 吋（0.6 公分）厚的馬鈴薯外殼。（溫熱時挖馬鈴薯會更輕鬆。）將馬鈴薯切丁，大小為 ½ 吋（1.3 公分）再放入碗中。

6. 把培根、4 湯匙奶油、青蔥和起司加進馬鈴薯中，輕輕攪拌混合，再跟酸奶油拌在一起，按口味灑鹽和胡椒調味，調味最好重一點。攪拌時，力道輕一點、次數少一點、時間短一點，保留馬鈴薯的口感。

7. 將馬鈴薯總匯放入馬鈴薯殼中，往殼的中間堆高，將剩下的奶油薄片放在每個馬鈴薯上，並撒上西班牙煙燻紅椒粉或甜紅椒粉。馬鈴薯的前置作業可以提前 24 小時準備，蓋好並冷藏起來。

8. 在馬鈴薯即將上桌前，將炭烤煙燻爐預熱至華氏 400 度（攝氏 204 度），添進能支應炭烤煙燻 30 分鐘的木材，把馬鈴薯放在鋁箔平底淺鍋中，接著重新炭烤煙燻，直到馬鈴薯變成焦黃色並沸騰冒泡，需 15 至 20 分鐘。（或放進華氏 400 度／攝氏 204 度的烤箱中加熱馬鈴薯。）

流行新寵兒——炭烤煙燻馬鈴薯

炭烤煙燻馬鈴薯泥一開始先在威利‧杜飛斯尼（Wiley Dufresne）不久前開張且位於紐約市下東城不落俗套的反傳統餐館 WD50 裡宣告出道，接著在舊金山的唐堤酒吧餐廳，搭配熊蔥蒜泥蛋黃醬（aioli）向世人騷首弄姿。現在，在華盛頓哥倫比亞特區的薄荷木地帶餐廳（Mintwood Place）裡，加了酪奶（buttermilk）所以口感帶酸的——山核桃木炭烤煙燻馬鈴薯湯，則是該店最新研發的馬鈴薯菜單。

如果這不叫爆紅，什麼才叫爆紅？炭烤煙燻馬鈴薯熱儼然成為新國民運動，最愛吃烤肉的美國人，現在又少不了炭烤煙燻馬鈴薯！我的著作《超讚 BBQ 食譜報到！》裡，也提到美國人迷上了炭烤煙燻蔬菜這股新勢力，而炭烤煙燻馬鈴薯可說是當中數一數二前途不可限量的後起之秀：所以炭烤煙燻的新寵兒當然就是——炭烤煙燻馬鈴薯。

究竟為何馬鈴薯能擄獲眾人的心？

- 味道溫和——把馬鈴薯看作是種海綿或全白畫布，不管我們製造何種燻煙、加進什麼香料或點燃何種木煙香氣，它都能照單全收。

- 質感獨特——馬鈴薯的質感對比鮮明，好比燻烤馬鈴薯口感多層次，它的表層脆脆的很爽口，中間則鬆軟細綿、濃醇味美。

- 適合搭配炭烤煙燻與火烤肉類：比方烤馬鈴薯配牛排、馬鈴薯泥炭烤煙燻美式肉餅、馬鈴薯沙拉配豬肩胛肉和帶肉豬肋骨——這些食材現在全部都經過炭烤煙燻。

我們要怎麼炭烤煙燻馬鈴薯？相關撇步待我屈指一算！

烘烤式烤馬鈴薯：把馬鈴薯擺在鍋式燒烤架上，用較高溫度（華氏 400 度／攝氏 204 度）1 小時，讓馬鈴薯表皮爽脆，裡面的肉鬆軟。

熱燻新長出來的小馬鈴薯：把這些馬鈴薯切成兩半，跟橄欖油、鹽和胡椒拌在一起，接著在包了鋁箔的滴油盤中熱燻，要不時攪拌到串燒籤能輕鬆穿過這些馬鈴薯，需 1 至 1.5 小時。

餘燼烤番薯（sweet potato）：讓番薯直接躺在木頭鋪成的底座或木炭的炭燼上（番薯比白色的馬鈴薯烤起來味道更棒），番薯外皮會烤成焦炭，燒焦味直衝番薯內層，讓番薯中間的肉爆發滿滿的炭烤煙燻香氣。

用手持式炭烤煙燻器：拿保鮮膜蓋住鍋中製作好的馬鈴薯泥，某一邊要打開不蓋起來。將手持式煙燻器的軟管插入鍋中，灌入燻煙，讓鍋裡的馬鈴薯泥靜置 4 分鐘，接著妥善攪拌。把以上過程重複一兩次，或馬鈴薯泥達到各位想要的炭烤煙燻香味為止。

炭烤煙燻根莖類蔬菜薯餅
SMOKED ROOT VEGETABLE HASH BROWNS

完成分量：2 至 3 人份，可按照需要追加份量

製作方法：燻烤

準備時間：15 分鐘

煙燻時間：40 到 60 分鐘

生火燃料：自行選擇硬木塊或浸泡過並瀝乾的碎木片／可完成 1 小時的燻烤過程（6 頁圖表）

工具裝置：一個 10 吋（25.4 公分）鑄鐵煎鍋或一個鋁箔大型滴油盤

採買須知：可直接使用馬鈴薯和洋蔥來烹調這道炭烤煙燻根莖類蔬菜薯餅，但不妨試試其他根莖類蔬菜例如胡蘿蔔和番薯，我都用它們來增添這道料理的風味——最好還能找有機蔬菜。

其他事項：這道食譜需要動用到一種技術，我形容它是燻烤法（請參閱 19 頁），它會利用高溫去炭烤煙燻，要打造出香脆爽口的炭烤煙燻蔬菜，就是這麼簡單，拿這招來烹煮脆皮家禽類的食材效果更棒！

把薯餅炭烤煙燻？這款餐點改編自經典美式早餐，不僅賦予馬鈴薯炭烤煙燻香味，而且也省得你雞飛狗跳炸馬鈴薯和洋蔥，更不必搞得爐具一團亂——只要在炭烤煙燻薯餅時，不斷幫它翻面以免燒焦即可。要炭烤煙燻薯餅，有沒有什麼簡單到不行的妙方？可以利用下面提到的間接燒烤法，假如要薯餅外皮更焦酥，必須把燒烤架設定成直接燒烤模式，並再度把碎木片加入木炭中，也要更頻繁地幫薯餅翻面，千萬別燒焦。注意：使用能在高溫（華氏 350 至 400 度／攝氏 177 到 149 度）下炭烤煙燻的燒烤架或炭烤煙燻爐，好比鍋式木炭燒烤架炭火燒烤爐或圓球型燒烤架。

材料

- 2 磅（0.91 公斤）根莖類蔬菜（我偏愛育空黃金馬鈴薯、番薯和胡蘿蔔的組合）
- 1 個中等大小的洋蔥，去皮
- 2 湯匙特級初榨橄欖油，視需要可再多加一些
- 粗鹽（海鹽或猶太鹽）和現磨的黑胡椒
- 2 茶匙西班牙煙燻紅椒粉（可加可不加）
- 1 湯匙奶油

1. 沖洗根莖類蔬菜，再祭出硬刷子去擦一擦搓一搓這些菜，並用紙巾擦乾。我會保持果皮完整無缺，但要修掉蔬菜上面有礙觀瞻的瑕疵，然後將包括洋蔥在內的蔬菜切丁，大小為 ½ 吋（1.3 公分）。

2. 把所有蔬菜放入 10 吋（25.4 公分）鑄鐵煎鍋或包了鋁箔的大型滴油盤，攤鋪成單一層，淋上橄欖油，並攪拌混合，將鹽、胡椒及西班牙煙燻紅椒粉（假如有使用）大量倒進去調味，再度攪拌把它們混合在一起，然後將奶油加進去。

3. 將燒烤架設定為間接燒烤模式，並加熱到中高溫（華氏 400 度／攝氏 204 度），再把放了蔬菜的鑄鐵煎鍋或鋁箔大型滴油盤，移到燒烤架網架上，並遠離燒烤架的火，再將木塊或碎木片擺在木炭上。

4. 把燒烤架蓋起來，開始燻烤薯餅，偶爾要用鉗子翻動薯餅，讓薯餅能均勻受熱，直到薯餅焦焦黃黃的而且酥酥脆脆的，需 40 到 60 分鐘。要是薯餅開始變成乾乾的，請再加一點特級初榨橄欖油。直接用鑄鐵煎鍋或滴油盤上菜。

鮮奶油炭烤煙燻玉米 CREAMED SMOKED CORN

火烤玉米會把玉米裡的天然糖分焦糖化變成咖啡色，而炭烤煙燻玉米則會令這種味道甜甜的蔬菜，散發出我們既熟悉又充滿異國情調的味道；此外像黑啤酒雖苦但適口的滋味，會和玉米的甜味形成對比，這道菜苦中帶甜，滋味妙不可言。

完成分量： 4 至 6 人份

製作方法： 熱燻

準備時間： 30 分鐘

煙燻時間： 30 至 40 分鐘

生火燃料： 硬木皆可／可完成40 分鐘的燻烤過程（6 頁圖表）

其他事項： 倘若用的是冷凍玉米粒，要將它們在大型鋁箔平底鍋中攤開來鋪好。在前面階段就去炭烤煙燻玉米粒、洋蔥和波布拉諾辣椒。如果想要更強烈的煙燻香味，可在出菜之前，先把鮮奶油玉米舀入鑄鐵煎鍋中，送入炭烤煙燻爐中加熱。

材料

準備炭烤煙燻玉米會用到的食材

4 條一整根生的新鮮甜玉米，去外皮並去鬚，或 3 杯冷凍玉米粒，需解凍

1 個小洋蔥，去皮並切成 4 等分

2 湯匙奶油（¼ 條），要熔化的

粗鹽（海鹽或猶太鹽）和現磨的黑胡椒

1 根波布拉諾辣椒（poblano），去梗，縱向切成兩半，並去籽

針對鮮奶油玉米準備材料

1 湯匙奶油

1 湯匙未漂白的中筋麵粉（all-purpose flour）

2 茶匙西班牙煙燻甜紅椒粉

½ 杯黑啤酒

1 到 1½ 杯半對半（half-and-half，一半全脂奶一半鮮奶油）

1 湯匙淺或暗紅糖

1½ 杯大致磨一下的切達起司

1. 按照製造商的說明設定炭烤煙燻爐，並預熱至華氏 225 至 250 度（攝氏 107 至 121 度），根據指示添加木材。

2. 炭烤煙燻蔬菜：在玉米和洋蔥上稍微刷一點奶油，再用鹽和胡椒調味，接著將玉米、洋蔥和波布拉諾辣椒放在炭烤煙燻爐的架子上，炭烤煙燻到呈現出淡淡的古銅色並染上煙燻香氣，需 30 至 40 分鐘。（如果選用冷凍玉米，請參閱其他事項說明。）把這些蔬菜移到砧板上並放涼，將玉米穗上的玉米粒切下來，洋蔥和波布拉諾辣椒則切丁，大小為 ¼ 吋（0.64 公分）。

3. 完成鮮奶油玉米：開中火用大型平底鍋熔化奶油，加入炭烤煙燻玉米、洋蔥和波布拉諾辣椒一起攪拌，煮到這些食材因受熱而嘶嘶作響，需 3 分鐘，再將上述食材倒入麵粉、西班牙煙燻紅椒粉或甜紅椒粉一同攪拌，煮 1 分鐘。接著跟黑啤酒拌在一塊兒，同時提高火力至中高溫，並煮沸 1 分鐘（把酒精煮掉），再跟 1 杯半對半和淺或暗紅糖攪和在一起，煮沸直到整鍋奶油玉米變稠，需 1 分鐘。

4. 降低溫度，轉成小火煨玉米，直到奶油玉米散發出強烈的濃郁香氣，需 5 到 8 分鐘，要經常翻動玉米，再添入起司攪和，並煮得久到能熔化掉起司。如果起司焗鮮奶油玉米目前看起來太稠，可再添加更多的半對半，假如需要，也可加入鹽、胡椒和更多淺或暗紅糖。接著即可上桌。

燒烤洋蔥 BARBECUED ONIONS

完成分量：可作出 4 個燒烤洋蔥

製作方法：熱燻

準備時間：20 分鐘

煙燻時間：2.5 到 3 小時

工具裝置：4 個燒烤鐵扒輪（可用可不用）

生火燃料：硬木皆可／可完成 3 小時的燻烤過程（6 頁圖表）

採買須知：別小看挑洋蔥這個環節，優質洋蔥會讓你上天堂，建議選用維達麗雅甜洋蔥（Vidalia onion）、瓦拉瓦拉甜洋蔥（Walla Walla）、或德克薩斯州甜洋蔥（Texas Sweet）。

其他事項：為了使洋蔥在炭烤煙燻過程中能保持直立狀態，可使用現成的燒烤鐵扒輪、或自己把鋁箔扭一扭揉一揉做成燒烤鐵扒輪，來烹調洋蔥。

如果甜洋蔥裡塞了滿滿的培根、墨西哥辣椒、烤肉醬和起司，聽起來就是天上美味，各位一定會謳歌讚美這道燒烤洋蔥料理！要塞什麼食材進去燒烤洋蔥裡，全由各位自己作主：可以用西班牙喬利佐香腸（chorizo）或其他香腸去代替培根，還有用切丁的醃菜取代墨西哥辣椒，並端出本書中任何一種烤肉醬調味，或試試別的醬料，甚至淋上蜂蜜？在上面撒各式各樣的起司如何？歡迎各位到 barbecuebible.com，與我們分享讓你失心瘋的食材組合。

材料

- 4 個大型甜洋蔥（每個 12 到 14 盎司／0.34 到 0.4 公斤），去皮
- 3 湯匙無鹽奶油
- 4 條手工培根，例如美國紐斯克牌（Nueske's）培根，或參閱 113 頁的 DIY 炭烤煙燻培根去自製培根，橫向切成 ¼ 吋（0.6 公分）的薄片
- 4 根墨西哥辣椒，去籽並切丁（假如要做較辣的洋蔥，就要把辣椒籽留下來）
- ½ 杯烤肉醬（自行挑選喜愛的烤肉醬）
- 半杯磨碎的切達起司或辣椒傑克起司（可加可不加）

1. 拿鋒利的削皮刀，從頂部（跟根部位置相反）開始，在洋蔥身上切一個倒錐形的洞穴，每個洋蔥在頂部的地方要切成寬 2 吋（5.1 公分），再往洋蔥裡面切進去，變成深 2 吋（5.1 公分），（洋蔥最中間的心切出來的樣子，應該長得跟錐形的塞子一樣。）再將切起來的洋蔥繼續切成碎片。

2. 用中型煎鍋熔化 1 湯匙奶油，加入剛剛切碎的洋蔥、培根和墨西哥辣椒，用中火煮，偶爾攪拌，直到煮上色，需 4 分鐘。接著舀一勺總匯餡料，放入每顆洋蔥的洞中，然後將剩下的 2 湯匙奶油分成 4 份，在每個洋蔥上面擺一份奶油。（這個階段的洋蔥可以提前幾個小時準備，排在盤子上，蓋上保鮮膜，再送去冷藏。）

3. 按照製造商的說明設定炭烤煙燻爐，並預熱至華氏 225 至 250 度（攝氏 107 至 121 度），根據指示添加木材。

4. 將這些鑲洋蔥放在燒烤鐵扒輪上或淺淺的鋁箔平底鍋中，炭烤煙燻鑲洋蔥到擠壓洋蔥側邊時，洋蔥會漸漸彎曲或凹進去，需約 2 小時。

5. 將 2 湯匙烤肉醬淋在每個洋蔥上，假如會用到起司，最上面還可以再加放 2 湯匙起司，接著再繼續多花 30 至 60 分鐘去炭烤煙燻這些洋蔥。要測試洋蔥熟了沒時，可以擠壓洋蔥側邊——熟洋蔥的這些地方應該要軟爛細嫩，而且拿金屬串一刺，就能立刻穿透過去。接著將這些燒烤洋蔥移到橢圓形大淺盤或盤子上出菜！

炭烤煙燻蘑菇麵包布丁
SMOKED MUSHROOM BREAD PUDDING

這道料理是我的感恩節火雞餡料，每逢節日就是要吃它才有氛圍，而且它本身還多添加了一道獨特的風味，你猜對了：是木頭燻煙的味道。布利歐和鮮奶油使這道菜口感醇厚，還加了用低溫慢慢將表面煎熟的蘑菇和鼠尾草，使料理多了一股來自大地的秋季風味。（假如要嘗百分之百季節限定風味，就要再加烤栗子。）並且不必把這道料理塞在火雞裡面烤，因為在烤火雞裡面烹調餡料，始終給我火雞和餡料兩邊都不完美的感覺。

材料

- 1 塊或 1 條（1 磅／454 公克）隔夜或保存期限之前且非當天出爐的布利歐，切成 1 吋（2.5 公分）大的方塊（8 至 10 杯）
- 12 盎司（340 公克）綜合口味蘑菇（請參閱採買須知）
- 6 湯匙（¾ 條）無鹽奶油
- 1 把青蔥，修剪後把蔥白和淺綠色的蔥綠切成薄片
- 1 根西洋芹，整理一下後切成段（可加可不加）
- 8 片新鮮的鼠尾草葉，切成薄片

- 1 杯大略切成塊的美國山核桃、或去殼的烤栗子
- ¼ 杯干邑白蘭地或波本威士忌（可加可不加）
- 5 個大型雞蛋（挑有機的）
- 3 杯動物性鮮奶油（慕斯用鮮奶油）
- ¼ 茶匙剛磨碎的肉豆蔻，或按口味添加
- ½ 茶匙粗鹽（海鹽或猶太鹽），或按口味添加
- ½ 茶匙現磨黑胡椒，或按口味添加

1. 將燒烤架設定成間接燒烤模式，並預熱至中等溫度（華氏 350 度／攝氏 177 度）。

2. 將切好的布利歐塊在大型鋁箔平底鍋中鋪成一層，把鍋子擺在燒烤架網架上，離火遠一點並蓋上燒烤架。接著將木塊或一把碎木片加入木炭中，為這道料理製造更多煙燻香氣，接著間接燒烤布利歐，偶爾攪動一下，幫每一塊布利歐平均受熱變成咖啡色，要一直炭烤煙燻到烘烤完成，而且讓金黃與咖啡色交織出全新面貌的布利歐，需約 15 分鐘。接著把這鍋布利歐放在一邊冷卻。

3. 同時，把蘑菇的蒂頭剪掉，假如用了香菇，請拿掉並丟棄蕈柄。用濕紙巾將蘑菇擦乾淨，把大蘑菇切成 ¼ 吋（0.6 公分）的蘑菇片，小蘑菇則取一整個來用。

4. 開中大火，在爐具或燒烤架側 燃燒器上，用鑄鐵煎鍋熔化 3 湯匙奶油，加入青蔥、

完成分量：8 人份

製作方法：燻烤

準備時間：30 分鐘

煙燻時間：1 小時

生火燃料：我偏愛美國山核桃木，不過任何硬木塊或浸泡又瀝乾的碎木片都可／可完成 1 小時的燻烤過程（6 頁圖表）

工具裝置：一個大型鋁箔平底鍋，比方火雞烘烤鍋；12 吋（譯註：約 30.48 公分）鑄鐵煎鍋

採買須知：布利歐是用料豐富的法國奶油加上雞蛋所製成的麵包。我們需要的是口感紮實，不會濕軟又黏糊的麵包。（所以不要挑選當天出爐的布利歐，才會打造出美味渾然天成的炭烤煙燻蘑菇麵包布丁。）也可換成猶太辮子麵包（Challah）。各種蘑菇都很適合這道料理：羊肚菌、雞油菌、牛肝菌、香菇、黑喇叭菌、舞菇，還有在賣場裡到處隨便抓就一大把的鈕扣菇，它又叫作波特菇（cremini mushroom）和洋菇（portobello），這些蘑菇可在全食超市和其他超市買到。

其他事項：可以在炭烤煙燻爐上製作布丁（烹飪時間要多加 1 到 2 小時），但我比較喜歡脆皮布丁，所以我會在鍋式燒烤架上，用高溫去燻烤布丁；而且，這時候也許你的炭烤煙燻爐，已經有火雞在裡面了（159 頁）。

西洋芹（如果用了西洋芹）、鼠尾草之後烹煮，不時攪拌，要煮到呈現金黃咖啡色澤，需 4 分鐘。加入蘑菇和美國山核桃，調升成高溫並時常攪拌，直至呈現焦黃色，蘑菇身上所有水分都蒸發，需 5 分鐘。再加入干邑白蘭地（假如用了干邑白蘭地），煮沸到只剩下 2 湯匙的汁液，需 2 分鐘。完成後要讓蘑菇稍稍冷卻。

5. 將雞蛋打在大碗中，攪動到蛋液滑順，再跟鮮奶油一起攪和，接著與蘑菇總匯拌在一起，再把布利歐塊倒進來混在一起，放入肉豆蔻一塊攪和，並加進鹽和胡椒一起拌，這道料理適合調味重一點。再把這鍋總匯舀回煎鍋中，將剩下的 3 湯匙奶油鋪在上面，並切成薄片。（到這個階段的步驟，先提前幾個小時準備，假如冰箱裡還有位置可以冰，可以用保鮮膜或鋁箔包起來並冷藏，不過要是能現吃現煮，布丁的質感會略勝一籌。）

6. 倘若烘烤過布利歐後，就將燒烤架的火關掉，這時請再次點火燒烤，並設定成間接燒烤模式，同時把燒烤架預熱到華氏 350 度（攝氏 177 度），接著按照製造商說明，將木塊或碎木片加入木炭中。然後蓋上燒烤架並燻烤布丁，燻烤到布丁蓬鬆柔軟，布丁頂部出現焦黃的色澤，而且熟透為止（將烤串插進布丁中間再抽出來時要乾乾淨淨的，不會沾黏到布丁，就代表烤熟了），需約 45 分鐘。

7. 將煎鍋裡的炭烤煙燻蘑菇麵包布丁直接上桌，美哉布丁！美哉感恩節！

自製炭烤煙燻坊豆子 SMOKEHOUSE BEANS

完成分量：6 到 8 人份

製作方法：熱燻

準備時間：20 分鐘

煙燻時間：2 到 2.5 小時

生火燃料：硬木皆可／可完成 2.5 小時的燻烤過程（6 頁圖表）

墨西哥斑豆燉炭烤煙燻肉和辣椒（Frijoles Charros）、烤菜豆（Fèves au lard）。（Charros 是德州的斑豆，Fèves au lard 是法式加拿大烤豆，而地洞烤豆則是在緬因州和新罕布什爾州的地下窯升火加熱煮熟的）。每個不同地區的燒烤文化歷史，都包含了自己獨門的烤豆料理，雖然加入一般的培根或烤肉醬，豆子還是一樣會產生溫和的炭烤煙燻味，但在炭烤煙燻爐裡炭烤煙燻的豆子，才有無可匹敵的炭烤煙燻香氣和質感。

材料

6 條手工培根,例如美國紐斯克牌(Nueske's)培根,或請參閱 113 頁的 DIY 炭烤煙燻培根去自製培根,橫向切成 ¼ 吋(0.6 公分)的薄片

1 個中等大小的洋蔥,去皮並切得碎碎的(約 1½ 杯)

1 根波布拉諾辣椒,去梗去籽並切丁

3 罐(每罐 15 盎司/ 425 公克)煮熟的豆子,瀝乾後沖洗豆子,並再次將水分瀝乾

¼ 杯用力壓實的暗紅糖,可視需要再多加一些

¼ 杯糖蜜,或按口味添加

¼ 杯烤肉醬(挑你喜歡的烤肉醬)

¼ 杯罐頭番茄醬

2 湯匙伍斯特醬

1 湯匙第戎芥末醬

2 湯匙蘋果醋,可根據需要再多補加一點

½ 茶匙炭烤煙燻液體(可用可不用,要是會炭烤煙燻豆子,就不需要添加)

粗鹽(海鹽或猶太鹽)和現磨的黑胡椒

1. 將培根放入大鍋或鑄鐵鍋中,用中火煎煮約 5 分鐘,把油脂逼出來。舀出 2 湯匙培根油脂,並過濾掉其他物質。

2. 將洋蔥和波布拉諾辣椒加入培根中一起煮,要經常攪拌,直至呈現淡褐色,需 5 分鐘。然後再放進豆子、暗紅糖、糖蜜、烤肉醬、罐頭番茄醬、伍斯特醬、第戎芥末醬、醋和炭烤煙燻液體(如果有使用)後統統攪和在一起,接著按口味加入鹽和胡椒調味。

3. 按照製造商的說明設定炭烤煙燻爐,並預熱至華氏 225 至 250 度(攝氏 107 至 121 度),根據指示添加木材。

4. 接著炭烤煙燻這鍋豆子總匯,炭烤煙燻爐不要蓋起來,炭烤煙燻到空氣中瀰漫濃濃香味,需 2 至 2.5 個小時,或根據需要自訂時間,要時時攪拌,讓這鍋總匯均勻受熱。假如豆子總匯開始變乾,請倒入 1 杯水拌一拌,再蓋上大鍋。出菜前先調整味道,按口味加入鹽、暗紅糖和蘋果醋。

採買須知:若為方便起見,可以使用罐裝豆,最好選有機和低鈉豆。我偏愛把大北方白腰豆(Great Northern beans)、紅色的腰豆和黑豆混合使用。

其他事項:想讓豆子風味更上層樓嗎?把「焦肥牛塊」(burnt ends)(請參閱 68 頁的製作花絮)或幾塊帶骨頭的切塊豬排骨〔里肌下的肋排〕跟自製炭烤煙燻豆子一起煮吧!

炭烤煙燻白豆燉肉（素食版）
SMOKED VEGETABLE CASSOULET

完成分量：當主菜為 4 至 6 人份，小菜則為 8 到 10 人份

製作方法：熱燻

準備時間：1 小時

煙燻時間：1 小時

生火燃料：佩利使用的是奧勒岡州特產的榛子殼；佩利也十分喜愛月桂木（我們可以從這種樹上摘到月桂葉）。假如找不到這些木材，可使用榛子木、蘋果木或橡木／可完成 1 小時的燻烤過程（6 頁圖表）

工具裝置：一個 12 吋（30.5 公分）鑄鐵煎鍋（可用可不用）

採買須知：盡可能購買有機、本地栽種或農民市集銷售的蔬菜

其他事項：這道食譜説不定讓你覺得看起來很複雜，但實際上它只是一連串簡單的步驟而已，佩利從零開始炭烤煙燻乾豆——大家只要去讀食譜，就會看到相關作法説明。（在製作素食版白豆燉肉之前，至少前一天就要開始炭烤煙燻豆子。）倘若想在一個下午之內就烹調出白豆燉肉，那就挑品質好的有機低鈉罐裝豆子，15 盎司（425 公克）的豆子需要三罐。

假如是法國人來製作燒烤料理，白豆燉肉（Cassoulet，又名卡酥來砂鍋）會是他們的烤豆料理。想像一下用豬肉、香腸、鵝肉或油封鴨這些豐盛澎湃的食材，還有滿坑滿谷的大蒜，跟豆子一起作成燉菜的美味（有脂肪的肉在冬天會為大家帶來能量。）但假如有人把這道菜改成素菜，法國人肯定會譴責這種想法不過就是有人在找碴，只是千萬別打槍在法國受訓、經營佩利廣場餐廳（Paley's Place）的維塔利・佩利（Vitaly Paley），他是奧勒岡州波特蘭市這家餐廳的開山祖師，走的是前衛創新路線——推出的烤鴨和烤豬肉都是第一把交椅，但他這道營養豐富、吃到撐而且讓人心滿意足的白豆燉肉，裡面不含一絲肉末。甚至炭烤煙燻後的素食版白豆燉肉像原版的一樣肉味十足。最好再搭配像法國隆河谷產區最初階的大區級隆河丘葡萄酒（Côtes du Rhône）一起上桌。

材料

準備蔬菜需要用到的材料

6 到 8 湯匙特級初榨橄欖油

1 磅（454 公克）胡蘿蔔，修一修整理一下後搓刷乾淨，並橫切成 2 吋（5.1 公分）的塊狀

8 個大蒜瓣，去皮

粗鹽（海鹽或猶太鹽）和現磨的黑胡椒

1 顆白色的花椰菜，切成 1 朵 1 吋（2.5 公分）的小花（把中間的菜心丟掉）

1 磅（454 公克）綠色的青花菜或青江菜，要修整一番並橫切成 2 吋（5.1 公分）的小段

2 個紅色或黃色甜椒，或直接湊成一堆來用，去梗去籽後切成 1 吋（2.5 公分）的塊狀

準備乾扁豆需要用到的材料

1 個中等大小的洋蔥，去皮並切得碎碎的

1 根中型的青蔥韭菜，修整後徹底沖洗，蔥白要切碎（假如是從頭開始烹煮乾豆，就要保存青蔥韭菜的蔥綠）

1 根西洋芹並切得碎碎的

2 個大蒜瓣，去皮並切碎

½ 杯不甜的白葡萄酒

3 罐（每瓶 15 盎司）有機低納白豆（最好用白腰豆），瀝乾後沖洗，並再次排乾水分，或先煮熟豆子（請參閱 223 頁）後再將水分清乾

2 到 3 杯蔬菜原汁高湯，可視需要再多加一些

1 罐（8 盎司／0.23 公斤）番茄醬汁（番茄沙司）

2 枝新鮮百里香或 1 茶匙乾燥的百里香

2 片月桂葉

½ 茶匙紅辣椒片，或按口味添加

準備要撒在上面的麵包屑撒料

2 湯匙（¼ 條）奶油或特級初榨橄欖油

2 個大蒜瓣，去皮並切碎

¼ 杯剁碎的新鮮扁葉荷蘭芹

1 杯乾麵包屑（自製的更好）

1. 把蔬菜煮到變咖啡色：轉中大火，在荷蘭鍋、大鍋或鑄鐵煎鍋中，加熱 2 湯匙橄欖油。加入胡蘿蔔和 2 個大蒜瓣，並用鹽和胡椒調味，將這些材料烹飪至淡咖啡色，需 6 至 8 分鐘，再用底部有洞的勺子，將胡蘿蔔和大蒜舀到大碗中，把花椰菜、青花菜和紅黃甜椒三種蔬菜，分別以同樣的方式烹飪到上色，再根據需要，在每一種蔬菜中加入 2 瓣大蒜、鹽和胡椒以及橄欖油。完成後把蔬菜移到有胡蘿蔔的碗中。在鍋裡應該留有約 3 湯匙橄欖油，假如少於 3 湯匙，要再加一到兩湯匙橄欖油。

2. 開始烹調豆子：調中火加熱鍋子中的橄欖油，加入洋蔥、青蔥韭菜、西洋芹和大蒜一起烹調，再用木勺攪拌，直至所有食材轉成焦黃色，需 6 至 8 分鐘。放進不甜的白葡萄酒拌一拌並煮滾，直到酒只剩下 3 湯匙，約 2 分鐘。加進豆子、2 杯原汁高湯、番茄醬汁、百里香、月桂葉和紅辣椒片拌在一起，煮沸，假如這鍋豆子看起來太乾涸（應該是濕潤，但不是湯狀），則要添加更多原汁高湯。

3. 添入剛剛煮到上色的蔬菜一起攪拌並煮沸，按口味加進鹽和胡椒調味，味道應該明顯偏重。到這個階段的步驟可提前一天來準備，只要用蓋子蓋好並冷藏即可。

4. 製作撒在上面的麵包屑撒料：用中大火將鍋中的奶油熔化，加入大蒜和荷蘭芹，煎到香氣飄散，但顏色跟咖啡色還有一段距離，煎 2 分鐘。添進麵包屑一起攪和，煮到略略有點咖啡色，需 2 分鐘，再把麵包屑撒料從爐火移開。

5. 按照製造商的說明設定炭烤煙燻爐，並預熱至華氏 275 度（攝氏 135 度），根據指示添加木材。

6. 在白豆燉肉上撒上麵包屑撒料，再送去炭烤煙燻到麵包屑撒料變成焦黃色，花椰菜和其他蔬菜變軟，豆子在高溫下燙到起泡泡，需 1 小時。各位可以把這道素食版白豆燉肉直接連鍋端上餐桌，將焦酥外皮和餡料舀出來，然後撥開並丟掉月桂葉和百里香枝。

注意事項：我烹調的這道食譜是素食版，但在裡面塞進幾條煙燻培根（切丁並跟胡蘿蔔和大蒜大火快炒），就會堆砌出魅力非凡的葷食版本。

從頭開始煮熟豆子 COOKED BEANS FROM SCRATCH

完成分量：可製作出約5杯熟豆子

這道食譜講究的是純煮豆，要用像白腰豆或海軍豆（navy bean），法國人會加的是塔布豆（Tarbais beans）。可以到普塞爾山農場（Purcell Mountain Farms）（purcellmountainfarms.com）去網購這種食材。

材料

2 杯乾的白腰豆

2 湯匙特級初榨橄欖油

1 個小洋蔥，去皮，切成 4 等分

1 根胡蘿蔔，修整一番並搓洗乾淨，切成 2 吋（5.1 公分）大的塊狀

3 個大蒜瓣，去皮

2 片月桂葉

2 枝新鮮百里香

3 吋（7.6 公分）青蔥韭菜的蔥綠（在素食版白豆燉肉裡有這項食材，220 頁），徹底沖洗

2 夸脫（1.89 公升）蔬菜原汁高湯或水，視需要可再多加一些

1. 炭烤煙燻前一天，先用漏勺沖洗豆子，把小石頭挑出來，再將豆子放入大碗中，加 4 吋（10.1 公分）高的水淹過豆子，讓豆子在冰箱裡泡水到過夜，接著把水倒乾淨。

2. 將豆子放入荷蘭鍋或大鍋內，跟洋蔥、胡蘿蔔和大蒜一起攪拌。把月桂葉和百里香包在青蔥韭菜的蔥綠中，再用粗棉線捆紮成束，加進鍋中，倒入原汁高湯一起攪拌。讓這鍋豆子總匯在高溫下漸漸沸騰，然後把火轉弱，用較低溫煨豆子總匯，並將鍋子蓋起來，直到豆子變嫩、口感細綿，需 1 至 1.5 小時。然後瀝乾豆子，取出並丟掉青蔥韭菜蔥綠束。

兩招教你炭烤煙燻豆腐 SMOKED TOFU TWO WAYS

完成分量：可製作出 1 磅（454 公克），2 或 3 人份

製作方法：熱燻

準備時間：20 分鐘

浸鹽時間：3 小時

煙燻時間：1 到 1.5 小時

生火燃料：硬木皆可／可完成 1.5 小時的燻烤過程（6 頁圖表）

工具裝置：一個大型、堅固耐用且可重複密封的塑膠袋、一個金屬絲網架（可用可不用）

採買須知：老豆腐（Extra firm tofu）最經得起醃製和炭烤煙燻的考驗，它會一直保持最佳狀態。

其他事項：想製作一道燒烤豆腐「牛排」嗎？將炭烤煙燻豆腐拿去凍起來，再沿著水平方向從它的厚度去切片，打造出兩個寬長方形凍豆腐，然後用橄欖油或熔化的奶油去刷凍豆腐每一面，並送凍豆腐去燒烤即可。

平時吃素和素食主義者、喜歡亞洲食物與注重健康養生的人，會主動而不需要特別引誘他們去品嘗豆腐，而下面這道食譜，可以引起其他人的興趣去大啖豆腐：豆腐會像豬肩胛肉或前胸肉牛腩一樣，很容易就吸收香料和炭烤煙燻香味！如果大家不信我，儘管試下面這兩種個炭烤煙燻豆腐料理：一道要像醃豬後腿肉那樣醃製，另一道則要先替豆腐刷上烤肉醬揉搓粉後，再炭烤煙燻豆腐。這兩款豆腐濃濃的炭烤煙燻香會讓各位改變心意、決定奔向豆腐的懷抱！

醃豬後腿肉風味之醃製豆腐
TOFU CURED LIKE HAM

搭配 106 頁的芥末籽魚子醬真是好吃的要命！

材料

1 磅（454 公克）新鮮老豆腐

1 杯熱水

3 湯匙蜂蜜

2 湯匙粗鹽（海鹽或猶太鹽）

2 條檸檬或橘子皮（0.5 吋 ×1.5 吋／1.3×3.8 公分）

2 片月桂葉

3 個多香果莓果

1 茶匙黑胡椒子

1 條肉桂棒（約 2 吋／5.1 公分長）

1 杯冰水

植物油，用於幫金屬絲網架上油

1. 用冷自來水沖洗老豆腐並瀝乾。

2. 將熱水、蜂蜜、鹽、檸檬皮、月桂葉、多香果莓果、胡椒子和肉桂棒放在碗中攪拌，直到蜂蜜和鹽溶解。再加入冰水繼續攪和。

3. 把豆腐放在大型且可重複密封的塑膠袋裡並放在烤盆裡，加入鹵水並密封袋子，放在冰箱裡浸鹽 3 小時，把袋子翻轉幾次，使豆腐能鹽滷均勻。

4. 按照製造商的說明設定炭烤煙燻爐，並預熱至華氏 275 度（攝氏 135 度），幫炭烤煙燻爐的架子塗油，再根據指示添加木材。

5. 用漏勺瀝乾豆腐，丟掉鹵水和調味料，沖洗豆腐並用紙巾擦乾。將豆腐直接放在炭烤煙燻爐的架子上，炭烤煙燻 1 到 1.5 個小時，直到豆腐變成古銅色。

6. 大家可以品嘗熱呼呼的豆腐；或將豆腐移到金屬絲網架上，該架子則放在有邊緣的烤盤上，並把豆腐冷卻至室溫，然後冷藏起來，直到要享用再取出來切片上桌（請參閱注意事項）。

注意事項：炭烤煙燻豆腐質地柔軟，想做出入口香酥的迷人外皮嗎？在熱鍋中加入熔化的奶油或特級初榨橄欖油，把豆腐兩面煎到變成焦黃咖啡色，燒到豆腐兩面都有硬皮為止，每面需燒 2 至 3 分鐘。

燒烤豆腐 BARBECUED TOFU

別搞混了！現在上場的可不是肋排或前胸肉牛腩，而是在加了辣椒粉加紅糖製揉搓粉和烤肉醬後，這道炭烤煙燻豆腐也開始躋身為炭烤煙燻坊裡的固定菜色喔！

材料

植物油，用於幫金屬絲網架上油
1 磅（454 公克）新鮮老豆腐
2 湯匙奶油，要熔化的

約 2 湯匙你喜歡的燒烤料理揉搓粉
¼ 杯讓你喜歡的烤肉醬（可加可不加）

1. 按照製造商的說明設定炭烤煙燻爐，並預熱至華氏 275 度（攝氏 135 度），然後幫炭烤煙燻爐的架子抹植物油，根據指示添加木材。

2. 把豆腐切成 ¾ 吋（1.9 公分）厚的切片，放在金屬絲網架上，再用熔化的黃油刷每片豆腐兩面。然後大膽地用燒烤料理揉搓粉，在豆腐兩面抹它個三百六十五回吧！

3. 把豆腐放在炭烤煙燻爐的架子上，豆腐易碎，所以少動它為妙！將豆腐炭烤煙燻至古銅色，需 1 至 1.5 小時，要是會用到烤肉醬，可以在上菜時，把烤肉醬放在豆腐一旁。（請參閱上面的注意事項）。

炭烤豆腐再兩招
用燒烤架燒烤豆腐

要讓豆腐的炭烤香味指數再破新高嗎？把燒烤架設定為直接燒烤模式並預熱到高溫狀態，再拿油好好妥善刷遍燒烤架網架，（因為豆腐難免會黏在網架上。）然後用烤肉醬刷豆腐正反面，接著將豆腐排在燒烤架上，直接燒烤豆腐到烤肉醬遇熱嘶嘶叫、豆腐變成焦黃色，每面烤 2 分鐘。豆腐上桌時，旁邊可再另外搭配燒烤醬。

用爐灶型炭烤煙燻爐炭烤煙燻豆腐

把豆腐放在爐灶型炭烤煙燻爐或炒菜鍋裡炭烤煙燻，絕對是個好選擇！按照 275 和 276 頁的說明，針對個別爐具來設定炭烤煙燻模式，炭烤煙燻豆腐需約 20 分鐘。

DESSERTS

甜點

這一章會把我們帶到炭烤煙燻世界裡最後極待開發的邊疆：甜點，此話怎講？因為就算各位在鮭魚、前胸肉牛腩和火雞裡，找到了自己拿手的炭烤煙燻領域，可能還是不敢炭烤煙燻甜點；這種喪氣話別告訴麻薩諸塞州劍橋市的奧爾登和哈洛餐廳（Alden & Harlow restaurant）的老闆兼主廚麥可・史席爾佛（Michael Scelfo），因為這位炭烤煙燻甜點天師用了山胡桃木去炭烤煙燻巧克力麵包布丁；還有烤肉料理天王維克多・阿奎因佐尼斯在他的米其林星級阿特克松多餐廳推出煙燻冰淇淋──甚至還搭配了炭烤煙燻蘋果酥！炭烤煙燻能成就大家嘴裡燒烤料理才有的極致鮮味，在本章中，各位則會了解到如何在起司蛋糕、法式焦糖布丁和兩款蘋果甜點上，創造炭烤煙燻的奇蹟。

波本威士忌炭烤煙燻培根蘋果酥
SMOKED BACON-BOURBON APPLE CRISP

完成分量：8 人份

製作方法：燻烤

準備時間：30 分鐘

煙燻時間：45 分鐘至 1 小時

生火燃料：最好的選擇當然是蘋果木／可完成 1 小時的燻烤過程（6 頁圖表）

工具裝置：一支 10 吋（25.4 公分）鑄鐵煎鍋

其他事項：我們可以在傳統炭烤煙燻爐中，用低溫慢火來把蘋果酥烤得香酥味美，不過要是能將溫度升得更高，就可以嘗到無比酥脆的撒料！這道菜非常適合在木炭燒烤架上燻烤。

多年來，我一直在燻烤藍莓和覆盆子奶酥，我甚至在到亞利桑那州的索諾蘭沙漠錄製我的《史上最強燒烤》電視節目時，當場用仙人掌果（cactus pear）炭烤煙燻了一個奶酥。下面是美式經典甜點：蘋果派的炭烤煙燻版本，它的靈感來自於我夏天的避暑聖地，瑪莎葡萄園的海角天涯旅館（Outermost Inn）裡面的一家餐廳。「我認為蘋果派應該走邪惡路線」，這裡以前的主廚暨食譜設計總管麥可・溫克爾曼（Michael Winkelman）語出驚人：「給我培根、給我威士忌、給我炭烤煙燻技術、給我一份讓餐廳座無虛席的甜點！」我要給大家的是溫克爾曼的炭烤煙燻蘋果酥。

材料

準備餡料的材料

2 條手工培根，例如美國紐斯克牌（Nueske's）培根，或請參閱 113 頁的 DIY 炭烤煙燻培根去自製培根，橫向切成 ¼ 吋（0.6 公分）的薄片

3 磅（1.36 公斤）脆脆的香甜蘋果，像脆蜜蘋果（Honeycrisp）或加拉蘋果（Gala）

⅓ 杯用力壓實的淺或暗紅糖，或按口味添加

1½ 湯匙中筋麵粉

1 茶匙磨得細細的檸檬皮

1 茶匙肉桂粉

鹽少許

3 湯匙波本威士忌

準備上面要用的撒料

8 湯匙（1 條）無鹽奶油，切成 1/2 吋（1.3 公分）的塊狀後放入冰箱直到冰冷

½ 杯壓碎的薑餅或穀片

½ 杯中筋麵粉

½ 杯砂糖

½ 杯淺或暗紅糖

鹽少許

煙燻冰淇淋（240 頁，要用香草冰淇淋）或普通香草冰淇淋，是蘋果酥上菜時搭配用的（可用可不用）

1. 把木炭燒烤架設定為間接燒烤（請參閱 262 頁）並預熱至華氏 400 度（攝氏 204 度）。

2. 製作餡料：轉中火，在鑄鐵煎鍋裡煎培根，用底部有洞的勺子攪動培根，直到培根煎得入口酥脆，呈現金黃咖啡色澤，需 4 分鐘。將培根移到大碗裡，把培根油脂倒出來並留作其他用途：不要將鑄鐵煎鍋擦拭乾淨、也不須清洗。

3. 幫蘋果削皮去核並將蘋果切成 1 吋（2.5 公分）的蘋果片，把蘋果片加到培根裡，跟砂糖、淺或暗紅糖、中筋麵粉、檸檬皮、肉桂和鹽攪拌在一起，再跟波本威士忌一塊兒攪和，假如希望這道蘋果百匯餡料偏甜，可視需要加入砂糖、淺或暗紅糖，再將這個蘋果百匯餡料舀入煎鍋中。

4. 製作撒料：將無鹽奶油、薑餅屑、中筋麵粉、白砂糖和淺或暗紅糖及鹽放入食物處理機中，在食物處理機中磨一下，讓所有食材大致上混在一起，食物處理機稍微轉幾下就好，不要讓它拼命運轉。這道撒料應該要鬆鬆散散的，像沙粒一樣碎碎的，接著再把這個撒料灑在蘋果上。

5. 將這道蘋果酥放在燒烤架或炭烤煙燻爐架上，並且離溫度最高的地方愈遠愈好，然後把木頭加到木炭中，接著將燒烤架或炭烤煙燻爐蓋起來，炭烤煙燻到撒料都燻成咖啡色並因為滾燙而冒泡泡，蘋果則已經軟化了（用烤肉串去刺蘋果，應該很容易就能刺穿過去），而且餡料很厚實，這個過程需45 分鐘到 1 小時。

6. 把這道剛出爐、炭烤煙燻得熱呼呼的蘋果酥直接上菜，或更妙的是在上面加上煙燻冰淇淋！

炭烤煙燻巧克力麵包布丁
SMOKED CHOCOLATE BREAD PUDDING

大家可能會百思不得其解，因為在我列出來包羅萬象的炭烤煙燻食物名單中，巧克力竟然從缺？！原因為何？其實巧克力自己的味道已經很強烈，苦苦的、辛香且具有泥土氣息，煙燻味也只能甘拜下風；下面這道巧克力甜點則能讓情勢大逆轉：它是大膽創新的麻薩諸塞州劍橋市奧爾登和哈洛餐廳出品的炭烤煙燻巧克力麵包布丁，老闆兼主廚麥可·史席爾佛獨具匠心，用山核桃木炭烤煙燻出巧克力麵包布丁，絕代美味難以超越！這個故事讓我們學到什麼？假如炭烤煙燻整道甜點的成果，比用同樣的食材單純去製作普通甜點的效果更突出，那就趕緊來試試吧！

材料

1 塊或 1 條（1 磅／ 454 公克）布利歐，並切成每個 1 吋（2.5 公分）大的方塊（約 8 杯）

3 杯動物性鮮奶油（慕斯用鮮奶油）

2 杯全脂鮮乳

1½ 杯糖

鹽少許

1 個香草豆莢（vanilla bean）（可加可不加，假如希望炭烤煙燻味更濃烈，可炭烤煙燻香草豆莢，205 頁）

8 盎司（0.23 公斤）苦甜巧克力，把它們大略切一切

4 個大型雞蛋

2 個大型雞蛋黃

1 茶匙純香草精（假如不用香草豆莢，則為 1½ 茶匙純香草精）

奶油，用於塗抹煎鍋

煙燻冰淇淋（240 頁，要用香草口味的），出菜時加入（可加可不加）

完成分量：8 人份

製作方法：熱燻

準備時間：30 分鐘

煙燻時間：30 到 45 分鐘，依據需要再多加 40 分鐘到 1.5 小時

生火燃料：山胡桃木／可完成 2 小時又 15 分鐘的燻烤過程（6 頁圖表）

工具裝置：一個大型一次性鋁箔平底鍋煎鍋、一只 12 吋（30.5 公分）鑄鐵煎鍋

採買須知：布利歐是用法國奶油搭配大量雞蛋製成的麵包，我們需要那種咬下去質感密實的，不濕軟也不黏的麵包。（不要拿當天出爐的布利歐）也可以用鄉村風格白麵包或猶太辮子麵包（Challah）。還要選用濃郁苦甜巧克力，像 Scharffen Berger 巧克力。

其他事項：請注意這裡的進行二次炭烤煙燻技術——首先在炭烤煙燻爐裡烤布利歐塊，接著把聚集在一起的麵包布丁再一次炭烤煙燻來烹調它。

1. 按照製造商的說明設定炭烤煙燻爐，並預熱至華氏 225 至 250 度（攝氏 107 至 121 度），根據指示添加木材。

2. 將布利歐塊放在鋁箔平底鍋裡，排成單一層，然後放進炭烤煙燻爐裡，偶爾翻動一下，使每一塊布利歐塊都能炭烤煙燻到，烤到口感密實並烤熟，需 30 至 45 分鐘。

3. 同時要製作卡士達：把動物性鮮奶油、牛奶、糖和鹽放在大型平底深鍋裡。如果用了香草豆莢，要從長的那一邊將豆莢切成兩半，然後把香草豆莢的小黑種子刮出來放到奶油總匯裡，接著再將切成半個的香草豆莢都加進大型平底深鍋裡，用中火煮沸，攪拌至糖熔解。把鍋從火上面拿開，將對半切好的香草豆莢統統取出來，各位可以沖洗後弄乾，再度利用這些香草豆莢。在鍋裡放進半個巧克力後，要拌一拌直至巧克力熔化，（要是必須另外熔化巧克力，請將鍋再擺回小火上。）

4. 將雞蛋、蛋黃和香草精（如果用了香草精），放入大型耐熱碗中，攪動至蛋液光滑，再慢慢加到剛剛那鍋熱的奶油總匯卡士達中一起攪和，一點一點地加，以免雞蛋遇熱就凝固了。接著把炭烤煙燻布利歐塊入拌進奶油總匯卡士達裡，直到布利歐塊吸進大部分的卡士達。

5. 用奶油塗煎鍋，再把炭烤煙燻布利歐布丁總匯舀進去煎鍋中，撒上剩下的碎巧克力，用叉子將碎巧克力推到布利歐麵包布丁裡。

6. 將炭烤煙燻爐的高溫增升到華氏 325 度（攝氏 163 度），有些炭烤煙燻爐上不去這種高溫，可以改成調升到華氏 275 度（攝氏 135 度），一直炭烤煙燻到布利歐麵包布丁膨脹起來，頂端烤成焦黃色，而且卡士達凝固定型為止。在較高溫度下，炭烤煙燻需進行 40 至 60 分鐘、在較低溫度下，則需花 1 至 1.5 小時去完成炭烤煙燻。（將金屬串叉插入布丁的中心，一旦卡士達已經凝固定型，此時抽出來的金屬串叉應該乾乾淨淨、不沾黏一點布丁痕跡。）

7. 把熱騰騰出爐的麵包布丁端上餐桌吧！（假如需要，可以跟煙燻冰淇淋加在一起上菜。）

炭烤煙燻法式焦糖布丁 SMOKED FLAN

法式焦糖布丁，也叫 crème caramel，法國、西班牙和拉丁美洲人都說這道卡士達療癒蛋糕甜點是他們發明的。首先把糖製成焦糖後塗在模具表面上，營造出像炭烤煙燻味般的甘苦香氣。可使用隔水燉煮鍋（bain marie）來製作，能讓布丁的卡士達綿密保濕，免得它凝固變質。聽起來有點像法式低溫、慢烤、和煙燻——於是我蠻好奇假如真的在炭烤煙燻爐裡製作會怎麼樣，木頭煙煙肯定勝過焦糖味呀！所以撤下那些水蒸鍋，試試超簡單又美妙的炭烤煙燻法式焦糖布丁吧！

材料

製作焦糖所需材料

1 杯糖

¼ 杯水

製作法式焦糖布丁所需材料

½ 杯糖

3 個大型雞蛋

2 個大型雞蛋黃

鹽少許

1¼ 杯全脂鮮乳

1 杯「半對半」（一半全脂奶，一半鮮奶油）

1 個普通或炭烤煙燻香草豆莢（205 頁），把它切開；或 1 茶匙純香草精

完成分量：6 人份

製作方法：熱燻

準備時間：20 分鐘

煙燻時間：1 到 1¼ 小時

冷卻時間：4 小時或過夜

生火燃料：我特別愛櫻桃木，也可選擇其他果樹木／可完成 1¼ 小時的燻烤過程（6 頁圖表）

工具裝置：6 個製作小蛋糕的模子（直筒型耐熱陶瓷碗），容量為 6 盎司（170 公克）；一個即時讀取溫度計

採買須知：在廚房裡找找可能就已具備所需的一切材料。

其他事項：也可以用一個直徑 8 吋（20.3 公分）的金屬蛋糕烘模，製作一大塊法式焦糖布丁，所需時間會比小的法式焦糖布丁稍久一點。加入炭烤煙燻香草豆莢（205 頁）會增加更多煙燻味。這道食譜只有一件難題：完成後得去清理盛裝的小蛋糕模子。可以將它們浸泡在肥皂水中數小時，再用洗碗盤或爐具用的菜瓜布或鋼絲絨清潔。

1. 製作焦糖：將糖和水放入大型平底深鍋中，蓋上鍋蓋，用高溫烹煮 2 分鐘，掀開鍋蓋並把高溫降至中溫，將鍋搖一搖，使糖能均勻煮成焦黃色，但不要攪拌，並仔細觀察，以免糖燒焦或變得苦澀（這樣就需要重新煮一鍋糖了）。煮到變成糖漿並呈現深金褐色的光采，且出現焦糖化現象，需 4 到 6 分鐘。立即把鍋從火上移開，小心不要讓手沾到熔化的糖。

2. 小心將焦糖倒入製作小蛋糕的模子中，把每個模子都旋轉一圈，讓底部和兩側都沾上焦糖。（請戴燒烤架專用手套來保護自己的手。）完成這個最有難度的步驟就可以稍微喘口氣！讓焦糖變涼到變硬，再把模子放在有邊緣的烤盤上。

3. 製作法式焦糖布丁：將糖、雞蛋、雞蛋黃和鹽放在大型耐熱碗中，攪拌混合在一起，再將牛奶、半對半和香草豆莢（若使用）放進大型平底深鍋中，用中火加熱到食材變得極高溫但非沸騰狀態，然後緩慢地把這鍋熱牛奶拌入剛剛的蛋羹中，一次攪拌一半，最後整個再倒入大型耐熱玻璃量杯中，丟掉香草豆莢（或洗乾淨、拭乾，下回再重新使用），這時可斟酌加入香草精。接著讓這道卡士達稍微冷卻一下，再倒入沾了焦糖的小蛋糕模子裡。

4. 按照製造商的說明設定炭烤煙燻爐，預熱至華氏 225 至 250 度（攝氏 107.22 至 121 度），根據指示添加木材。

5. 將烤盤和小蛋糕模子一起放入炭烤煙燻爐裡，炭烤煙燻到卡士達凝固定型，需 1 至 1¼ 小時。要測試布丁熟了沒，可以戳其中一個小模子，假如會晃動（沒有波紋），就代表它煮熟了，此時即時讀取溫度計上測得的布丁裡面溫度應為華氏 180 度（攝氏 82 度）。

6. 將布丁挪到金屬絲網架上，冷卻至室溫，然後先冷藏至少 4 小時或一整夜。

7. 把布丁從模子卸下時，可拿鋒利的削皮刀，在布丁外圍刮一下，再用盤子貼緊在模子上，倒轉過來並搖動，搖到布丁鬆開滑下來，接著把模子裡殘留的焦糖用湯匙舀出來，淋在炭烤煙燻法式布丁周圍。

炭烤煙燻起司蛋糕 SMOKED CHEESECAKE

你應該已經感受到原來什麼東西都可以拿來炭烤煙燻，但真的有比較好嗎？只有在能為食物加分或變化時，炭烤煙燻才有意義。現在來用起司蛋糕證明吧，這種甜點通常要用一鍋燒開的水去烘烤，以免在煮熟時，甜點裂開或凝固變質。換句話說，就是要低溫、慢烤，換來口感濕潤飽滿的甜點。對我來說，這樣聽起來就應該用加水式炭烤煙燻爐。這樣去炭烤煙燻，會賜予起司蛋糕一種令人魂牽夢縈的味道——熟悉卻充滿異國情調。這道炭烤煙燻起司蛋糕也許將會是你吞過最夢幻的起司蛋糕呢！

完成分量：8 到 10 人份

製作方法：熱燻

準備時間：45 分鐘

煙燻時間：1.5 至 2 小時

冷卻時間：1 小時，或根據需要而訂

生火燃料：味道不刺激的木材會更適合，我偏好蘋果木、桃子木或櫻桃木這類果樹木／可完成 2 小時的燻烤過程（6 頁圖表）

材料

準備酥皮所需材料

植物油，用於幫金屬絲網架上油

12 盎司（340 公克）薑餅（約 36 片）或巧克力冰箱小西餅（chocolate icebox cookies）（約 36 片）

3 湯匙淺紅糖

8 湯匙（1 條）無鹽奶油，要熔化的

準備館料所需材料

4 包（每包 8 盎司／0.23 公斤）奶油起司，溫度等同於室溫

1 杯用力壓實的淺紅糖

2 茶匙純香草精

2 茶匙磨得細細碎碎的檸檬皮

1 湯匙新鮮檸檬汁

2 湯匙（¼ 條）無鹽奶油，要熔化的

5 顆大型雞蛋

焦糖醬（食譜在後面，可加可不加）

工具裝置：一個 10 吋（25.4 公分）脫底模、一個金屬絲網架

採買須知：我們家向來都用有機奶油起司和梅爾檸檬。

其他事項：幫炭烤煙燻起司蛋糕調整風味的方法有好幾種，從打造經典的檸檬香草口味到加入牛奶糖果（butterscotch）或橘子這種水果都可以，無論加了什麼料，開心就好，最大的焦點應該還是炭烤煙燻這件事。

1. 將燒烤架設定為間接燒烤模式並預熱到中高溫（華氏 400 度／攝氏 204 度），或將烤箱預熱至華氏 400 度（攝氏 204 度），用植物油稍微塗一下脫底模（springform pan），並繞著脫底模外面包一片鋁箔。

2. 製作起司蛋糕基底外皮：將餅乾掰成碎末，用食物處理機把紅糖磨成極細粉。我們要用到大約 1¾ 杯餅乾屑，所以將熔化的奶油加到食物處理機裡，快轉一下，即可製造出脆脆碎碎的餅乾團，然後在脫底模的底部和往上到側邊一半的地方，均勻鋪平壓緊這些奶油及餅乾綜合體，接著間接燒烤或烘烤這個起司蛋糕基底外皮，烤到它秀出淡淡的焦黃色澤，需 5 至 8 分鐘。將脫底模移到金屬絲網架上並放冷。

3. 製作起司蛋糕內餡：擦乾食物處理機碗，加入奶油起司、淺紅糖、香草精、檸檬皮、檸檬汁和奶油，然後啟動食物處理器攪拌打勻到所有食材滑順，接著將雞蛋一顆接著一顆放進去，每多加入一顆雞蛋後，就要用食物處理器攪拌打勻到滑順，（也可以使用立式攪拌機，又稱桌上型攪拌機〔stand mixer〕，把這道奶油起司總匯攪拌到滑順細膩，並一次打一粒雞蛋進去。）將這個奶油起司總匯作成的起司蛋糕內餡，倒入起司蛋糕基底外皮裡。輕輕敲幾次流理台上的脫底模，消除裡面的任何氣泡。

4. 按照製造商的說明設定炭烤煙燻爐，並預熱至華氏 225 至 250 度（攝氏 107 至 121 度），根據指示添加木材。

5. 將起司蛋糕放入炭烤煙燻爐中，炭烤煙燻到起司蛋糕最上面變成古銅色，蛋糕內餡凝固定型為止，需 1.5 至 2 小時。為了測試起司蛋糕烤熟了沒，可輕輕戳一下脫底模某一側的起司蛋糕內餡——假如內餡會晃動，而非產生波紋，就表示起司蛋糕已經烤好了，或把一根細長的金屬串叉插入蛋糕的

中心，要是蛋糕熟了，再抽出來的金屬串叉上面應該不留一點蛋糕痕跡。

6. 將脫底模與放在裡面的炭烤煙燻起司蛋糕一整個放在金屬絲網架上，冷卻至室溫，把起司蛋糕冷藏起來，要享用時再取出。炭烤煙燻起司蛋糕可以提前 8 小時製作好，將細長的刀沿著脫底模內側劃下去，即可解開並移除活底可拆式脫底膜圈。（把蛋糕從脫底模裡拿出來之後，再端上餐桌。）讓炭烤煙燻起司蛋糕在室溫下略微回溫後再品嘗。

7. 假若想搭配焦糖醬一起上桌，可淋一些焦糖醬在起司蛋糕上面，其餘的全倒入有柄的大壺中。再把蛋糕切瓣狀，而且不要碰到剩餘的焦糖醬。

再變個花樣

要是希望起司蛋糕帶著熱帶風情，可以用 2 茶匙磨成細細碎碎的新鮮生薑來替代香草精，而檸檬皮材料則換成為萊姆皮，再把萊姆汁和檸檬汁對調使用。

焦糖醬 BURNT SUGAR SAUCE

完成分量：可製作出2杯

打 著燈籠也找不到比焦糖醬更酷的炭烤煙燻起司蛋糕淋醬了！

材料

1½ 杯糖
半杯水

1 杯動物性鮮奶油（慕斯用鮮奶油）
1 茶匙 香草精

1. 將糖和半杯水放入大型平底深鍋中，蓋上鍋蓋，用高溫烹煮 3 分鐘。打開鍋蓋，並把火力降低至中火，將鍋搖一搖，使糖能均勻燒成焦焦黃黃的，但不要攪拌糖，目光要片刻不離，確保糖不會燒焦或變苦澀。（倘若演變成這等局面，只好重新開始煮糖。）煮到變成糖漿並呈現深褐色，並出現焦糖化反應，需 4 到 6 分鐘。接著立即將糖漿搬離爐火，小心雙手別碰到熔化的糖。

2. 往鍋裡加入動物性鮮奶油，這道奶油糖漿總匯會像維蘇威火山一樣噴發——這是正常的。將鍋放回爐火上並攪動奶油糖漿，直到動物性鮮奶油完全跟裡面的材料和在一起，再添入香草一起攪拌。

3. 熱乎乎的奶油糖漿從爐子上拿出來，冷卻至室溫，再把它倒在起司蛋糕上，或盛裝後放在旁邊一起上桌，也可以在出菜時在兩個位置上各放一點點。

炭烤煙燻蘋果 SMOKED APPLES

這是第二種炭烤煙燻蘋果甜點，改版自經典的療癒食物——烤蘋果，炭烤煙燻將層次豐富的焦糖口味加到蘋果原本的天然水果甜味中，加入肉桂棒和烤棉花糖也讓炭烤煙燻蘋果的味道饒富變化，讓你的味蕾展開一場魔幻之旅！尤其還可以搭配煙燻冰淇淋（240頁）或炭烤煙燻打發鮮奶油（203頁），讓這場蘋果盛宴「果」不其然在你的舌尖綻放！

材料

- 6 顆脆蜜蘋果或富士蘋果這類脆脆硬硬、香甜可口的蘋果
- 6 湯匙（¾ 條）無鹽奶油，溫度等同於室溫
- ¼ 杯用力壓實的暗紅糖
- ¼ 杯乾的無核小葡萄乾
- ¼ 杯薑餅屑屑、全麥餅乾（酥餅）屑或磨碎的杏仁
- ½ 茶匙肉桂粉
- ¼ 茶匙現磨肉豆蔻
- 1 茶匙純香草精
- 6 條肉桂棒（每條長 2 到 3 吋／5 到 7.6 公分）
- 3 塊大型棉花糖，往水平方向切成對半（可加可不加）
- 煙燻冰淇淋（240 頁，要選香草口味），或普通的香草冰淇淋，跟這道料理一起端上桌（可加可不加）

1. 按照製造商的說明設定炭烤煙燻爐，並預熱至華氏 275 度（攝氏 135 度）。

2. 幫蘋果去核，但不要把蘋果從頭到尾截斷，這個概念是要在蘋果的身體裡，打造可以鑲餡料的空間。

3. 在中等大小的碗裡打奶油和紅糖，打到蓬鬆，再放進乾的無核小葡萄乾、薑餅屑屑或全麥乾餅（酥餅）屑、肉桂粉、肉豆蔻和香草精一起打，然後把這些餡料平均分配填入 6 顆蘋果裡。將每根肉桂棒直立起來，插進每個蘋果的餡料裡，並把棉花糖（如果有加）放在最上面。

4. 把蘋果放在燒烤鐵扒輪（grill ring）再放在炭烤煙燻爐的架子上，或把蘋果直接放在炭烤煙燻爐的架子上放穩，不會掉下來。炭烤煙燻蘋果到蘋果兩側變軟但不塌陷，需 1 至 1.5 小時。假如棉花糖變得太過焦黃，請用鋁箔將蘋果鬆鬆地蓋起來。如果需要，可以在熱騰騰的炭烤煙燻蘋果上桌時，旁邊加放煙燻冰淇淋。

完成分量：6 人份

製作方法：熱燻

準備時間：30 分鐘

煙燻時間：1 到 1.5 小時

生火燃料：炭烤煙燻蘋果當然使用蘋果木／可完成 1.5 小時的燻烤過程（6 頁圖表）

工具裝置：一個去蘋果核的果實去心器、或雕塑水果造型的挖水果球器、或直刀（固定刀刃）蔬菜削皮器，用於取出蘋果核；燒烤鐵扒輪，讓蘋果在炭烤煙燻時能保持直立（或用揉得皺巴巴的鋁箔來自製燒烤鐵扒輪）

採買須知：挑選像脆蜜蘋果或富士蘋果這類脆脆硬硬、香甜可口的蘋果來製作

其他事項：梨子和榲桲（quince）可以用同樣的方法去鑲填餡料和炭烤煙燻

煙燻冰淇淋 SMOKED ICE CREAM

完成分量：1 夸脫（946 毫升）

製作方法：用燒烤架、炭烤煙燻爐或手持式煙燻器

準備時間：5 分鐘

炭烤時間：在燒烤架上需 6 至 10 分鐘；在偏位式炭烤煙燻爐上需 30 至 45 分鐘；用手持式煙燻器需 15 分鐘

生火燃料：碎木片（未浸泡過）／可完成 5 分鐘的燻烤過程；或挑選硬木鋸木屑／可完成 15 分鐘的燻烤過程

採買須知：放縱你的人生片刻，享受以下讓人充滿幸福感的舒心美味：班傑利冰淇淋（Ben & Jerry's）、哈根達斯冰淇淋（Häagen-Dazs）、桂氏冰淇淋（Graeter's）或塔蘭提冰淇淋（Talenti）。

其他事項：若使用木炭燒烤架或炭烤煙燻爐來製作：在冰淇淋融化之前，要先在火裡添進大量乾燥的碎木片，一眨眼的時間就會產生濃煙。（碎木片在一開始產生燻煙的速度比木塊或原木更快，而乾燥的碎木片又快於潮濕的碎木片。）將冰淇淋放入一碗冰中，以防在煙燻冰淇淋時，冰淇淋就融化了。也可拿手持式煙燻器來製作。

他是燒烤界的科學怪人，他開在西班牙巴斯克地區的米其林星級餐廳西班牙阿特克松多餐廳（Asador Etxebarri），吸引了世界各地最有創新精神的主廚朝聖觀摩，他的名字是維克多·阿奎因佐尼斯（victor Arguinzoniz），所有食物都逃不過維克多掌握燒烤架和炭烤煙燻爐的手掌心！比方「哥哥仔」（kokotxa），它指的是挪威無須鱈（hake）的下顎肉，味道嘗起來像魚，而且跟吞牡蠣一樣會從我們的喉頭滑進喉嚨裡；還有奶油，維克多找來橡樹木去炭烤煙燻奶油，然後把炭烤煙燻奶油抹在烤麵包上。能有比炭烤煙燻麵包更棒的選擇嗎？甚至連牛奶，維克多都不放過，他在烤箱裡燒木頭來炭烤煙燻牛奶，製作出煙燻冰淇淋，這道煙燻冰淇淋就像他餐廳裡的每一道料理一樣，讓人心醉神怡！

煙燻冰淇淋？它感覺上像是最不可能拿去炭烤煙燻的食物；但是用木頭去炭烤煙燻出來的冰淇淋是致命的美味！雖然我們可以從頭開始去炭烤煙燻鮮奶油（203 頁）並拿攪乳器攪製鮮奶油冰淇淋，但有更簡單的辦法：只要用木炭燒烤架或炭烤煙燻爐，或使用手持式煙燻器，如煙燻槍或 100% 主廚公司（100% chef）的阿拉丁（Aladin）飛速炭烤煙燻器，去炭烤煙燻任何你喜歡的市售冰淇淋就行了！煙燻冰淇淋跟 228 頁的波本威士忌炭烤煙燻培根蘋果酥、或和 231 頁的炭烤煙燻巧克力麵包布丁加在一起更合拍！會好吃到連湯匙都要一起吞了！

材料

1 夸脫（946 毫升）最優質的冰淇淋（香草或任何喜愛的口味），要選稍微軟掉一點的

把冰淇淋放在淺碗裡，再收進大型耐熱皿（flameproof bowl），接著送進冷凍櫃裡，直到準備好要煙燻冰淇淋再拿出來。

使用燒烤架：將木炭燒烤架設定為間接燒烤模式，並預熱到中高溫度（華氏 400 度／攝氏 204 度），把冰淇淋放入放滿冰的碗中，接著放在木炭燒烤架上，再將 2 杯未浸泡的碎木片添加到餘燼堆中，蓋上木炭燒烤架並煙燻冰淇淋，直到冰淇淋帶有淡淡的綠鏽燻煙，需 3 到 5 分鐘。再用抹刀把冰淇淋翻個面，接著以同樣的方式煙燻冰淇淋的另一面，然後取出冰淇淋。如果冰淇淋熔化得太厲害，要再度冷凍它。

使用炭烤煙燻爐：按照製造商說明設定炭烤煙燻爐，再把冰淇淋盛在一碗冰上面，再送進炭烤煙燻爐裡。接著將未浸泡的碎木片加入火中，然後如前所述煙燻冰淇淋。時間需要久一點，冰淇淋上才會有一層綠鏽燻煙。

使用手持式煙燻器：將冰淇淋放入大玻璃碗中，用保鮮膜包裹蓋緊碗，某一角不包起來。把冰淇淋碗放在一盤冰上，再按照製造商說明，裝滿木材燃料並點燃手持式煙燻器，然後將煙燻器的軟管插進冰淇淋碗裡，灌入滿滿的燻煙，抽出管子，拿保鮮膜緊緊蓋住碗，讓燻煙浸透冰淇淋 5 分鐘，並重複這些過程一到兩次，或直到冰淇淋飄散著你喜歡的煙燻程度。要是冰淇淋開始融化，請重新冷凍冰淇淋。

COCKTAILS

雞尾酒

從2005年，紐約市牛奶和蜂蜜餐廳（Milk & Honey）的酒保山姆・羅斯（Sam Ross）調製的泥煤威士忌雞尾酒（Penicillin）——成分包括薑、蜂蜜、檸檬和蘇格蘭威士忌，一直到在斯科茨代爾市一家雞尾酒吧裡，我喝到用波本威士忌當主材料的龍的呼吸雞尾酒（Dragon's Breath）（247 頁），它裝在充滿牧豆樹木炭烤煙燻味的白蘭地杯，這是美國人炭烤煙燻雞尾酒的光譜，它們都是用到像煙燻槍或西班牙 100% 主廚公司出品的阿拉丁（Aladin）飛速煙燻器這類靈敏的手持式煙燻器去煙燻雞尾酒；或是靠著添加有炭烤煙燻香氣的烈酒，好比墨西哥梅斯卡爾酒（用燻烤龍舌蘭蒸餾製成）抑或單一麥芽蘇格蘭威士忌（製作方法為用泥煤去炭烤煙燻大麥），間接打造出炭烤煙燻香味。在本章中，各位會學到木頭炭烤燻煙原來會變魔術，能把自己啜飲上百次的雞尾酒變成驚奇的新飲料。把炭烤煙燻雞尾酒想成是可以喝的燒烤料理吧，大家乾杯！

煙燻血腥瑪麗 SMOKY MARY

完成分量：1 人份，可依據需要加倍追加分量

製作方法：使用手持式煙燻器

準備時間：10 分鐘

炭烤時間：8 分鐘，或根據需要自訂時間

生火燃料：1 茶匙橡木或山胡桃木鋸木屑，或視需要自己決定

工具裝置：手持式煙燻器

採買須知：講到哪種番茄汁最好，我最喜歡薩克拉門托番茄汁（Sacramento）。至於梅斯卡爾酒，我偏愛美國德爾·龍舌蘭梅斯卡爾酒釀造工廠（Del Maguey）或美國影子龍舌蘭梅斯卡爾酒（Sombra）。

其他事項：缺手持式煙燻器嗎？就將番茄汁倒入淺鋁箔平底鍋中，按照 203 頁說明，在傳統炭烤煙燻爐中熱燻或冷燻血腥瑪麗也可以。

我用新鮮辣根和是拉差香甜辣椒醬下辛辣猛藥，把傳統版的血腥瑪麗雞尾酒大變身了！多虧了在手持式煙燻器，大家會聞到山核桃木盡情釋放的木頭煙燻香味。我知道這聽起來十分不按牌理出牌，但為了增強煙燻香味，我們可以倒梅斯卡爾酒（它是墨西哥出產的炭烤煙燻仙人掌烈酒）來代替正常版會加的伏特加酒。

材料

- ¾ 杯番茄汁
- 2 盎司（0.06 公升）（4 湯匙）梅斯卡爾酒
- 2 茶匙新鮮檸檬汁
- 1 茶匙現磨或未瀝乾的磨好的辣根的根，即與醋混合的辣根磨碎根，磨好的辣根顏色是白色偏乳白色
- 1 茶匙是拉差香甜辣椒醬或其他辣醬
- 1 茶匙伍斯特醬
- 4 至 6 個冰塊（1 杯，要更強烈的煙燻香味可以用煙燻冰塊，249 頁）
- 1 條是拉差香甜辣椒醬牛肉乾（52 頁）或 1 根西洋芹（取芹菜心那段為佳，而且上面仍要附著葉片）

1. 將番茄汁、梅斯卡爾、檸檬汁、辣根、是拉差香甜辣椒醬和伍斯特醬放入玻璃或金屬雪克杯中，充分搖動混合均勻。

2. 按照製造商說明，在手持式煙燻器裡裝滿生火燃料。

3. 用保鮮膜蓋住雪克杯，某一邊要打開不包起來，接著將軟管插入雪克杯中，軟管要放在血腥瑪麗表面的上方，並點燃手持式煙燻器，灌滿燻煙，然後飛速取出該軟管，並用保鮮膜把雪克杯口密封起來，讓雞尾酒靜置 4 分鐘。接下來再拿吧叉匙，在充滿燻煙的雞尾酒裡攪一攪拌一拌，之後再重複一次以上步驟，或一直重複到雞尾酒的氣味，符合自己理想的程度為止。

4. 將冰塊放入高球杯中，加入血腥瑪麗並攪拌混合，然後在杯裡插入是拉差香甜辣椒醬牛肉乾或西洋芹，即可上桌。

注意事項：有些人對拿調味鹽或香料抹在血腥瑪麗杯邊緣很感興趣，這時可以使用的材料包括芹菜鹽、老海灣綜合調味料，或塔巴斯科辣椒醬鹽（指用艾弗里島〔Avery Island〕鹽和塔巴斯科辣椒醬的紅糟〔lees〕混合而成的鹽）。把鹽和香料在淺盤子裡撒開，將切好的萊姆塗在雞尾酒玻璃杯口邊緣，並將杯口邊緣浸入香料中。將煙燻血腥瑪麗倒入雞尾酒杯中，注意不要碰到這些香料調味料。

煙燻曼哈頓 SMOKED MANHATTAN

完成分量： 1 人份，可按照需要把分量加倍

製作方法： 使用手持式煙燻器

準備時間： 5 分鐘

炭烤時間： 6 到 8 分鐘，或按照需要自訂時間

生火燃料： 1 茶匙橡木或山胡桃木鋸木屑（或根據需要自由決定）

工具裝置： 手持式煙燻器

採購須知： 大家可以選裸麥威士忌或波本威士忌去調製，假如是裸麥威士忌當原料，我偏愛歐豪特裸麥威士忌（Old Overholt）[2]或班頓房（或譯瑞塔豪斯、裡豪）裸麥威士忌（Rittenhouse）[3]；要是用了波本威士忌，最好的選擇是美國肯德基州飛鷹波本威士忌（Eagle Rare）[4]或美國肯德基布蕾特（或譯巴特）波本威士忌（Bulleit）[5]；而威末酒可以使用多林威末酒（Dolin）[6]或安堤卡配方紅威末酒（Carpano Antico）[7]；再來則是櫻桃，選用手工品牌，例如調製勒薩多黑瑪拉斯奇諾櫻桃酒（Luxardo maraschino）會用到的馬拉斯奇諾櫻桃（Maraschino cherry）。

其他事項： 假如想讓炭烤煙燻培根風味在這道煙燻曼哈頓中獨領風騷，相關作法請參閱 **257** 頁的培根波本威士忌。

曼哈頓雞尾酒（Manhattan）[1]是數一數二的北美基本款雞尾酒。沒錯！如你所猜想的，因為有木頭煙燻加持，它的身價變得不可同日而語，更棒的是你可以再加進煙燻冰塊去冰鎮它（請參閱 205 頁）！啜飲一口，就會證明你投資手持式煙燻器去煙燻曼哈頓雞尾酒，這件事絕對是值得的。

材料

- 2 盎司／ 0.06 公升）（4 湯匙）裸麥威士忌
- 1 盎司／ 0.03 公升）（2 湯匙）紅色威末酒
- 4 至 6 個冰塊（1 杯；更多煙燻香味可以選煙燻冰塊，249 頁）
- 幾滴苦精（我偏愛佩肖苦精〔Peychaud bitters〕）
- 1 條橘子皮（0.5 吋 ×1.5 吋／ 1.3×3.8 公分）
- 1 顆馬拉斯奇諾櫻桃（maraschino cherry）（請參閱採買須知）

1. 把雞尾酒杯拿去冰鎮，並按照製造商說明，將鋸木屑裝入手持式煙燻器中。

2. 將裸麥威士忌和紅色威末酒放入玻璃或金屬雪克杯中，再用保鮮膜蓋住，某一側不蓋，再把煙燻器軟管插入雪克杯，軟管要放在酒液表面的上方，點燃煙燻器，把燻煙送到雪克杯裡每個角落。接著飛快拿走軟管，把杯口密封起來。讓雞尾酒靜置 4 分鐘，然後用吧叉匙伸進燻煙裡面和一和，接下來重做一次上述步驟，或一直反覆進行到煙燻香氣達到理想的標準。

3. 加入冰塊並使勁攪拌 30 秒，再把煙燻曼哈頓倒進冰冰的雞尾酒杯裡，接著添加幾滴苦精，然後用橘子皮抹杯口邊緣（用色彩鮮艷的那一面去抹）。接著放入橘子皮和櫻桃，於是這杯煙燻曼哈頓就能端上桌了。

---

1 曼哈頓是一種由威士忌、苦艾酒和調酒用威末酒調製的雞尾酒，再搭配一個有蒂的馬拉斯奇諾櫻桃（Maraschino cherry）。

2 為市面上最常見的一款純裸麥威士忌，歐豪特是美國著名的裸麥威士忌酒商，在第二次世界大戰期間成為美國海軍的最愛。

3 2016 年獲選為美國酒類媒體《Drinks International》「十大暢銷美國威士忌品牌」

4 為美國七大波本威士忌之一。目前飛鷹旗下有兩款產品，除了十年單一統原酒之外，還有十七年單一桶原酒，酒精度都是 45 度。

5 傳承自 1830 年創始者 Tom Bulleit 的精神，布雷特是少見的精品波本威士忌，以 ⅓ 裸麥、⅔ 玉米的比例，使用獨創的酵母發酵出獨特風味，帶有濃厚的裸麥香氣，口感也極為柔和。

6 多林酒廠 1821 年創立於法國尚貝里（Chambery），從 1876 年榮獲第一個國際評比金牌肯定後即開始受到矚目，優異的品質及聲望，使法國政府 1932 年頒布尚貝里為法國唯一的威末酒法定產區（appellation d'origine），而多林更是首屈一指的代表。

7 藥草強度適中，但風格最鮮明，特色強烈，帶有葡萄柚似的苦味。

雞尾酒煙燻好物用具總點名！

這可是千真萬確的！一台手持式煙燻器（請參閱 276 頁）就是調酒師（更不用說那些三句話不離燒烤的人了）的最新獨門武器！而且從布魯克林區到伯克利市（Berkeley），煙燻雞尾酒正在全美最「潮」的酒吧攻城略地，煙燻這項技術為雞尾酒增添了複雜和深不可測的香氣美味，幫雞尾酒錦上添花。

手持式煙燻器有兩種基本款式（它們的煙燻原理類似），也可以在傳統式炭烤煙燻爐炭烤煙燻爐雞尾酒。

一號獨門武器：指的是美國專業科學溫度控制設備公司（Polyscience）出品的煙燻槍，它長得像黑色的塑膠手槍，使用時把硬木鋸木屑放在煙燻室裡，打開電池供電的風扇，用火柴或打火機點燃硬木鋸木屑，燻煙會從橡膠管飄進玻璃杯、雪克杯或大水罐這些幫飲料或食物增添煙燻香味的地方，再用保鮮膜把充滿燻煙的空間蓋起來。視需要重複以上步驟。

二號獨門武器：它是西班牙 100% 主廚公司（100% chef）出品的阿拉丁（Aladin）飛速煙燻器，我知道它看起來像抽大麻用的煙斗，但是它可以製造出芳香的山核桃木或刺鼻的牧豆樹木燻煙。設計成直立式金屬圓筒的它，底部有一個風扇，頂部有一個鋸木屑台，還有一個引導燻煙的彈性橡膠管。阿拉丁飛速煙燻器已經成為酒保與主廚的左右手。按照一號獨門武器的說明內容來操作它。

三號獨門武器：使用傳統的炭烤煙燻爐是：可以選用從 262 頁開始的任何一種炭烤煙燻爐，把水果泥（新鮮的鳳梨效果非常好）倒入鋁箔平底鍋中，水果泥用量要裝到鍋子 ¼ 吋（0.6 公分）深。把該鍋放在裝滿冰的較大鍋裡，冷燻 1.5 至 2 小時或熱燻 30 至 40 分鐘。也可以利用相同的概念去炭烤煙燻威末酒（vermouth）或紅酒。這盤水果泥還沒用到之前要先冷藏起來，在炭烤煙燻後幾個小時內要找機會用它。（注意：可將炭烤煙燻好的水果泥裝在冰塊托盤裡冷凍起來以備使用。）

龍的呼吸 DRAGON'S BREATH

以下這道雞尾酒，採用的是把瀰漫著牧豆樹木燻煙的白蘭地酒杯倒立過來這個方法，去煙燻雞尾酒而成，這樣來形容它一點都不離譜，它是我向亞利桑那州斯科茨代爾市遇到的一位名叫艾勒克斯・卡拉維（Aleks Karavay）的摩爾多瓦共和國調酒師討教來的，當君度橙皮酒（Cointreau）和聖杰曼接骨木花利口酒（St-Germain）一齊發威，甜酸果香滋味你閃都閃不過！「它會攻陷你的心房」，卡拉維語帶肯定，而我則無條件贊同！

材料

- 4 至 6 個冰塊（1 杯，想要更多煙燻香味可以選用煙燻冰塊，249 頁）
- 2 盎司（0.06 公升／4 湯匙）波本威士忌（選你喜歡的）
- 1 茶匙聖杰曼接骨木花利口酒
- 1 茶匙君度橙皮酒（或其他橙味利口酒）
- 1 茶匙單糖漿或炭烤煙燻單糖漿（252 頁注意事項）

完成分量：1 人份，可根據需要加倍追加分份量

製作方法：使用手持式煙燻器

準備時間：5 分鐘

炭烤時間：2 分鐘

生火燃料：1 茶匙牧豆木鋸木屑

工具裝置：手持式煙燻器

採買須知：聖杰曼接骨木花利口酒（St-Germain）就是採用接骨木製成的正統接骨木利口酒。其他異類利口酒則要讓它們安分待在酒吧架子上別動。

1. 按照製造商說明，把鋸木屑裝進手持式煙燻器裡並點火。

2. 把白蘭地杯上下顛倒，再將手持式煙燻器軟管插入白蘭地杯中，把燻煙充填進去，直到白蘭地杯裡滿滿地都是燻煙，無法透視過去為止。接著用杯墊緊扣白蘭地杯去封住燻煙，同時把白蘭地杯翻過來保持直立。

3. 將冰塊放入雪克杯中，添入波本威士忌、聖杰曼接骨木花利口酒、君度橙皮酒、和單糖漿，並疾速攪拌約 20 秒

4. 掀開白蘭地杯，並立即將調製好的雞尾酒倒進去，接著馬上端上餐桌，而且此刻燻煙還會一邊從白蘭地杯裡溢出來。

其他事項：現在的煙燻香還不夠滿足你嗎？選炭烤煙燻單糖漿能讓你滿載而歸（204 頁）！

讓燻煙在你的雞尾酒裡橫行暴走！

把燻煙充填到雞尾酒裡有六大門道：

1. **選用已經炭烤煙燻過的烈酒**：例如蘇格蘭威士忌即具有獨特的煙燻味——那是從蒸餾炭烤煙燻的大麥而得來的；而德國煙燻啤酒（Rauchbier）也是由炭烤煙燻大麥釀製而成。梅斯卡爾酒則由火烤龍舌蘭仙人掌心製成，任選這三種酒調製好的炭烤煙燻雞尾酒，會讓人想不醉不歸！

2. **讓雞尾酒杯裡面布滿燻煙**，也就是將燻煙填充到倒置的雞尾酒杯中，然後在杯口（現在它的方向是朝下的）放一個杯墊把這個出口擋住，將酒杯蓋緊，再把酒杯倒回來直立，封住並讓雞尾酒杯靜置 1 分鐘。接著倒入雞尾酒，並在酒杯仍冒煙時，趁機把這杯雞尾酒送上桌。捧出 247 頁的龍的呼吸時，大家就可以試一試這招。

3. **把燻煙直接導入雞尾酒中**：用雞尾酒杯或雪克杯將飲料摻合在一起，再拿保鮮膜覆蓋住雞尾酒杯或雪克杯開口，一邊要打開不蓋起來。接著按照製造商說明，將硬木鋸木屑裝入手持式煙燻器裡，再來把煙燻器軟管插入杯中，放在飲料上方。點燃煙燻器，並將燻煙注滿雞尾酒杯或雪克杯。取出軟管，再拿保鮮膜封住杯口，靜置 4 分鐘。接著掀開保鮮膜，使用吧叉匙在充滿燻煙的雞尾酒裡攪拌，根據需要可以重複以上步驟，使燻煙香氣符合理想水準。這個方法可運用在 240 頁的煙燻血腥瑪麗上。

4. **一次煙燻滿滿一大整盅雞尾酒**。在有柄的大型玻璃壺或在碗中，將調製雞尾酒的材料全部混合在一起，並用保鮮膜覆蓋住開口，某一邊要打開不蓋起來，再插入手持式煙燻器軟管，軟管要擺在飲料上方，用濃濃的燻煙塞滿內部空間。接著取下軟管，然後用保鮮膜將開口封住，靜置 4 分鐘。接下來再根據需要，把燻煙拌一拌並重複以上步驟，要調製單一種雞尾酒時，這種作法最適合。

5. **去炭烤煙燻雞尾酒的配件行頭**，使用一些炭烤煙燻配菜放在雞尾酒裡，增加煙燻香氣，例如脆皮培根或自製炭烤煙燻是拉差香甜辣椒醬牛肉乾（52 頁），這些配料還能當攪酒棒使用。

6. **煙燻冰塊**：將冰塊放入鋁箔平底鍋中，然後拿去冷燻 1.5 至 2 小時，或熱燻 20 至 30 分鐘（盡可能降低溫度）；可是冰塊不是會熔化嗎？把水裝進冰塊托盤中，再重新拿去冷凍起來吧，這樣就變成煙燻冰塊了！（我這個妙計是從科羅拉多州科泉市的布若德摩爾（Broadmoor）度假中心調酒師那裡拜師學藝來的，我在此地經營燒烤大學。）另一種方式是將冰塊放在碗裡，再把這個有冰塊的碗擱在另一碗冰上面，然後如上述作法，用保鮮膜覆蓋住冰塊碗，啟動手持式煙燻器去煙燻冰塊，必要時重複相同步驟。

炭烤煙燻梅斯卡爾酒 MEZCALINI

把莫希托（mojito）和瑪格麗特（margarita）混在一起就會調製出卡薩瓦哈卡酒店出品的梅斯卡爾酒，像這樣送梅斯卡爾酒去炭烤煙燻，各位就能領悟到何謂香氣芬馥、口感迷人的雞尾酒，更不用說在客人面前亮出手持式煙燻器露一手時，這道炭烤煙燻梅斯卡爾酒馬上就會一舉成名。也許這會是有史以來最提神的解渴雞尾酒（因為裡面加了黃瓜和加州小薄荷 yerba buena）。我在墨西哥中南部這座殖民地城市裡的精緻卡薩瓦哈卡酒店（Casa Oaxaca Hotel）屋頂餐廳中發現了這道炭烤煙燻梅斯卡爾酒。你可能沒辦法重現它的原汁原味——除非你有機會拿到在墨西哥特產的麵包蟲（chinicuiles，炸仙人掌蟲）配炸蚱蜢和蟋蟀這類酒吧點心。當地酒吧將這種麵包蟲（可以把它想成是小小的培根和奶油口味的奇多玉米條）磨碎後，加進鹽和乾辣椒製成揉搓粉，抹在玻璃杯緣；而在美國調製雞尾酒時，玻璃杯緣普遍都抹炭烤煙燻鹽（204 頁）。順便一提，千萬別漏掉卡薩瓦哈卡酒店餐廳的晚餐：主廚亞歷杭德羅·魯伊斯（Alejandro Ruiz）的特製卡薩瓦哈卡招牌佳餚。

材料

- 1 杯梅斯卡爾酒
- 1 杯新鮮萊姆汁（要新鮮的）
- ¾ 杯單糖漿或炭烤煙燻單糖漿（請參閱注意事項）
- 2 湯匙君度橙皮酒（或其他橙味利口酒）
- 1 個中等大小的黃瓜，去皮去籽，切丁切成 ¼ 吋（0.6 公分）大，約 1 杯
- 1 束新鮮加州小薄荷、留蘭香、或辣薄荷，要沖洗、甩乾並分成小枝
- ½ 杯炭烤煙燻鹽（請選值得信任的市售品牌，或按照 204 頁說明自製炭烤煙燻鹽或猶太鹽）
- 1 個切瓣檸檬，用於潤濕雞尾酒杯邊緣
- 6 個巨型超大冰塊（請參閱注意事項）或 18 至 20 個普通或煙燻冰塊（請參閱 249 頁）

1. 將梅斯卡爾酒、萊姆汁、單糖漿和君度橙皮酒擺進有柄的大壺裡攪和在一起，再蓋起來送進冰箱裡，冷藏直到要飲用再取出，大家可以提前幾個小時先把所有材料混合並冰鎮。

2. 在端出雞尾酒前一刻，先將黃瓜與加州小薄荷放入研缽或碗中，用杵或攪拌棒輕輕壓碎，再放到大壺裡攪拌混合。若想調製好梅斯卡爾酒之後，就馬上將酒端上桌，可以將黃瓜和加州小薄荷放入壺中用長柄木勺攪碎。

3. 大家可自由決定是否進行這項步驟——假如希望雞尾酒的煙燻香氣更濃，可使用手持式煙燻器增加煙燻風味：作法是用保鮮膜將上述有柄的大壺蓋起來，某一邊打開不要蓋住。在

完成分量：6 人份

製作方法：使用手持式煙燻器

準備時間：10 分鐘（可以提前完成）

炭烤時間：6 至 8 分鐘（可自由決定時間）

生火燃料：1 茶匙牧豆樹木或橡木鋸木屑，或依照需要準備（可自由決定燃料）

工具裝置：手持式煙燻器（可自由決定煙燻器種類）

採買須知：加州小薄荷（它的西班牙語〔Yerba buena〕字面上的意思是「優良草本植物」）是眾多墨西哥野生草藥中的一種，這些野生草藥是綠色混醬（mole verde）和其他綠色醬料的班底，而加州小薄荷具有鮮明、辛辣、淡雅香醇的味道，就像留蘭香（spearmint）和泰國羅勒（又名泰國神羅勒，Thai basil）的混合品種。可以去墨西哥市場找加州小薄荷。特色上跟加州小薄荷相似的有留蘭香或辣薄荷（peppermint）。

其他事項：梅斯卡爾酒是龍舌蘭酒的炭烤煙燻表弟：龍舌蘭酒是烈酒，產地為墨西哥中部，製作方法是火烤龍舌蘭仙人掌的心。梅斯卡爾酒領導品牌包括美國德爾·梅斯卡爾酒釀造工廠（Del Maguey）、或美國影子（Sombra）和墨西哥蒙特洛博斯（Montelobos）。要是看到那種梅斯卡爾酒瓶裡還有蟲的便宜貨，大家還是敬而遠之吧！

上桌前，先按照製造商説明，將鋸木屑裝入手持式煙燻器裡，再把煙燻器軟管插進壺中，去幫雞尾酒充飽燻煙。接著火速取下軟管，拿保鮮膜密封住大壺，靜置 4 分鐘。然後拿吧叉匙將燻煙攪拌均勻，接下來再重複一次以上過程。

4. 上桌時，可將炭烤煙燻鹽撒在淺碗裡攤開，再把切瓣萊姆拿去潤濕 6 個雞尾酒杯的杯緣，然後將杯緣浸入炭烤煙燻鹽中，再把多餘的鹽甩掉。

5. 在每個雞尾酒杯裡裝 1 個巨型超大或 3 至 4 個普通冰塊，將調酒倒入雞尾酒杯裡，再舀一些黃瓜和加州小薄荷放進酒杯中，注意不要滴在鹽上。

注意事項：巨型超大冰塊妙就妙在它是用龜速在熔化，意思就是如此一來，雞尾酒不太容易會被冰塊稀釋。大家想問球形和立方體冰塊模具哪裡買嗎？在酒吧用品社或威廉－所諾馬公司（Williams-Sonoma）都找得到！

要如何調製單糖漿呢？答案是將等量的糖和水（例如 1 杯對 1 杯）在平底鍋中混合在一起，開大火煮沸，煮到糖漿清澈透明，需 2 至 4 分鐘，然後冷卻至室溫，接著再把糖漿挪到瓶子或罐子中，製作炭烤煙燻單糖漿相關説明可參閲 204 頁。

揭密梅斯卡爾酒

我們大可以説，他是百折不撓的逐夢人——自 1995 年以來，羅恩・庫伯（Ron Cooper）就在瓦哈卡周圍山區的偏遠鄉村周游列「村」，尋找小批手工釀梅斯卡爾酒的蒸餾器。庫伯是住在新墨西哥州陶斯鎮（Taos）的藝術家，但他跨界成為梅斯卡爾酒之光暨美國德爾・龍舌蘭梅斯卡爾酒釀造工廠（Del Maguey）創辦人。他一手扶持瓦哈卡原產的梅斯卡爾酒，讓它從劣等的仙人掌酒，還一度因為酒瓶裡泡了噁心的蟲，像過街老鼠人人喊打，到現在鹹魚翻身，升格為包括東京和紐約各地高檔雞尾酒吧裡佳評如潮的不敗烈酒。

梅斯卡爾酒是一種用火烤龍舌蘭（maguey）（它是龍舌蘭仙人掌 agave cactus 最原始的字）製成的蒸餾烈酒。龍舌蘭需要經過 5 到

15 年才會成熟，收割龍舌蘭時，得持開山刀胼手胝足才能完成，它的產地通常是在陡峭的山坡上，地勢險峻到連驢子也大感吃不消。要是裁掉龍舌蘭尖鋭的葉子一看，龍舌蘭的心長得就像鳳梨一樣——按照當地的説法，這個心是龍舌蘭的鱗莖（piña，西班牙語的菠蘿也是 piña）。要製作一夸脫（946 毫升）的梅斯卡爾酒，必須耗掉 15 到 25 磅（6.80 到 11.34 公斤）的龍舌蘭鱗莖。

德爾・龍舌蘭梅斯卡爾酒釀造工廠出產的梅斯卡爾酒，跟龍舌蘭酒（tequila）或大量生產的梅斯卡爾酒到底有何不同？我在曲折顛簸的泥土路上，一路舟車勞頓 2 個小時，為的就是直闖瓦哈卡州自治區聖卡塔琳娜米納斯（Santa Catarina Minas）的村莊去一探究竟。

路易斯‧卡羅斯‧法斯奎茲（Luis Carlos Vasquez）在一座圓錐形的土墩旁邊迎接我們，這座土墩的外圍被燻得黑黑的，那是木頭燻煙的戰利品——在這座大烤窯（horno）裡，有最新一批龍舌蘭心在燃燒橡樹木的石頭坑中烤了四天。法斯奎茲一臉黝黑，滿面風霜，他的模樣一如我們目睹到的薩巴特克（Zapotec）國王半立體肖像。出身自梅斯卡爾酒世家的法斯奎茲，跟梅斯卡爾酒淵源已久。他的父親洛羅諾‧卡羅斯（Loreano Carlos）是梅斯卡爾酒的傳奇人物，在這條路上幾哩處之隔的地方開了一間釀酒廠。

用「釀酒廠」這個字眼來形容這裡真的言過其實：它就是一個蓋在野外的棚子，地板髒髒的，還搭了波紋狀的鐵皮屋頂。假若各位期待自己觀察到目前行情看漲的梅斯卡爾酒，是從龍舌蘭酒廠的釀酒廠蒸餾器中汨汨流出的，現場的一切會讓各位目瞪口呆，甚至不知所措，因為現實是這裡靠的是竹管滴滴嗒嗒淌下稀薄的液體，那就是他們生產的梅斯卡爾酒。這裡和羅恩‧庫伯的所有釀酒廠一樣，從收割龍舌蘭到建造生火的坑窯，壓碎烤仙人掌的心，當然還有添加燃料燒旺火和操作釀酒道具，一切都是純手工製作。

我們進入釀酒棚時，一名工人把被火烤成焦炭的龍舌蘭鱗莖切成一塊塊拳頭大小，另一位工人則用特大號木杵把它們搗碎成纖維狀的龍舌蘭泥，這是件苦差事——那支杵一定有 40 磅重（18.14 公斤）。在大多數的釀酒廠裡，磨碎龍舌蘭是靠馬匹或騾子轉動石磨完成的，但法斯克茲認為，釀酒場內出現動物，會害梅斯卡爾酒成品飄出一股人人感受得到的臭味。

下一步是發酵：把搗碎的龍舌蘭心用乾草叉挑起來，送進跟人一樣高的木槽裡，它們會在這裡曬大太陽作露天日光浴發酵，要花一週或更長時間，再幫它們鬆鬆地蓋上草蓆。果蠅和蜜蜂放慢速度繞著木槽邊飛邊嗡嗡叫，就是想示威覷覾。

經過發酵之後，就要把甜甜黏黏的龍舌蘭泥移到那些釀酒道具裡，這些道具說不定是北美一

帶最低科技（low-tech）的人工手動蒸餾器。（現在大多數梅斯卡爾釀酒廠都會用銅蒸餾器。）而「鍋爐」則是一個大陶罐，固定水柱量的冷水會往它裡面澆進去，它的上面再擺一個淺粘土碗。梅斯卡爾酒會聚集在該碗的底部，並在這個地方跟經過漏斗那樣流下去，再從竹管注入塑膠製（還用了柳條編織外殼保護著的）瓶頸細細的大肚子酒瓶裡。

第一次蒸餾會產生出有酸味、胡椒狀的液體，這種液體會再進行第二次蒸餾，釀造出約 45% 的酒精。但在法斯奎茲的釀酒棚裡，我們找不到任何一支濕度計或隨便一個科學測量儀器，能取得釀酒的酒心（cut，指第二次蒸餾中間段的產物）（去除前段胡椒狀的「頭」，和後段全都是雜質的「尾」）。找酒心這件事是他們用肉眼打量、鼻子東嗅西嗅，加上出動挑嘴的味蕾試喝來完成的。在法斯奎茲的釀酒棚裡待一小時下來，我衣服上的味道聞起來就像我坐在營火順風處一樣。

傳統上，我們飲用到的梅斯卡爾酒就是它出蒸餾器時的狀態——還沒混合過，也未經存放讓酒的味道變醇釀好喝，同時無添加任何調味料。梅斯卡爾酒是濃烈的瓊漿玉液，味濃芳醇，它把植物糖、礦物質和木頭燻煙的味道全都一網打盡。而這種味道則會因為龍舌蘭品種、微氣候（microclimate）、當地的水，當然鐵定還會受蒸餾酒製造業者的經驗和技術影響而異。正是因為這個原因，自 1995 年創辦自己的公司以來，庫伯即持續專攻某一座村莊的梅斯卡爾酒生產作業，它家的梅斯卡爾酒顯然就是標榜為這種類型，而且找不到任何攙合屬於工業化大量生產的痕跡。

大家老說西班牙人為美洲大陸（New World）的釀酒業寫下歷史新頁，衝著這句話，羅恩‧庫伯一定會強烈表達不滿的。親眼目睹法斯奎茲的釀酒道具完全是用陶罐、木碗和竹管製成的，讓我一下子就感悟到，原來早在西班牙人征服（殖民統治）美洲之前，薩巴特克人就已經是釀酒界的資深老前輩了。

檸檬菲諾雪利酒 LIMONEIRO
生薑加迷迭香佐冰涼梅斯卡爾酒
MEZCAL WINE COOLER WITH GINGER AND ROSEMARY

完成分量：1 人份，可依據需要
將分量加倍

準備時間：5 分鐘

採買須知：大家要選手工品牌的
梅斯卡爾酒，好比德爾‧梅斯卡
爾酒（Del Maguey）或影子梅斯
卡爾酒（Sombra）出產的酒
來調製。

瓦哈卡州洛‧丹賽提斯墨西哥餐廳（Los Danzantes）的酒保丹尼爾‧艾維拉（Daniel Avila）在墨西哥調酒大賽盛宴中勝出，讓他凱旋而歸的就是這道主材料為梅斯卡爾酒的雞尾酒。在這杯酒中，找得到巴西的國寶級雞尾酒卡琵莉亞（caipirinha）的影子，因為艾維拉把切丁萊姆和新鮮的生薑混在一起，然後再加進白葡萄酒、梅斯卡爾酒和迷迭香。另外，還可以做成冰鎮葡萄酒，在炎炎夏日的炭烤煙燻雞尾酒缺它不可！

材料

- 1 個萊姆，切丁切成 ¼ 吋大（0.6 公分），要連皮帶肉一起切
- 1 片（1 吋／2.5 公分）鮮薑，去皮切丁成 ¼ 吋（0.6 公分）
- 2 盎司（56.7 公克）（4 湯匙）梅斯卡爾酒
- 1 盎司（約 0.03 公升）（2 湯匙）不甜的白葡萄酒

- 1 湯匙新鮮萊姆汁
- 1 湯匙單糖漿或炭烤煙燻單糖漿（請參閱 252 頁注意事項）
- 4 至 6 個冰塊（1 杯，要更濃的燻香可以選用煙燻冰塊，請參閱 249 頁）
- 1 大枝迷迭香，當作雞尾酒配菜

將萊姆和鮮薑放入雪克杯最底下，攪拌均勻，再加入梅斯卡爾酒、白葡萄酒、萊姆汁、單糖漿和 ¾ 杯冰塊。劇烈搖晃雪克杯 1 分鐘，再把這杯雞尾酒倒入裝滿冰塊的高球杯中，然後用迷迭香小枝裝飾美化後，即可上桌。

綠色煙霧 GREEN SMOKE

完成分量：4 人份

準備時間：15 分鐘

滿街的人都把義大利青醬搭配墨西哥烈酒，但這是我所知道的唯一雞尾酒，會將新鮮的黏果酸漿（tomatillos，又稱墨西哥酸漿）和炭烤煙燻梅斯卡爾酒混合在一起製成雞尾酒。（出自麻薩諸塞州劍橋市的奧爾登和哈洛時尚餐廳〔Alden & Harlow〕推出的雞尾酒飲品。）黏果酸漿屬於鵝莓種（gooseberry），會散發出芬芳酸味，在水果世界裡，有這種酸味的水果，跟有類似味道的蔬菜一樣多。

材料

- 4 杯普通冰塊或煙燻冰塊（請參閱 249 頁）
- 6 盎司（170 公克）（¾ 杯）梅斯卡爾酒
- 4 盎司（113. 公克）（半杯）黏果酸漿香菜泥（食譜在後面）
- 3 盎司（85 公克）（6 湯匙）新鮮萊姆汁
- 2 盎司（57 公克）（¼ 杯）冠牌瑞典潘趣酒（Kronan Swedish Punsch）
- ⅛ 茶匙粗鹽或細鹽（海鹽或猶太鹽）

把普通冰塊或煙燻冰塊放在有柄的大壺裡，接著將梅斯卡爾酒、黏果酸漿香菜泥、萊姆汁、冠牌瑞典潘趣酒和鹽加進去，賣力攪拌 1 分鐘，然後把這杯雞尾酒倒進又冰又涼的雞尾酒杯裡。

採買須知：該怎麼選擇梅斯卡爾酒？奧爾登和哈洛時尚餐廳挑中的是德爾·梅斯卡爾（Del Maguey）的活力系列梅斯卡爾酒（Del Maguey Vida）；而冠牌瑞典潘趣酒則是產自西印度群島的甘蔗提煉烈酒，熱銷於美國禁酒令之前，目前又捲土重來、人氣不減當年。要是找不到這些酒，可以改成黑蘭姆酒或巴西卡沙夏（Brazilian cachaça）。

其他事項：黏果酸漿原本就會有一層像紙一般的外殼，在黏果酸漿這顆圓形綠色水果的外圍，要用手去把它撕下來丟掉。

黏果酸漿香菜泥 TOMATILLO-CORIANDER PUREE

完成分量：可製作出約 1¼ 杯

這 道食譜製作出的黏果酸漿果菜泥，比製做綠色煙霧所需的果菜泥還多。黏果酸漿非常適合冷凍起來——用冰塊托盤裝好拿去冷凍，這樣隨時都能有 1 盎司（28 公克）的黏果酸漿果菜泥待命。

材料

- ¾ 杯簡單切一下的黏果酸漿（3 或 4 個中等大小的黏果酸漿，要去梗去皮並沖洗）
- ½ 杯糖
- 1 湯匙香菜籽
- ½ 杯水

將黏果酸漿、糖、和香菜籽放入食物處理機和打成泥漿糊狀，接著加水，並快轉一下食物處理機就停。把這道百匯攪到滑順為止，然後拿去冷藏，而且要蓋起來，至少要經過 3 天，或裝在冰塊托盤中冷凍起來。（假如選用冰塊托盤，一凍結之後就要挪到可重複密封的塑膠袋，可保存長達 3 個月）。

培根波本威士忌 BACON BOURBON

這道雞尾酒又再一次體現了大家對培根到底有多狂熱，在我的另一本書《超讚 BBQ 食譜報到！》中已經大篇幅形容過那種空前盛況，更不用說它還很有技巧地把美國人最受歡迎的烈酒變得更大眾化口味。把波本威士忌加進炭烤煙燻培根油脂裡的這個調製法，是芝加哥藝術博物館裡的特索鋼琴餐廳（Terzo Piano）主廚梅根·紐貝克（Megan Neubeck）的嘔心瀝血之作。（這道雞尾酒會散發炭烤煙燻香味都是培根油脂的功勞。）把這個技法，再拿去調製原本就要加波本威士忌當主材料的曼哈頓雞尾酒（Manhatta）和古典雞尾酒（Old Fashioned），真的會讓這兩道雞尾酒酷到最高點！更棒的是用一條條的培根裝飾後再端上桌，保證會現場大暴動！

材料

8 盎司（0.23 公斤）炭烤煙燻培根，橫切成 ¼ 吋（0.6 公分）的薄片

1 瓶（750 毫升）波本威士忌或威士忌（選自己喜歡的）

1. 將培根放在冷的中型煎鍋裡，把煎鍋擺在爐子上並開中火（或放在設定為直接燒烤模式的燒烤架上，並把燒烤架預熱至中高溫，即華氏 400 度／攝氏 204 度）烤培根，要時常用木勺翻動培根，烤到培根泛著褐色光芒，並逼出培根油脂，需 5 分鐘。

2. 把熱燙的煎鍋離開火源，讓煎鍋裡的培根略微冷卻，然後用極細網過濾器，將培根油脂過濾並倒入大型金屬碗中。把培根片保留作其他用途，例如撒在沙拉上，或當魔鬼炭烤煙燻雞蛋的撒料（36 頁）。

3. 將波本威士忌倒入溫熱的培根油脂中攪打混合，並保留酒瓶和瓶蓋。讓波本威士忌培根油脂在室溫下浸漬 2 小時，然後蓋起來，放在冰箱裡過夜。

4. 從冷凍櫃裡取出波本威士忌培根油脂，培根油脂會跑到上面浮在表面上並凝結，把這些油脂撈掉，可以拿它來烹飪燒烤與澆油汁。

5. 在漏斗裡面鋪咖啡濾紙當內襯，再將該漏斗放在波本威士忌酒瓶的瓶頸，接著把培根波本威士忌倒回該瓶中，在貯藏之前先重新把瓶蓋上。這瓶培根波本威士忌可以在室溫下存放幾個星期（但不會像陳年威士忌那樣可以保存那麼久）。

完成分量：可製作出 1 瓶（750 ml）

準備時間：15 分鐘

工具裝置：漏斗、咖啡濾紙

浸漬時間：12 小時

採買須知：芝加哥藝術博物館裡的特索鋼琴餐廳（Terzo Piano）主廚梅根·紐貝克（Megan Neubeck）使用的是芝加哥威士忌品牌科瓦爾（KOVAL）四麥威士忌（KOVAL Four Grain whiskey），其他推薦品牌還有美國美格波本威士忌（Maker's Mark）、留名溪單一酒桶珍稀波本威士忌（Knob Creek）、巴頓單桶原酒波本威士忌（Blanton's）、甚至美國野火雞波本威士忌（Wild Turkey bourbon）、或田納西州威士忌，好比傑克丹尼爾威士忌（Jack Daniel's）。至於培根，最好選用頂級手工培根，例如美國紐斯克牌（Nueske's）培根，或自己動手作培根，製作方法請參閱113頁。

其他事項：假如直接啜飲，培根波本威士忌就是一道烈酒，也可以調配雞尾酒飲用或加進烤肉醬裡。

碧血黃沙雞尾酒 BLOOD AND SAND

完成分量：1 人份，可依據需要把份量倍增

準備時間：5 分鐘

採買須知：血橙從 12 月到 3 月都是當季盛產，在全食超市可以買得到，或可以跟美國梅莉莉莎全球特種作物生產商（Melissa's，網站 melissas.com）網購。

其他事項：單一麥芽蘇格蘭威士忌界有不少好品牌：比方蘇格蘭拉弗格單一純麥威士忌（Laphroaig）和樂加維林格單一純麥威士忌（Lagavulin），這兩款的炭烤煙燻香味最濃。威末酒則推薦多林威末酒（Dolin）或安堤卡配方紅色威末酒（Carpano Antico）；還有希琳櫻桃香甜酒（Cherry Heering），它是十八世紀晚期大名鼎鼎的丹麥蒸餾酒製造業者彼得·亨瑞（Peter Heering）發明的櫻桃利口酒。

炭烤煙燻的世界多采多姿、目不暇給——甚至能讓復古雞尾酒東山再起、復出舞台。碧血黃沙雞尾酒的名字來自 1922 年魯道夫·范倫鐵諾（Rudolph Valentino）主演的鬥牛士電影，碧血黃沙雞尾酒會出現在本書中，是因為它的基底烈酒，也就是單一麥芽蘇格蘭威士忌，是用泥炭去炭烤煙燻的大麥蒸餾而成的。大家免驚，這道酒譜中只淌著一種血液，而且它是來自血橙（blood orange）。它是柑橘類水果，有草莓柑橘的味道。

材料

- 1 顆血橙
- 1 盎司（0.03 公升）（2 湯匙）單一麥芽蘇格蘭威士忌
- 1 盎司（0.03 公升）（2 湯匙）紅色威末酒
- 1 盎司（0.03 公升）（2 湯匙）希琳櫻桃香甜酒
- 4 至 6 個冰塊 1 杯，要更濃的煙燻香味可以選用煙燻冰塊（請參閱 249 頁）

1. 把雞尾酒杯拿去冰鎮起來。

2. 用蔬菜削皮器削掉一條長 1×1.5 吋（2.5×3.8 公分）的血橙皮，放一邊備用。再將血橙橫向切成兩半，然後從剖面各切下 ¼ 吋（0.6 公分）厚的切片。把這片血橙切片上的籽悉數清除，然後沿著血橙切片的半徑，切出一道狹長切口，即可將該血橙切片掛在玻璃杯緣上。把血橙切片放一邊備用。接下來要將剩下的血橙汁搾出來，集中到雪克杯或雞尾酒杯中，必須收集到 1 盎司（0.03 公升）的血橙汁量。

3. 把單一麥芽蘇格蘭威士忌、紅色威末酒、希琳櫻桃香甜酒、和冰塊加進雪克杯中，搖勻後，再倒進冰鎮過的雞尾酒杯裡。拿剛剛削成條狀的血橙皮去擦拭杯緣（用皮有光澤的那一面擦），將血橙切片架在杯緣上。

換算表

請注意，所有換算值皆為約略數字，但單位間換算結果近似正確值，因此實用性頗高。

烤箱溫度

華氏溫度	瓦斯爐具溫度指標	攝氏溫度
250	½	120
275	1	140
300	2	150
325	3	160
350	4	180
375	5	190
400	6	200
425	7	220
450	8	230
475	9	240
500	10	260

注意事項：有風扇輔助烤箱的溫度要再降低攝氏 20 度（華氏 68 度）。

近似的等量單位

1 條奶油 = 8 湯匙 = 4 盎司 = ½ 杯 = 115 公克

1 杯預先篩過的中粉／中筋麵粉 = 4.7 盎司

1 杯砂糖 = 8 盎司 = 220 公克

1 杯（把量杯壓實填滿）糖 = 6 盎司
  = 220 公克至 230 公克

1 杯特級細砂糖 = 4½ 盎司 = 115 公克

1 杯蜂蜜或糖漿 = 12 盎司 = 350 公克

1 杯磨碎的起司 = 4 盎司 = 125 克

1 杯乾豆 = 6 盎司 = 175 克

1 顆大大的蛋 = 約 2 盎司或約 3 湯匙

1 個蛋黃 = 約 1 湯匙

1 個蛋清 = 約 2 湯匙

液體換算

美制	英制	公制
2 湯匙	1 液量盎司	30 毫升
3 湯匙	1½ 液量盎司	45 毫升
¼ 杯	2 液量盎司	60 毫升
⅓ 杯	2½ 液量盎司	75 毫升
⅓ 杯 + 1 湯匙	3 液量盎司	90 毫升
⅓ 杯 + 2 湯匙	3½ 液量盎司	100 毫升
½ 杯	4 液量盎司	125 毫升
⅔ 杯	5 液量盎司	150 毫升
¾ 杯	6 液量盎司	175 毫升
¾ 杯 + 2 湯匙	7 液量盎司	200 毫升
1 杯	8 液量盎司	250 毫升
1 杯 + 2 湯匙	9 液量盎司	275 毫升
1¼ 杯	10 液量盎司	300 毫升
1⅓ 杯	11 液量盎司	325 毫升
1½ 杯	12 液量盎司	350 毫升
1⅔ 杯	13 液量盎司	375 毫升
1¾ 杯	14 液量盎司	400 毫升
1¾ 杯 + 2 湯匙	15 液量盎司	450 毫升
2 杯（1 品脫）	16 液量盎司	500 毫升
2½ 杯	20 液量盎司	600 毫升
3¾ 杯	1½ 品脫	900 毫升
4 杯	1¾ 品脫	1 公升

重量換算

美國／英國	公制	美國／英國	公制
½ 盎司	15 公克	7 盎司	200 公克
1 盎司	30 公克	8 盎司	250 公克
1½ 盎司	45 公克	9 盎司	275 公克
2 盎司	60 公克	10 盎司	300 公克
2½ 盎司	75 公克	11 盎司	325 公克
3 盎司	90 公克	12 盎司	350 公克
3½ 盎司	100 公克	13 盎司	375 公克
4 盎司	125 公克	14 盎司	400 公克
5 盎司	150 公克	15 盎司	450 公克
6 盎司	175 公克	1 磅	500 公克

THE VARIOUS TYPES OF SMOKERS

盤點五花八門的
炭烤煙燻爐

鍋式燒烤架

如果有鍋式燒烤架，就等於已經有炭烤煙燻爐了，木炭是最方便的炭烤煙燻燃料——比瓦斯燒烤架仰賴的丙烷更容易使用。只要將木炭燒烤架設定成間接燒烤模式，在木炭裡添加碎木片或木塊，就可以開始炭烤煙燻了。大家要注意的是：要有高高的、且能百分百密合的鍋蓋，這種木炭燒烤架才適合拿來炭烤煙燻。

優點

* 木炭燒烤架是大家普遍愛用的炭烤煙燻幫手，它的空間運用效率高，而且很平價！（各位說不定已經擁有一個鍋式木炭燒烤架了。）

缺點

* 由於鍋式木炭燒烤架是專為燒烤而設計，因此在較低的溫度下，要維持熱氣一致的難度會更高。

* 烹飪網架較小，一次能炭烤煙燻的肉量也因此受到限制。

木炭燒烤架炭烤秘技

* 將食物放在網架上，再加入碎木片或木塊。假如先把木頭加進去，會先產生刺眼燻煙。

* 用鉗子把木頭加進火裡，輕輕地將木頭放在木炭上，不要亂丟或猛擲，否則會搞得灰燼滿天飛，還把食物撒得「灰」頭土臉。這個黃金法則對任何燒炭式炭烤煙燻爐都適用。

如何使用

在煙囪啟動裝置中點燃炭火，然後把木炭裝入鍋式木炭燒烤架的側籃裡，去進行間接燒烤或燻烤。燻烤（高溫加熱炭烤煙燻）時，會動用到一整座煙囪的木炭；而低溫炭烤煙燻（低溫慢煮）時，則要耗用半個到三分之一座煙囪的點燃木炭（每個側籃大約要 10 個點燃木炭）。冷燻時，要利用燻煙生成器或炭烤煙燻軟管或網狀炭烤煙燻袋。

把包了鋁箔的滴油盤放在炭爐籃之間。

安裝木炭燒烤架的網架。

炭烤煙燻前，先將碎木片浸泡在水中，水要蓋過碎木片。

將泡過水的碎木片加入木炭裡去產生燻煙。沒必要浸泡木塊。

如何使用鍋式燒烤架

要是各位有美國韋伯燒烤架品牌鍋式燒烤架，要再投資一個旋轉烤肉架、慢火串烤架和馬達，這些設備能把這台韋伯鍋式燒烤架變成「炭烤煙燻慢火串烤」燒烤架，結合炭烤煙燻與慢火串烤雙重功能。旋轉烤肉架還能把這台韋伯鍋式燒烤架的蓋子升高好幾吋——這樣能炭烤煙燻一整隻火雞或啤酒罐烤雞！

如何在鍋式燒烤架上慢火串烤炭烤煙燻

把金屬旋轉烤肉架安裝在鍋式燒烤架上。就像要間接燒烤時的準備作業一樣，要把木炭放在兩側煤籃裡。圖中有隻雞正在裝滿蔬菜的滴油盤上方中央慢火串烤。

直立式炭烤煙燻桶
（又名桶型炭烤煙燻爐）

為什麼直立式炭烤煙燻桶會成為美國名列前茅最暢銷的炭烤煙燻爐？是哪一國的熱力學矛盾定律，竟能讓一排排的肋排懸掛在火焰上方2吋（5.1公分）的地方，卻沒燒焦？製造商又有什麼能耐，可以推出這種炭烤煙燻爐和燒烤架一爐兩用的多功能炭烤式直立式炭烤煙燻桶，而且它的一般零售價竟能下殺到低於300美元（台幣9,066元）？

直立式炭烤煙燻桶的本尊是直立式鋼桶，底部有一個木炭籃，食物會以垂直方向炭烤煙燻，並懸掛在橫跨頂部的金屬棒上，空氣則從底部的通風口進入直立式炭烤煙燻桶，且由頂部的小孔排出去。跟燒烤架一樣，直立式炭烤煙燻桶裡面的食物會直接在木炭上炭烤煙燻（不會有水盤當屏障）；此外就像炭烤煙燻爐那樣，直立式炭烤煙燻桶是以密封型設備為運作原理，由加入到木炭中的碎木屑或木塊去產生煙燻，因此，熱氣既是輻射也處於對流狀態，所以在直立式炭烤煙燻桶中炭烤煙燻食物的速度，會比用傳統炭烤煙燻爐快。

優點

- 直立式炭烤煙燻桶價格實在、節省空間、非常容易使用、而且用途廣：能用來炭烤煙燻，烘烤和直接燒烤（直接燒烤時，要取下蓋子）。

- 直立式炭烤煙燻桶封閉的炭烤煙燻室（烹調室）能鎖住水分，裡面的食物以垂直方向放置，有助於排出食物的脂肪。肉汁滴在木炭上時，還會爆發讓人食慾滿滿的香氣。

缺點

- 直立式炭烤煙燻桶的烹調空間相對有限，如此一來把它用在中小型炭烤煙燻同樂會上，會比應付人山人海的大型場面更綽綽有餘。

- 與加水式炭烤煙燻爐或偏位式炭烤煙燻爐相比之下，直立式炭烤煙燻桶產生的炭烤煙燻香味稍微不明顯。

如何使用

把未點燃的木炭裝進煤籃裡，裝到四分之三滿。

把煙囪啟動裝置裡點燃的木炭，倒在未點燃的木炭上方。

在木炭上放一些木塊，來產生燻煙。

煤籃降低到直立式炭烤煙燻桶底部後，即可插入橫桿來掛上食物。

把要炭烤煙燻的食物找一個橫桿掛起來，注意要用有圓孔眼的木柄來抓住熱鉤。

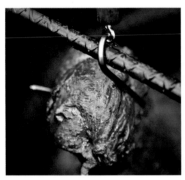

這是在直立式炭烤煙燻桶上才看得到的特色：食物以垂直方向在木炭上炭烤煙燻著，就像在印度的饢坑泥窯（Indian tandoor）裡炭烤煙燻一樣。

小訣竅

- 大多數直立式炭烤煙燻桶都在預定位置設定通風口，在地勢高的地方烹飪和炭烤煙燻時，要把底部的通風口開大一點，讓更多空氣湧入直立式炭烤煙燻桶裡。

- 凡升高溫度時（例如想把雞皮烤得脆脆的、或炭烤煙燻一整塊厚厚前胸肉牛腩，都要加強火力），請將直立式炭烤煙燻桶蓋子半開 ½ 至 1 吋（1.3 至 2.5 公分）。

偏位式炭烤煙燻爐
（又稱鐵桿炭烤煙燻爐或棒形燃燒器）

沒什麼比亮出棒形燃燒器大顯身手，更能證明自己的炭烤煙燻專業了。多年來，這款鐵桿炭烤煙燻爐——它的專有名詞是偏位式炭烤煙燻爐，一直是燒烤巡迴賽參賽隊伍出征時的主力戰將。現在，在在家得寶大賣場（Home Depot）販售偏位式炭烤煙燻爐的廠商紛紛開發相關商品，搶攻美國和歐洲市場大餅，消費者自家後院的炭烤煙燻風景，勢必更加氣象萬千。

相傳是德州和奧克拉荷馬州的油田工人，用油管或鋼桶拼湊出人類史上第一座偏位式炭烤煙燻爐。現代偏位式炭烤煙燻爐則遵循相同的設計——有蓋的水平桶形或箱狀的炭烤煙燻（烹調）室，且有個爐膛跟它連接在一起，而爐膛那一端的位置較低（因此才會命名為「偏位式」），某些機型的爐膛則裝在炭烤煙燻室下方或後面，炭烤煙燻室底部的油脂排出口，會將從食物上流掉的油脂匯集起來送到油脂桶中。

無論爐膛在哪個位置，熱氣和燻煙都會從入口進入炭烤煙燻室，在裡面繞著食物循環，並經由煙囪排出去。這種熱空氣和木頭燻煙流動現象，是偏位式炭烤煙燻爐的獨家特色，它可以把肋骨和豬肩胛肉炭烤煙燻到出現特別酥脆的「外皮」（表面像有層硬殼一樣）和深紅色的煙環。

優點

- 偏位式炭烤煙燻爐要燒真的木頭——體積大的偏位式炭烤煙燻爐要燒原木，小一點的要在木炭餘燼墊底上燒木塊或碎木片；偏位式炭烤煙燻爐裡絕對不能燒木頭顆粒、丙烷或企圖幫偏位式炭烤煙燻爐接電。

- 炭烤煙燻室夠寬敞，可以炭烤煙燻更多的食物——甚至一整隻豬也塞得進去。而且不需要打開炭烤煙燻室來添加木頭，所以絕對不會碰到降溫、熱氣跑掉這類障礙，多虧了偏位式設計，很少會出現過熱這種問題。

- 偏位式炭烤煙燻爐不會發生電路燒毀或需要替換機動零件的麻煩事；但假如把偏位式炭烤煙燻爐丟著，卻沒將它蓋起來，鋼鐵材料還是會生鏽。

缺點

- 即使是中型大小的偏位式炭烤煙燻爐噸位也不小，重達數百磅，要是沒有人手幫忙一起操作，我們還真拿它莫可奈何。偏位式炭烤煙燻爐占用的面積也很大，會把空間有限的人弄得一個頭兩個大。

- 光搬回基本款的偏位式炭烤煙燻爐要砸的錢就相當可觀，設計精良的款式要 1,000 美元。

- 要花 1 小時以上才能讓偏位式炭烤煙燻爐溫度升高，之後還需要不停地跑過來檢查。它不是那種把它設定好後，就能離開不用理它的類型（如果是下班後想要用它來快速完成炭烤煙燻料理，也只是痴人說夢而已），而且需要靠勤加練習操作，才能每次都炭烤煙燻出漂亮的成績單。

- 偏位式炭烤煙燻爐的成效會受風、雨或寒冷天氣影響。

- 現在價位低劣質的偏位式炭烤煙燻爐充斥市面，這些次級品經常出現鉸鏈斷裂、油漆剝落成一片一片、金屬生鏽而且目標溫度難以維持這些事。所以要仔細進行市場調查，可以上網搜尋各家廠牌的評價。

偏位式炭烤煙燻爐炭烤秘技

- 先讓偏位式炭烤煙燻爐運作幾次，把所有工廠機油或保護塗層全部耗散掉，然後再炭烤煙燻第一批食物。

- 請記住：爐膛那一端的炭烤煙燻室溫度會更高，要從前胸肉牛腩或豬肩胛肉等較大、油脂較多的一端對著火開始炭烤煙燻起，每隔一小時左右，把肉烤熱的一端翻轉過去，換成烤冷的那一端，這樣肉就可以每個角落都平均炭烤煙燻到。

- 另一種讓炭烤煙燻食物內部均衡受熱的方法，是採買有逆流技術（reverse flow technology）或對流板（convection plate）的偏位式炭烤煙燻爐，前者會將熱空氣引導至炭烤煙燻室的遠端，然後熱空氣再經由靠近爐膛的煙囪回來；後者則會用到網架下方的大型金屬板（它九成都是有穿孔的），讓炭烤煙燻室內的溫度得以平均，並能保護離火最近的食物都不再被熱氣附身。

- 依照需求採購大小正確的偏位式炭烤煙燻爐：要是每個月都炭烤煙燻一次整隻豬，跟心血來潮突然想要炭烤煙燻肋排或豬肩胛肉，這兩種情況需要的偏位式炭烤煙燻爐截然不同。但訂購比自認要用到的更多的炭烤煙燻爐，會激發自己推陳出新的想像力，讓自己技術更精進！

- 偏位式炭烤煙燻爐金屬愈厚，保溫效果愈好，炭烤煙燻得愈平均：¼吋（0.6 公分）厚的鋼是黃金標準（gold standard）。

- 其他訣竅還包括可以把燒烤架網架放在爐膛上（將偏位式炭烤煙燻爐變成燒烤架）；炭烤煙燻室蓋子重量要平衡，和在偏位式炭烤煙燻爐前面或底部裝工作架。

如何使用

針對較大的偏位式炭烤煙燻爐，可以在爐膛內用木頭生火（請參閱 26 頁），一旦燒出滾燙的餘燼墊底後，即可開始炭烤煙燻，而且要添加原木來產生燻煙；要是偏位式炭烤煙燻爐機型較小，則可在煙囪啟動裝置內點燃木炭，並將餘燼鋪在爐膛底部的木炭架上。只要食物已經放進偏位式炭烤煙燻爐裡，這時就要添入小原木或木塊抑或碎木片（約每小時添加 2 至 4 杯）來製造燻煙，而打開或關閉通風口則可控制熱氣。注意：必須按照製造商的說明來啟用全新的偏位式炭烤煙燻爐。

進氣口和煙囪排氣口應完全打開，並把滿滿一座煙囪的熱煤倒進爐膛裡。

用烤肉鋤頭把煤耙成平平的一層。

在燃燒的木炭上放一些原木。

調整對流板,使流入炭烤煙燻室的熱氣和燻煙是等量的。

好在有熱木炭,原木才能瞬間著火。

利用爐膛外的推桿去移動對流板。

蓋上蓋子(要確保炭烤煙燻室蓋子也已經關閉),並將炭烤煙燻爐預熱至所需溫度(通常為華氏225至275度/攝氏107到135度)。

在炭烤煙燻爐上,切開一排炭烤煙燻好的熟肋排。

陶瓷竈炭烤煙燻爐
(又名竈式炭烤煙燻爐 kamadostyle smoker)

多年來,我形容陶瓷竈炭烤煙燻爐是陶瓷竈愛好者的福音,這些滿腦子都是陶瓷炊具的鐵粉,對美國大綠蛋(Big Green Egg)竈式陶瓷燒烤爐或美國竈耐火烤架燒烤爐與烤箱公司(Kamodo Kamados)這些供應商推出的竈耐火烤架燒烤爐與烤箱無限崇拜迷戀,而且他們滿腔熱忱,向全世界大力鼓吹陶瓷竈有多偉大。事實上,竈式炊具(它的名字源自傳統的日本烤箱)早已風靡全球。大家可以想像一下它的外觀:它是大型的直立式陶瓷蛋或卵形結構體,有個用鉸鏈連接的圓頂形蓋子,燃燒木炭的地方在它的底部(通常要利用木塊或碎木片去補強火勢),並可開關頂部和底部的大型通風口來控制熱氣。

優點

- 具有多重功能:陶瓷竈能充當炭烤煙燻爐,燒烤架和烤箱,陶瓷竈可以炭烤煙燻豬肩胛肉、烤披薩還能燒烤牛排,陶瓷竈無所不能!

- 能精確控制溫度並完美傳導熱能:陶瓷竈的通風和氣流系統可在幾分鐘內,從炭烤煙燻所需的華氏 225 度(攝氏 107 度),立刻爬升到直接燒烤會用到的華氏 700 度(攝氏 371 度)。而且陶瓷竈厚厚的陶瓷壁妙用無窮,因為只要把陶瓷

竈加熱升溫之後，它就能一直保溫——即使在阿拉斯加寒風刺骨的冬天也不例外。

- 節省燃料：陶瓷竈可以正確調節燃料的消耗狀態，有些款式的陶瓷竈燃燒 5 磅（2.27 公斤）重木炭的時間可長達 18 小時，甚至更久。

- 陶瓷竈厚厚粘土牆的保溫和保濕功力一枝獨秀，讓其他燒烤架只能望之興嘆；蓋子和主體之間的氈墊（felt gasket）也有助於鎖住水分。

缺點

- 陶瓷竈的烹飪空間相對較小，例如，大綠蛋竈式陶瓷燒烤爐烹調食物的空間是 262 平方吋（0.17 平方公尺）；相比之下，偏位式炭烤煙燻爐的烹飪空間則超過 1,200 平方吋（0.77 平方公尺），例如地平線炭烤煙燻爐（Horizon Smokers）公司出品的 20 吋（50.8 公分）地平線馬歇爾就是。（注意：超大 XXL 綠蛋烹調食物的空間是 672 平方吋／0.43 平方公尺。）

- 補加燃料需要特別步驟：跟偏位式炭烤煙燻爐或前置式木炭燒烤架不同的是，各位需要把陶瓷竈的網架和在陶瓷竈上的所有食物卸下，有時連散熱器（heat diffuser）也得搬（它是大型陶瓷板，也稱為定板裝置 plate setter），才能補充木炭或碎木片。不過，還好它的設計夠周到，特別是使用氣流調節器（airflow regulator）時（請參閱 268 頁的陶瓷竈炭

烤秘技），不需要拼命一直補加燃料。

- 陶瓷竈的炭烤燻煙香味，不像加水式炭烤煙燻爐或偏位式炭烤煙燻桶的炭烤燻煙香味那樣明顯。

- 陶瓷竈——你的名字就叫「重」：陶瓷竈沈甸甸的，一個大綠蛋竈式陶瓷燒烤爐就重達 162 磅／73 公斤，超大 XXL 大綠蛋竈式陶瓷燒烤爐約 400 磅／181 公斤，運送它們非常費事（儘管如此，也阻擋不了大家就是要把它們扛去車尾 Party 嗨翻天！）。

- 陶瓷竈身價值多少：大台的大綠蛋竈式陶瓷燒烤爐價格是 800 美元起跳，有「綠蛋的窩」之稱的桌子和金屬架則會單獨販售。

如何使用

在陶瓷炊具底部放未點燃的塊狀木炭，並在木炭裡穿插碎木片。

將 1 或 2 個石蠟點火啟動裝置擺在木炭的中央。

在石蠟點火啟動裝置上面疊幾個木炭尖塔。

點燃石蠟點火啟動裝置，火焰會從中心逐漸蔓延到外圍，火勢再一路燃燒碎木片。

安裝陶瓷對流板，以防食物直接被火紋身。

安裝燒烤架網架。

調整頂部通風口來控制氣流,即可控制熱氣。通風口開得愈大,氣流愈多,因而熱氣也會愈旺盛。

調整底部通風口來控制氣流,即可控制熱氣。通風口開得愈小,氣流愈少,因此熱氣也會愈薄弱。

陶瓷竈炭烤祕技

• 直接在陶瓷竈底部點燃木炭,不需要動用到煙囪啟動裝置或燒烤炭專用燃油(lighter fluid),包括燒烤炭專用點火液、和石腦油。

• 要是陶瓷竈非常燙,在完全打開蓋子之前要先「煲」幾下,也就是把蓋子提高十幾公分,去散掉一些熱氣,然後再將蓋子放低,才不會被閃爍的火光炸到自己。

• 為加強控制熱氣,可以投資配有恆溫器的氣流調節器(請參閱 14 頁的溫度和牽引控制器),這款電池供電的設備可從底部通風口調節氣流,讓我們可以把烹飪溫度控制到逼近精準的程度。

加水式炭烤煙燻爐

別看加水式炭烤煙燻爐小小一台,它的功能其實十分強大,而且價格親民。形狀像電影星際大戰裡的機器人R2D2「阿圖」,或直立子彈——它是現在最受歡迎的美國韋伯炭烤煙燻山(Weber Smoky Mountain)炭烤煙燻爐的暱稱。加水式炭烤煙燻爐底部的腳上有一個碗形的金屬爐膛,爐子的頭頂上則有一個圓柱形的炭烤煙燻室,正前方還有一個通道門,方便添加木材和木炭時使用;底部的火和炭烤煙燻室之間則裝了一個大型金屬水碗,在這個水碗上方,有一或多個金屬絲網架,用於放置食物,還有一個圓頂形的蓋子,它能讓熱氣和燻煙不流失。

優點

• 即使在炭烤煙燻12小時之後,加水式炭烤煙燻爐的靈魂——水盤也能讓食物保持濕潤含水。

• 加水式炭烤煙燻爐的三區結構空間,讓我們能毫不費力就把木炭和木頭添加到火中,拿取肉和食物以及清潔加水式炭烤煙燻爐。

• 採用獨特設計和熱能傳導功能,讓炭烤煙燻溫度穩定維持在華氏 225 至 275 度(攝氏107 到 135 度)。

- 占地面積很小（約為鍋式燒烤架的大小），可以解決空間有限，無法放置炭烤煙燻爐的問題，而且大多數加水式炭烤煙燻爐重量不到 50 磅（22.7 公斤），抱它去跑車尾 party 剛剛好！

- 幾乎沒有機動零件，也不用電子設備，所以也不會因為這些機關故障而停擺。定期清潔並保護加水式炭烤煙燻爐不受天候影響而損壞，使用壽命可以長達好幾年！

缺點

- （雖然有些加水式炭烤煙燻爐機型的烹飪空間加倍，因為有上下架子）與偏位式炭烤煙燻爐相比，烹調空間小多了。

- 一旦天氣寒冷、刮風或潮濕，薄型鋼材質結構的加水式炭烤煙燻爐很難維持穩定溫度。

- 加水式炭烤煙燻爐的原理是燒木炭配碎木片、木塊、或添加炭烤煙燻木頭顆粒來製造燻煙的。若堅持只用木頭炭烤煙燻，就選偏位式炭烤煙燻爐。

如何使用

用點燃的木炭填滿爐膛（位於加水式炭烤煙燻爐的底部），注意穿孔的金屬環要圍住木炭。

將炭烤煙燻室（加水式炭烤煙燻爐的中心部分）放在爐膛上面。

安裝水盤。

用至少2吋（5.1公分）深的水填滿水盤。

安裝較低的網架，像這樣的加水式炭烤煙燻爐可以用兩層空間去烹調食物。

安裝上層的網架。

安裝前門面板。

安裝圓頂蓋子。

確定蓋子是貼合的,而且溫度計是朝前面的。

打開前門面板,並將碎木片添加到木炭裡,把碎木片輕輕地放在木炭上,以免激起灰塵滿天飛。

調整頂部和底部通風口來控制熱量,固定都是通風口開得愈大,氣流及熱氣越強。

加水式炭烤煙燻爐秘技

- 把堅固耐用的鋁箔鋪在水碗裡面,以利清理。

- 要每隔一小時左右補充一次木炭和碎木片,如果使用塊狀木炭,請將它直接放入火中,並將通道門打開幾分鐘,使木炭能點燃起來;假若採用炭球,則要在煙囪啟動器點燃它們,然後把點燃的木炭加進火裡。(要是炭球沒點燃,它們會猛竄出刺鼻窒息的燻煙。)

- 根據需要補充水碗中的汁液——隨時都應該至少有 2 吋／5.1 公分深(要補充汁液最簡單的方法,是拿有柄的大壺子把汁液加進去)。添燃料時要加入冷水(把一開始燃燒時發出來的熱降溫),開始烹調食物時就要加熱水(不要讓炭烤煙燻室冷卻)。

- 有時不想在水盤上加汁液——例如想烤脆皮炭烤煙燻雞,或想在較高溫度下炭烤煙燻肉類,例如豬大里肌肉或鴨肉。假若沒有汁液,炭烤煙燻室內的溫度可攀升到華氏 350 度(攝氏 177 度)或更高。

- 一口氣在堆疊起來的架子上烹煮兩種不同的蛋白質食物時,大家想一想有什麼會滴到什麼東西上:雞肉油脂滴在一顆顆馬鈴薯上,或鮭魚油脂也來湊熱鬧,和馬鈴薯打成一片!而鮭魚滴在前胸肉牛腩上的油脂……感覺上可能會少得多。

- 不使用加水式炭烤煙燻爐時,要把它蓋起來,以免被刮花。

瓦斯炭烤煙燻爐／箱式炭烤煙燻爐

以丙烷為燃料的瓦斯炭烤煙燻爐有按鈕式點火和旋轉式旋鈕溫度控制裝置,方便好用,而且只消幾百塊美元就能拎回家,讓你的荷包不必大失血,投資高級機型則要數千塊美元。大家想像一下,金屬箱底部有瓦斯燃燒器／加熱元件,再往上則裝了金屬鍋或托盤,裡面可以擺木塊、碎木片或鋸木屑,它就是瓦斯炭烤煙燻爐的模樣,有些型號還會在裝木塊、碎木片或鋸木屑的托盤上方配有一個水盤,以緩和熱氣並使炭烤煙燻室持續瀰漫水氣。

優點

- 瓦斯炭烤煙燻爐占地面積小——特別是跟偏位式炭烤煙燻爐比較。

- 瓦斯炭烤煙燻爐好攜帶,跟電子炭烤煙燻爐不一樣,不需要電源插座,有些機型會接在 14 盎司(0.4 公斤)的小型金屬容器上運轉,這種容器是用來幫小型發焰裝置(噴燈)加燃料的。

- 瓦斯炭烤煙燻爐的溫度很容易維持下去,而且比我們用燒木材或燒炭式炭烤煙燻爐所費的勁要少得多。

缺點

- 不能燒木材或木炭。

- 瓦斯炭烤煙燻爐內部沒有氣流,而氣流則能讓食物呈現焦酥的外皮(硬殼)。

- 有些市面上隨處可見的瓦斯炭烤煙燻爐品牌,是用薄金屬板魚目混珠作成的劣質品,這些品質很差的東西會漏煙,天氣一冷或狂風陣陣立即不堪一擊、愛動不動的。

如何使用

將碎木片、木頭顆粒或鋸木屑(視規格而定)放在瓦斯炭烤煙燻爐箱子中。

加水到水盤裡。

從點火器去點燃瓦斯炭烤煙燻爐的燃燒器,將恆溫器轉到高溫。

等炭烤煙燻室滿滿地都是燻煙。

炭烤煙燻室內充滿燻煙後,就要將食物——圖中為鮭魚放在冰塊上進行冷燻。

調整頂部通風口,以確保燻煙的流量穩定。

瓦斯炭烤煙燻爐秘技

- 選擇寬或高度都能應付得來的機型，來容納前胸肉牛腩或一整片肋排（說不定肋排需要掛起來）。否則得把這些食材切成一半，但看起來氣勢上就差了一截。

- 炭烤煙燻 24 小時很可能會耗光丙烷，所以一律要準備一個備用的丙烷缸／小型金屬容器來接手。

電子炭烤煙燻爐

如果劈柴、顧火顧到人仰馬翻、每 30 分鐘就衝過來打探炭烤煙燻爐的動靜（甚至在 16 小時的炭烤煙燻馬拉松過程中都無法鬆懈），這些磨鍊對你來說只是芝麻綠豆的輕鬆事，電子炭烤煙燻爐對你來說應該沒什麼吸引力可言，不過按鈕式點火裝置、恆溫控制和電子加熱元件，加上沒有一次不使命必達，能把壓縮鋸木屑製作成的小型圓盤木或木頭刨花，化為教人聞香而來的木頭燻煙，這些條件能讓你一步登天、非常方便，誰想一爭長短也難！精密複雜的電子炭烤煙燻爐機種甚至能讓各位隨心所欲敲定燻煙的溫度和時間，並監測正在炭烤煙燻的食物內部溫度（也就是有警示系統執勤中，肉一炭烤煙燻好就會盡忠職守警訊大作）。

優點

- 方便省事，穩定恆溫。

- 電子炭烤煙燻爐能維持一致低溫，同樣的要求只會為難了燒木材或燒炭式炭烤煙燻爐。

缺點

- 必須守在電源插座附近，這樣才能幫電子炭烤煙燻爐插電。

- 電子炭烤煙燻爐內部氣流有限，少了氣流想讓食物烤出焦酥外皮（硬殼），根本是緣木求魚啊！

- 大多數電子炭烤煙燻爐機型寬度都不合格，無法容納前胸肉牛腩或一整片肋排，搞不好得把這些食材切半。

- 沒有火，炭烤煙燻就像少了點什麼！

電子炭烤煙燻爐秘技

- 要炭烤煙燻肋排或其他慢煮食物嗎？這時假如電子炭烤煙燻爐的最上層有掛鉤，把這些食材擺成垂直方向來炭烤煙燻。

- 有了電子炭烤煙燻爐，想炭烤煙燻培根、肉乾、鮭魚和其他得在低溫下炭烤煙燻的食物，簡直如有神助！

如何使用

組裝電子炭烤煙燻爐，控制器要安裝在炭烤煙燻室上。控制器能讓我們設定溫度、烹飪時間和炭烤煙燻時間。

將壓縮鋸木屑製作成的小型圓盤木／易燃煤球（bisquettes）插入料斗中。

鋸木屑圓盤木順著電子炭烤煙燻爐裡的機關移動時，也會順勢在加熱板上燒起來，接著被丟在水碗中。

調整頂部通風口來控制燻煙流量。

圓球型燒烤架／炭烤煙燻爐

圓球型燒烤架是炭烤煙燻爐市場中，數一數二炙手可熱的商品，具備多重功能（可以同時烤肉、炭烤煙燻、炙烤、烘烤、燉和燒烤）。再來則是設定好後就不用管它，使用起來特別方便。大家可以在腦海中勾勒出標準的偏位式炭烤煙燻爐或瓦斯燒烤架，但側面或後面則安裝了取代爐膛的料斗，那就是圓球型燒烤架的長相，點燃它的燃料是食用級的圓柱形木頭顆粒——每個長約 1 吋（2.5 公分），寬約 ¼ 吋（0.6 公分），是壓縮硬木的鋸木屑製作而成的。

幫圓球型燒烤架插電並開啟數位控制器時，旋轉的螺旋推進器會將木頭顆粒從料斗送到裝有點火棒的燃燒室裡，該點火棒會發出紅光變熱幾分鐘，並點燃木頭顆粒，而鼓風機以及圓球型燒烤架網架下方的金屬板，則會把燃燒木頭顆粒所產生的熱氣和燻煙擴散出去。在溫度較低的情況下（華氏 200 至 250 度／攝氏 93 至 121 度），圓球型燒烤架可當炭烤煙燻爐使用。溫度較高時，圓球型燒烤架的功能會跟戶外烤箱相差不遠。

優點

- 像瓦斯燒烤架一樣，圓球型燒烤架可以超快速預熱——15 到 20 分鐘預熱完畢。有些圓球型燒烤架還可以讓我們用一次加五度的方式去調節溫度，享有如同烤箱般的熱氣控制效果。

- 圓球型燒烤架的結構設計不會發生火焰突然變旺的問題，而且因為圓球型燒烤架就像對流恆溫烤箱一樣，可以想在炭烤煙燻室裡裝多少木材就裝多少，不用擔心出現食材烹調不平均的狀況。

- 圓球型燒烤架可以杜絕食物被過度炭烤煙燻的風險，而且圓球型燒烤架散發的炭烤煙燻香味，比用加水式炭烤煙燻爐或棒形燃燒器（即偏位式炭烤煙燻爐或偏位式炭烤煙燻桶）的炭烤煙燻香味更微妙細緻，需要慢慢細細去體會品味。

- 圓球型燒烤架的尺寸繁多，從家用式的小型機種、到可以容納一整隻豬的營業用尺寸機型，各式各樣應有盡有。

缺點

- 圓球型燒烤架不會散發出加水式炭烤煙燻爐或棒形燃燒器那樣強烈的炭烤煙燻味道。烹飪溫度愈高，圓球型燒烤架產生的燻煙愈少，當溫度低於華氏 250 度（攝氏 121 度）以下時，圓球型燒烤架釋放的炭烤煙燻香味最芬芳濃郁。

- 圓球型燒烤架要插電才能運作，所以必須在靠近電源的地方使用圓球型燒烤架。

- 雖然市售圓球型燒烤架打出「燒烤」功能為特色訴求，但大多數圓球型燒烤架的燒烤成果差強人意，烤肉上的十字交叉線效果也不夠傳神。有些圓球型燒烤架，如美國孟菲斯（Memphis）木材點火式燒烤架公司推出的木材點火式燒烤架，在爐膛上有可移動的金屬板，可以在這款圓球型燒烤架上點燃木材生起明火直接燒烤。

- 任何有機動零件和電子零件的圓球型燒烤架或圓球型炭烤煙燻爐，都會比燒炭式或燒木材炭烤煙燻爐更容易故障。

圓球型燒烤架秘技

- 圓球型燒烤架能燒製出各種各樣的燻煙味道，包括山核桃、胡桃木／長山核桃木、赤楊、牧豆樹木、櫻桃木、蘋果木、楓樹木、波本威士忌等千變萬化的香氣，還可以在幾分鐘內，把味道混搭在一起或改變味道。在正常情況下，把炭烤煙燻模式設定好成每小時燃燒 0.5 磅（0.23 公斤）的木頭顆粒，在較高溫度下則會燃燒 2 磅（0.91 公斤）重的木頭顆粒——天氣冷或雨下不停時會燒得更多。

- 假如暴露在潮濕的環境中，圓球型燒烤架會碎裂甚至解體；倘若居住地點氣候潮濕氣候，各位要將圓球型燒烤架存放在密封的容器中，而且要優先考量放在室內。

- 想讓木頭燻煙香味衝到最高點嗎？可以將硬木塊或用浸泡過的碎木片製成的炭烤煙燻袋，直接放在散熱器板上，就會立刻奏效。

如何使用

圓球型燒烤架的木頭顆粒。

把木頭顆粒倒進料斗裡。

在燃燒室裡燃燒的木頭顆粒，製造了熱氣與燻煙。

- 如果使用的圓球型燒烤架有滴油托盤／散熱器板，請用堅固耐用的鋁箔把這些裝備包起來，以利清理。

- 有些公司好比美國崔格圓球型燒烤架股份有限公司（Traeger Pellet Grills LLC）推出的圓球型燒烤架上，裝了冷燻附加裝置——拿它來冷燻起司或加拿大東南岸新斯科舍省風格的鮭魚，絕對是行家的選擇！

燃木型燒烤架

本節中的大多數炭烤煙燻爐都有蓋子設計，所以罩得住燻煙！但要在打開的燒烤架上炭烤煙燻也無不妥——只要炭烤煙燻爐本身能燃燒木頭就好辦，眼前符合這項條件的，就是阿根廷式燒烤架，它可以在網架下燃燒原木，而且用飛輪即可以升起和降下網架。燃木型燒烤架營造出的燻煙，跟傳統的炭烤煙燻迥然不同，更清澈輕盈、味道更細緻微妙。

優點

- 燃木型燒烤架的強項在於燒烤，所以別讓它英雄無用武之地，快拿它來燒烤牛排、整片豬排和蔬菜吧！而且它能破解溫度熱氣不可太高的限制。

- 不是木材的東西，不能當它的燃料。

缺點

- 燃木型燒烤架結構上沒有蓋子，燻煙會不留情全部散掉。

如何使用

點燃引火物或把木炭集中，讓木頭生起熊熊烈焰，並用飛輪升高或降低網架來控制熱氣。

燃木型燒烤架炭烤秘技

- 假如希望肉有濃厚的炭烤煙燻味，要趁木頭燒得還很旺時開始燒烤；倘若不希望肉的炭烤煙燻味太重，要在放入肉之前，先將原木燒成餘燼。

- 期待煙燻味能久久不散嗎？在燒烤中的牛排或魚上面，放上一個烙餡餅平鍋、或把烤盤倒扣在食物上，抑或搬個金屬炒菜鍋來權充蓋子蓋上去。通常牛排或魚已經烤好了一面，而且也翻面來烤了，才會這樣蓋起來的，因為原本燃木型燒烤架上的煙燻味就會濃得化不開了。

- 在炭烤煙燻面積較大的肉類部位，一般都會採用間接燒烤去烹調，比方牛肋排或豬肩胛肉，最好在燃木型燒烤架的慢火串烤旋轉烤肉架上炭烤煙燻。

爐灶型炭烤煙燻坎具

現在要研究的是室內炭烤煙燻爐，好比美國北歐風器皿餐廚具 365 鍋式燒烤架（Nordic Ware 365 Kettle Smoker），它的運作原理跟中式的炒菜鍋相似；再來則是美國卡梅隆爐灶型炭烤煙燻爐炊具（Camerons Stovetop Smoker cooker）——這個靈敏精巧的簡單裝置，包含底部有附帶一個滴油盤的長方形金屬箱，它的上方有一個食物用金屬線網架和一個能密閉的蓋子，用硬木鋸木屑當燃料，然後拿去爐子上加熱。我往往會用卡梅隆爐灶型炭烤煙燻爐炊具來熱燻煙燻鮭魚。

優點

- 簡單方便，炭烤煙燻效果奇佳，而且沒有機動零件，還能在室內營造出百分之百純硬木燻煙香味。

- 在炭烤煙燻爐的世界裡，是炭烤煙燻小塊食物（像蝦子和蘑菇）的台柱。因為這些食物要是躺在大型戶外炭烤煙燻爐裡，烤一烤就會不見蹤影！

- 作業溫度比大多數戶外炭烤煙燻爐還高，所以炭烤煙燻時間也跟著減少了。

缺點

- 由於體積小，連帶限制了可以炭烤煙燻的食物量，爐灶型炭烤煙燻爐適合炭烤煙燻爐鮭魚、扇貝和雞肉各個小型部位，不過要去炭烤煙燻整排肋排或前胸肉牛腩會顯得牽強。但可以用一大張堅固耐用的鋁箔去蓋住爐灶型炭烤煙燻爐，而不是拿炭烤煙燻爐的蓋子來蓋，這樣即可炭烤煙燻一整隻雞或火雞。

- 操作室內炭烤煙燻爐鐵定會讓廚房籠罩在煙霧中，搞不好還會驚動火災警報器；如果在炭烤煙燻時切斷火災警報器（我不是鼓勵大家效法），記得要在完成炭烤煙燻後**重新接通**！

爐灶型炭烤煙燻爐炭烤秘技

- 爐灶型炭烤煙燻爐用久了，它的蓋子說不定會翹曲，燻煙就會逃走。為了不讓燻煙亂跑，要在爐灶型炭烤煙燻爐上面放置重物，好比像鑄鐵煎鍋。

- 大家要記得，把爐灶型炭烤煙燻爐從烈火上拿下來時，它的底部會燒滾滾的，所以要放在耐熱表面或三腳架上。

如何使用

在爐灶型炭烤煙燻爐的底部放置1到2湯匙硬木屑。

插入滴油盤（內層鋪上鋁箔紙以利清理）和網架（稍微上一點油）。

把食物放在網架上。

關上蓋子，留下1吋（2.5公分）的空隙。將爐灶型炭烤煙燻爐放在燃燒器上，並加熱到看到煙為止（約30秒），然後蓋上蓋子。再把燃燒器調整到所需溫度，炭烤煙燻到食物煮熟。假如食物尺寸較大，說不定會需要補充鋸木屑。

手持式煙燻器

各位有可能已經啜飲過炭烤煙燻雞尾酒了，好比 247 頁的龍的呼吸；說不定也已經在某間餐館裡大啖了上桌時會「騰雲駕霧」的食物，它們罩在充滿燻煙的玻璃鐘罩裡。現在就讓我們就來認識變出這動人一幕的魔法師吧：它就是手持式煙燻器。有一款人氣旺的長得像手槍，還有一種跟抽大麻用的煙斗根本是同一個模子印出來的，這兩樣都會用到燃燒器、鼓風機和橡膠軟管，來幫飲料或食物注入馨香馥郁的木頭煙燻味道，各位絕對會想把手持式煙燻器列進自己的口袋名單裡！

優點

- 手持式煙燻器顧名思義是可以拿在手上的、而且攜帶超方便！讓我們能隨心所欲製造燻煙、命中目標！

- 可彎曲有彈性的橡膠軟管能把燻煙引導到任何地方——甚至是一般跟炭烤煙燻搭不上線的領域，比方蛋黃醬罐和威士忌酒瓶都可以。

- 在手持式煙燻器的攻勢之下，我們可以一路快速冷燻暢行無阻，因為這樣製造出來的燻煙用途並非加熱或煮熟食物。

缺點

- 有了手持式煙燻器這個行頭，要炭烤煙燻小型料理，例如雞尾酒、湯和沙拉就能萬事亨通；但小巧的它來炭烤煙燻大塊肉類會不敷使用。

手持式煙燻器炭烤秘技

- 用透明的玻璃碗或瓶子，才能看得到裡面有多少燻煙。

- 煙燻威士忌或其他烈酒時，瓶子裡不必完全清空，把煙燻器的橡膠軟管插進去，再用保鮮膜密封瓶子，把瓶子晃一晃，將燻煙攪一攪和一和，最後視需要重複上述過程。

- 炭烤煙燻蛋黃醬時，罐子裡不必完全倒空，再如上述過程去煙燻蛋黃醬，接著劇烈搖動或攪動罐子，讓燻煙擴散到每吋空間裡。

- 在燃燒室內裝入硬木鋸木屑，打開鼓風機，拿火柴或打火機瞄準並點燃鋸木屑，燻煙燃起時，再從橡膠軟管把燻煙送到煙燻的任何角落。

- 把想煙燻的食物或飲料，放進用保鮮膜包裹的碗、有柄的大壺或玻璃杯中（這些容器某一邊的保鮮膜要打開不包起來，即可從這裡插入橡膠軟管）。打開風扇，把碗、有柄的大壺或玻璃杯填滿燻煙，並用保鮮膜緊緊蓋住，讓燻煙浸漬這些食物或飲料 4 分鐘。假如煙燻的目標是液體食材，須將燻煙攪拌均勻，品嘗並重複以上步驟 1 或 2 次，或直到燻煙香味達到預期狀態為止。

如何使用

將鋸木屑裝入炭烤煙燻室裡。

點燃鋸木屑。

打開風扇馬達，從橡膠軟管去傳送燻煙。

將軟管插入用保鮮膜蓋住的有柄的大壺或碗中,讓燻煙浸漬雞尾酒3到4分鐘,根據需要攪拌燻煙並重複上述步驟。

炭烤煙燻其他必備裝置

燻煙生成器和燒烤架燻煙推進器

- 美國「煙老爹」股份有限公司（Smoke Daddy Inc. LLC）的產品「煙老爸」（Smoke Daddy）：由炭烤煙燻巨頭丹尼斯・科雷亞（Dennis Correa）設計，這款巧妙的冷煙生成器包含一個直立的金屬圓筒，圓筒底部則有金屬線網（該網的用途為裝碎木片），以及頂部和底部可拆卸的蓋子。將點燃的木炭放入該圓筒中，然後在圓筒裡裝滿未浸泡的碎木片或木頭顆粒、（或另一種方法是取下底蓋，用小型發焰裝置／噴燈從底部點燃木頭。）接著開啟鼓風機馬達，藉由可彎曲有彈性的軟管傳輸燻煙（smokedaddyinc.com）。

- 美國炭烤煙燻坊產品股份有限公司（Smokehouse Products）出品的「煙老大」（Smoke Chief）：它是奧勒岡州胡德河市（Hood River）「小煙老大」（Little Chief）和「大煙老大」（Big Chief Smokers）炭烤煙燻爐製造商推出的電子冷燻生成器。煙老大的使用方法是將木頭顆粒裝進料斗，而電子加熱元件則會點燃這些木頭顆粒，我們再壓下活塞，將木頭顆粒推向點火器。大家請注意：要勤於清理金屬燻煙管（因為它會被焦油淹沒），並搬出清理焦油專用的工具當助手，該工具長相就像螺絲那樣（「煙老大」資訊情報站：smokehouseproducts.com）。

- 炭烤煙燻尖兵 1000（Smokenator 1000）：很多人都是用市占率最高的韋伯鍋式燒烤架，它是炭烤煙燻料理的第一把交椅，但它要保持在華氏 225 度（攝氏 107 度）不變的低溫狀態，也就是沒半點差池的低溫和慢煮環境；所以最好搭配使用「炭烤煙燻尖兵 1000」——它是有一個木炭隔板和一個水盤的不鏽鋼插件，能把韋伯鍋式燒烤架改造成加水式炭烤煙燻爐。它能讓我們只放木炭，而且時間上頂多 6 小時，即可低溫慢煮炭烤煙燻（smokenator.com）。

獨立式炭烤煙燻箱

有不少炭烤煙燻商家會販售各種各樣適用碎木屑和木頭顆粒的不銹鋼、鑄鐵和不沾粘式的炭烤煙燻箱，這些炭烤煙燻箱都跟瓦斯燒烤架是連體嬰。

在網架下層式炭烤煙燻爐箱

- 炭烤煙燻爐友好聯盟品牌的瓦斯燒烤架專屬附木頭顆粒軟管 V 型炭烤煙燻爐箱（Companion Group V-Shaped Gas Grill Smoker Box with Pellet Tube）：此爐箱有製作精巧的細長金屬滑道，可在燒烤過程中，為炭烤煙燻爐補充木頭顆粒，而且不必移開網架（companiongroup.com）。

- 史蒂芬・雷奇藍自有品牌「燒烤最好用」的碎木片專用一次性瓦斯燒烤架炭烤煙燻爐箱：它可以擺在韋伯瓦斯燒烤架的韋伯風味棒（Flavorizer ™ bar）凹槽上當夾層，讓這個本事高強的小玩意兒，給你大大的滿足感吧！（barbecuebible.com）。

- 炭烤煙燻爐友好聯盟品牌的來一杯煙燻器（Smoke in a Cup）：它是專門裝硬木鋸木屑的一次性堅固耐用鋁箔杯。使用時，要把它放在其中一個燃燒器上方的網架下面，讓來一杯煙燻器在高溫下運作到各位能看見燻煙為止，然後調降熱氣高溫（companiongroup.com）。

在網架上層式炭烤煙燻爐器

- A- 矩陣式 -N 軟管煙燻器（A-Maze-N Tube Smoker）：它的使用方法是把硬木顆粒裝滿穿孔的金屬軟管裡，點燃金屬軟管一端的硬木顆粒（利用小型發焰裝置／噴燈點火），放置在食物旁邊；硬木顆粒燒到金屬軟管另一端時，硬木顆粒會冒煙。市面上有 6、12 和 18 吋三種款式，都可以製造燻煙長達 6 小時，它跟瓦斯燒烤架是一體的，用途上則是熱與冷燻皆可，並能增加圓球型燒烤架的燻煙量。A- 矩陣式 -N 公司還生產了金屬網矩陣式炭烤煙燻爐，專燒硬木鋸木屑或顆粒，讓你冷燻必勝！（amazenproducts.com）。

- 莫的食品公司（Mo's Food Products LLC）出品的莫的煙燻袋（Mo's Smoking Pouch）：它是金屬網袋，可以裝填碎木片或木頭顆粒，並直接放在燒烤架的網架上。

最好把它擺在網架上的食物旁邊（mossmokeandsauce.com）。

- 史蒂芬‧雷奇藍自有品牌「燒烤最好用」炭烤煙燻檯（Best of Barbecue Smoke Pucks）：它是可移動式、形狀像冰球的金屬炭烤煙燻盒，上面有通風口，可以引導燻煙（barbecuebible.com）。

- 美國「煙老爹」股份有限公司的「煙老爸旋風冷燻器」（Smoke Daddy Vortex Cold Smoker）：它的飛碟造型能進行高達 10 小時的冷燻過程，讓木頭顆粒持續燃燒。（smokedaddyinc.com）。

- 美國燒烤網架公司出品的燒烤網架（GrillGrates）：多年來，燒烤內行人唯一的選擇，就是這款有高低起伏的導軌鐵鋁網架，只有它能烤出獨一無二的烤肉十字交叉線，還能精準掌控燒烤溫度和整體燒烤成果，它的好處甚至不僅如此！也可以用它來炭烤煙燻：只需在它波浪形的燒烤導軌（grillgrate.com）外觀上凹下去的地方，布置撒好一些硬木顆粒或碎木片，就是這麼簡單（smokedaddyinc.com）。

- 水氣重的潮濕炭烤煙燻平台（Moistly Grilled Smoking Platform）：食物在潮濕環境中的炭烤煙燻成效最卓越！所以該怎麼打造這片園地呢？我們來動動腦，把碎木片或木頭顆粒裝進扁平的金屬箱子，還有放食物用的穿孔金屬網架，末端則要設計成蓄水池來盛水或其他汁液以產生蒸汽，為優異的炭烤煙燻效果把關！（companion-group.com）。

溫度計

即時讀取溫度計

- 美國牛仔公司（Maverick）出品的專業雙迴路熱電偶溫度計（companion-group.com）。

- 美國溫度計名家公司（Thermoworks）推出的溫度筆系列（Thermapen）和溫度棒系列（ThermoPop）（thermoworks.com）。

遙控／無線溫度計

- 美國牛仔公司推出的準備檢查系列（Redi-Chek）溫度計、遙控炭烤煙燻爐溫度計（Remote Smoker Thermometer）、無線燒烤溫度計組件（Wireless Barbecue Thermometer Set）、以及無線燒烤和肉類溫度計（Wireless BBQ & Meat Thermometer）（thermoworks.com）。

- 美國溫度計名家公司（Thermoworks）販售的主廚警報器系列（ChefAlarm）、溫度 Q 雙通道警報器（ThermaQ 2-Channel Alarm）和點火烹調警報器（Dot Cooking Alarm）（thermoworks.com）。

- 美國 i 五金設備公司（idevicesinc.com）銷售的 i 燒烤迷你系列（iGrill Mini）、i 燒烤迷你專業環境溫度探測器（iGrill Mini Pro Ambient Temperature Probe）和 i 燒烤窯大師（iGrill Pitmaster）（idevicesinc.com）。

- 美國奧勒岡科學科技公司（Oregon Scientific）研發的會說話的燒烤溫度計（Talking BBQ Thermometer）（oregonscientific.com）。

- 美國 i 威森公司（Ivation）設計的遙控雙重炭烤煙燻肉類溫度探測器（myivation.com）。

- 美國泰普庫公司（Tappecue）生產的溫度監測系統（tappecue.com）。

溫度和牽引控制器

溫度和牽引控制器能跟大多數陶瓷竈和燒烤式加水式炭烤煙燻爐合作無間，而業界領先品牌則是燒烤大王（BBQ Guru）的溫度和牽引控制器（bbqguru.com），該公司產品包括數位 Q DX2 溫度控制器（DigiQ DX2 control）和派對 Q 溫度控制儀（PartyQ，全名為派對 Q 溫度控制儀附 6 呎探測器 PartyQ Temperature Control Unit with 6 Foot Probes）以及為美國大綠蛋（Big Green Egg）竈式陶瓷燒烤爐設計的專屬品牌。炭烤煙燻用燒烤大王，真的讓我感覺自己像中了樂透最大：我把它用在大綠蛋竈式陶瓷燒烤爐上，光一批木炭就因此足足燃燒了 14 小時！另一個推薦品牌是美國炭烤煙燻窯好傢伙 IQ 公司（Pitmaster IQ）。

能幫肉類和海鮮醃釀好滋味的好幫手

- **真空醃製罐**：大家不妨研究和選購美國食物保存高手公司（FoodSaver System）（foodsaver.com）和美國專業科學溫度控制設備公司（Polyscience）出品的專業科學溫度控制真空密封器 150（Polyscience External Vacuum Sealing System 150）（polyscienceculinary.com）這兩家供應商的產品。

- **真空轉筒**：建議到美國醃料特快車公司相關產品區大肆掃貨！（marinadeexpress.com）。

不沾粘矽膠網墊

可以用這些網墊來烹飪小型或易碎食物，而我要狂推以下兩大傑出品牌：美國青蛙墊公司（Frogmat）（frogmats.com）和美國布萊德利炭烤爐魔術墊（Bradley Smoker Magic Mats）（bradleysmoker.com）：它們可承受高達華氏 500 度（攝氏 260 度）的高溫，是炭烤煙燻和間接燒烤的最佳對策！

注射器

- 美國燒烤匠炊具公司（SpitJack）祭出的烤肉叉衝鋒肉類注射槍（The SpitJack Magnum Meat Injector Gun）：這款頂級注射器，具有橡膠手槍式握把和威力十足的棘輪式注射功能結構，並配備校準刻度盤，可從一系列 5.5 吋專用注射針，將數量精確的注射醬深深注入到肉裡面──注射針細長，針頭口徑寬，採用多孔式設計，此外還有其他特色（spitjack.com）。
- 由德國箭牌廚房刀具配件公司（F.Dick，全名 Friedr.）開發的箭牌鹵水注射器（F. Dick Marinade Brine Injector）：這款業界第一的優質滷汁／鹵水注射器，上面有幾吋長的管子，管子的一端還安裝了進出口閥，使這台注射器可以浸在盛了注射汁液的大容器中。拿它來注射一整隻豬是你最明智的抉擇！（dick.de）。
- 美國巴優經典卡津人注射器（Bayou Classic Cajun Injector）：此注射器容量為 2 盎司（0.06 公升），不銹鋼材質設計，十分耐用（thebayou.com）。
- 史蒂芬・雷奇藍自有品牌「燒烤最好用」的醃料注射器和辣醬注射器（Best of Barbecue Marinade Injector and Spice Paste Injector）：這是我自己的獨創品牌。辣醬注射器的尖端寬寬的，不怕濃稠的液體（像青醬或牙買加煙燻香料）出不來。還有一個金屬釘，可以在肉裡打出填充醬料的孔洞（barbecuebible.com）。

照片／插圖來源

除了以下照片來源，本書所有照片攝影師為馬修·班森。

照片提供：照片提供：阿拉丁飛速煙燻器（Aladin）：4 頁（手持式煙燻器）、276 頁（手持式煙燻器，右邊那台）；美國大綠蛋（Big Green Egg）甕式陶瓷燒烤爐：266 頁（陶瓷炭烤煙燻爐）；美國布萊德利炭烤煙燻爐（Bradley）：4 頁（電子炭烤煙燻爐）、14 頁（電子燻煙生成器）、22 頁（電子冷燻爐）、272 頁（電子炭烤煙燻爐）；美國卡梅隆炭烤煙燻炊具（Camerons Products）：275 頁（爐灶型炭烤煙燻爐）；美國炭烤公司（Char-Broil）：4 頁（前置式木炭燒烤架）；美國伴你適居家烹調用品（Companion Group）：13 頁（鏟子）、13 頁（電子起火啟動裝置）、13 頁（仿麂皮手套）、13 頁（網架抓取器）、15 頁（烤肉刷）、15 頁（燒烤拖把）、15 頁（燒烤架增濕器）、15 頁（肋排架）、16 頁（肉爪）；德國蘭德曼烤肉爐公司旗下的美國蘭德曼炭烤煙燻設備公司（Landmann-USA）：271 頁（瓦斯炭烤煙燻爐）；美國地平線炭烤煙燻爐（Horizon Smokers）：4 頁（偏位式炭烤煙燻爐）；美國卡拉馬祖戶外美食炊具公司：4 頁（燃木燒烤架）、274 頁（燃木燒烤架，右上圖）；美國甕耐火烤架燒烤爐與烤箱公司：4 頁（陶瓷甕）；美國馬威瑞克家庭用品餐廚具公司：14 頁（遙控數位溫度計）；美國孟菲斯木材點火式燒烤架公司：viii 頁（右下）、4 頁（圓球型燒烤架）、273 頁（圓球型燒烤架）、274 頁（左上）、274 頁（中間左方）、274 頁（左下）；美國北歐器皿餐廚具公司：4 頁（爐灶型炭烤煙燻爐）；美國彼特戶外烤肉桶公司：4 頁（直立式炭烤煙燻桶）、263 頁（直立式炭烤煙燻桶）；美國專業科學溫度控制設備公司：276 頁（手持式煙燻器，左方）；美國南方我最大燒烤料理火窯暨炭烤煙燻爐公司（Southern Pride BBQ Pit & Smokers）：4 頁（轉盤式營業用炭烤煙燻爐）；美國燒烤匠炊具公司：15 頁（注射器）；美國溫度測量儀器公司（ThermoWorks）：14 頁（即時讀取溫度計）；美國韋伯燒烤架公司：4 頁（鍋式木炭燒烤架）、4 頁（加水式炭烤煙燻爐）、262 頁（木炭燒烤架）、268 頁（加水式炭烤煙燻爐）；美國優得燒烤爐具公司：4 頁（巨型裝置偏位式炭烤煙燻爐）（big-rig offset）、264 頁（偏位式炭烤煙燻爐）。

Fotolia 典匠素材圖庫：fablok 攝影師免版稅庫存照片：9 頁（鋸木屑）；吉凡嘉烏克蘭攝影圖庫工作室（Givaga）：9 頁（原木）；庫爾特·霍爾特攝影師工作室（Kurt Holter）：9 頁（碎木片）；洛斯－斯拉瓦（ras-slava）烏克蘭攝影圖庫工作室：11 頁；頁可拉脫維亞里加市攝影圖庫工作室（Yeko Photo Studio, Riga, Latvia）：9 頁（木頭顆粒）。

作者照片：1 頁、4 頁（在家蓋好的炭烤煙燻坊），179 頁。

插圖：詹姆士·威廉姆森（James Williamson）5 頁。

索引

作者致謝

我非常開心，很感謝各位共同參與製作出版本書：

謝謝編輯與製作：莎拉・布雷迪（Sarah Brady）、凱特・卡羅爾（Kate Karol）、蘇珊・法斯（Suzanne Fass）、芭芭拉・佩拉金恩（Barbara Peragine）和克萊兒・麥肯（Claire McKean）

設計：貝琪・透琥

攝影：安・珂蔓（Anne Kerman）、馬修・班森、諾拉・辛格莉、莎拉・阿芭蓮、鮑比・華許（Bobby Walsh）、安琪拉・婕莉（Angela Cherry）、莉娜・迪婭茲（Lena Diaz）

宣傳與行銷：賽琳娜・蜜兒（Selina Meere）、瑞貝嘉・卡莉索（Rebecca Carlisle）、潔西卡・薇納（Jessica Wiener）、蘿倫・紹森德（Lauren Southard）

銷售：所有優秀的職人出版社銷售團隊成員

網站：莫莉・凱・優普頓（Molly Kay Upton）和瓊安娜・恩格（Joanna Eng）

食譜測試人員：羅伯・巴斯（Rob Baas）、克利斯・林奇（Chris Lynch）、丹妮絲史葳蒂（Denise Swidey）和艾希莉・愛奇巴娣（Ashley Archibald）

炭烤煙燻大全電視版：麥特・柯漢（Matt Cohen）、葛雯・威廉絲（Gwenn Williams）、理查・達利特（Richard Dallett）、萊恩・柯摩根（Ryan Kollmorgan）、約翰・帕拔拉多（John Pappalardo）、派屈克・席亞（Patrick Shea）、姬莉安・庫琪曼（Jillian Kuchman）、麥可・歐斯博恩（Michael Orsborn）、強・尼可斯（Jon Nichols）、保羅・史丹波頓——史密斯（Paul Stapleton-Smith）、艾蜜莉（Emily Belleranti）、麥可・柯特羅（Michael Cottrel）和約翰・帝茲（John Dietz）

美國公共電視網成員馬里蘭州公共電視台（Maryland Public Television）：史蒂芬・舒帕克（Steven Schupak）、傑伊・帕里克（Jay Parikh）、斯圖爾特・卡贊諾（Stuart Kazanow）、法蘭克・巴達維克（Frank Batavick）、和唐娜・亨特（Donna Hunt）

應援本書的其他人士：查克・亞當斯（Chuck Adams）、羅恩・庫珀（Ron Cooper）、山姆・愛德華茲（Sam Edwards）、奧勒・漢森（Ole Hansen）、派屈克・馬蒂尼（Patrick Martini）、馬蒂亞斯・梅斯納（Matthias Messner）、赫利・莫根森（Helle Mogenson）和納森・米爾沃爾德（Nathan Myhrvold）

設備供應商：美國歐克 All-Clad 鍋具（All-Clad）、美國燒烤大師（BBQ Guru）自動燒烤溫度控制裝置、美國大綠蛋（Big Green Egg）竈式陶瓷燒烤爐、美國布萊德利炭烤爐（Bradley Smoker）、美國卡梅隆炭烤煙燻炊具（Camerons Products）、美國卡羅萊納州炊具公司（Carolina Cookwood）、美國速烤木炭燒烤架與炭烤煙燻爐公司（Hasty-Bake）、美國地平線炭烤煙燻爐（Horizon Smokers）、美國卡拉馬祖戶外美食炊具公司（Kalamazoo Outdoor Gourmet）、美國餐廚工具供應商凱有限公司（旬〔Shun〕刀具）、美國竈耐火烤架燒烤爐與烤箱公司（Kamodo Kamados）、美國金斯福德炭烤架公司（Kingsford）、德國蘭德曼烤肉爐（Landmann）、美國小木屋製造生鐵廚具公司（Lodge Manufacturing）、美國馬威瑞克家庭用品餐廚具公司（Maverick Housewares）、美國孟菲斯木材點火式燒烤架公司（Memphis Wood Fire Grills）、美國北歐器皿餐廚具公司（Nordic Ware）、美（Memphis Wood Fire Grills）、美國北歐器皿餐廚具公司（Nordic Ware）、美國韋伯燒烤架公司（Weber Grills）、美國彼特戶外烤肉桶公司（The Pit Barrel Cooker Co.）、美國專業科學溫度控制設備公司（Polyscience）、美國皇家橡樹烤架木炭公司（Royal Oak）、美國「煙老爹」股份有限公司（Smoke Daddy Inc. LLC）的產品「煙老爸」（Smoke Daddy）、美國燒烤匠炊具公司（Spitjack）、美國賽默儀溫度感測器材公司（ThermoWorks）和美國優得燒烤爐具公司（Yoder Smokers）

食材公司：美國阿拉斯加海鮮行銷協會（Alaskan Seafood Marketing Institute）、美國綠色葡萄條款優質食材股份有限公司（The Green Grape Provisions）、美國原始品種有機產地直銷食材公司（Heritage Foods USA）、美國梅莉莎全球特種作物生產商（Melissa's）、施特勞斯品牌友善環境優良肉類股份有限公司（Strauss Brands）、美國特庫姆塞農場有機優質雞肉家禽股份有限公司（Tecumseh Farms）、和阿根廷三風酒莊（Trivento）

最後要感謝我努力不懈的助手南西‧洛斯克（Nancy Loseke）、我成就非凡的編輯蘇珊‧羅飛（Suzanne Rafer），這本《炭烤煙燻大全》因為她們而顯得更加精采萬分，以及我美麗迷人的妻子芭芭拉（Barbara），有了她，我的人生變得美好。

炭烤煙燻大全
從木材選用、器材操作，到溫度時間掌控的超詳解技巧，
100 道炭烤迷必備的殿堂級食譜
PROJECT SMOKE: Seven Steps to Smoked Food Nirvana, Plus 100 Irresistible Recipes from Classic (Slam-Dunk Brisket) to Adventurous (Smoked Bacon-Bourbon Apple Crisp)

作　　　　者／史蒂芬・雷奇藍（Steven Raichlen）
譯　　　　者／吳郁芸
責 任 編 輯／謝惠怡
封 面 設 計／郭家振
內 頁 設 計／Becky Terhune
內 頁 排 版／張靜怡
行 銷 企 劃／蔡函潔

發 行 人／何飛鵬
事業群總經理／李淑霞
副 社 長／林佳育
副 主 編／葉承享

出　　　　版／城邦文化事業股份有限公司　麥浩斯出版
　　　　　　　Email：cs@myhomelife.com.tw
　　　　　　　地址：115 台北市南港區昆陽街 16 號 7 樓
　　　　　　　電話：02-2500-7578

發　　　　行／英屬蓋曼群島商家庭傳媒股份有限公司城邦分公司
　　　　　　　地址：115 台北市南港區昆陽街 16 號 5 樓
　　　　　　　讀者服務專線：0800-020-299（09:30~12:00；13:30~17:00）
　　　　　　　讀者服務傳真：02-2517-0999
　　　　　　　讀者服務信箱：csc@cite.com.tw
　　　　　　　劃撥帳號：1983-3516
　　　　　　　劃撥戶名：英屬蓋曼群島商家庭傳媒股份有限公司城邦分公司

香 港 發 行／城邦（香港）出版集團有限公司
　　　　　　　地址：香港灣仔駱克道 193 號東超商業中心 1 樓
　　　　　　　電話：852-2508-6231　傳真：852-2578-9337

馬 新 發 行／城邦（馬新）出版集團 Cite (M) Sdn. Bhd.
　　　　　　　地址：41, Jalan Radin Anum, Bandar Baru Sri Petaling, 57000 Kuala Lumpur, Malaysia.
　　　　　　　電話：603-9057-8822　傳真：603-9057-6622

總 經 銷／聯合發行股份有限公司
　　　　　　　電話：02-2917-8022　傳真：02-2915-6275

製 版 印 刷／凱林彩印股份有限公司
定　　　　價／新台幣 699 元；港幣 233 元
初 版 6 刷／2024年 6 月・Printed in Taiwan
I S B N／978-986-408-386-2

國家圖書館出版品預行編目資料

炭烤煙燻大全：從木材選用、器材操作，到溫度時間掌控
的超詳解技巧，100 道炭烤迷必備的殿堂級食譜／史蒂芬・
雷奇藍（Steven Raichlen）；吳郁芸譯 . -- 初版 . -- 台北
市：麥浩斯出版：家庭傳媒城邦分公司發行，2018.06
　　304 面；19×26 公分 .
　　譯自：PROJECT SMOKE: Seven Steps to Smoked
　　Food Nirvana, Plus 100 Irresistible Recipes from
　　Classic (Slam-Dunk Brisket) to Adventurous
　　(Smoked Bacon-Bourbon Apple Crisp)
　　ISBN 978-986-408-386-2（平裝）

　　1. 食譜　2. 食物燻製

427.75　　　　　　　　　　　　　　　　　107007394